普通高等教育"十二五"系列教材

电气工程概预算

主编　吴秋瑞
编写　申　惠　罗　杰　崔跃华
主审　赵　峰

中国电力出版社
CHINA ELECTRIC POWER PRESS

内 容 提 要

本书为普通高等教育“十二五”系列教材。

全书分为三篇，第一篇介绍了电气工程概预算的基本知识，包括建筑工程流程，工程定额和招投标，重点介绍了电气工程概预算的编制方法和电气识图的有关知识。第二篇介绍了铁路工程概预算的编制办法，包括接触网、牵引变电和供电段工程的预算编制。第三篇介绍了电气安装工程概预算的编制办法，同时选辑了部分预算编制实例。

本书可作为高等院校铁道电气化、电气工程及其自动化专业的铁路、建筑、电气工程造价课程教材，并可供工程造价及相关工程、管理人员参考使用。

图书在版编目（CIP）数据

电气工程概预算/吴秋瑞主编．—北京：中国电力出版社，2011.6（2023.6 重印）

普通高等教育“十二五”规划教材

ISBN 978-7-5123-1533-4

Ⅰ.①电… Ⅱ.①吴… Ⅲ.①电气设备－建筑安装工程－建筑概算定额－高等学校－教材 ②电气设备－建筑安装工程－建筑预算定额－高等学校－教材 Ⅳ.①TU723.3

中国版本图书馆 CIP 数据核字（2011）第 049985 号

中国电力出版社出版、发行

（北京市东城区北京站西街 19 号　100005　http：//www.cepp.sgcc.com.cn）

廊坊市文峰档案印务有限公司印刷

各地新华书店经售

*

2011 年 6 月第一版　　2023 年 6 月北京第十一次印刷

787 毫米×1092 毫米　16 开本　15.25 印张　371 千字

定价 **26.00** 元

前　言

近年来，国家基本建设投资不断增加，我国铁路和建筑行业飞速发展，电气工程的比重逐渐增加，电气工程概预算的编制水平直接影响到工程造价。随着市场经济的发展，近年来新的政策、法规、规范、标准和定额不断出台，为了满足不断变化的市场需求，我们编写了本书。

在本书中，考虑到铁路院校的电气工程专业毕业生对口工作为铁路工程单位和建筑工程单位，重点设置了铁路电气工程和建筑安装工程的预算编制内容。主要内容为：第一篇为概预算的基础知识，介绍了建筑工程流程、工程建设定额、招投标及施工合同管理，价款结算。重点讲解了电气工程概算、施工图预算、施工预算竣工结算和结算的编制方法。考虑到学生知识的需要，设置了电气工程识图的内容。第二篇介绍了铁路工程概预算的编制办法，包括接触网、牵引变电和供电段工程的预算编制。第三篇介绍了电气安装工程概预算的编制办法。以上内容可供不同专业的学生选用。书中编写了预算编制实例，供学生模仿练习之用。

本书可作为高等院校铁道电气化、电气工程及其自动化专业的铁路、建筑、电气工程造价课程教材，并可供工程造价及相关工程管理人员参考使用。

本书在编制过程中，重点突出实用原则，略掉空泛的概念性的内容，使学生学之有物。

本书由吴秋瑞主编。书中第一篇由石家庄铁道大学吴秋瑞编写；第二篇第五章的第一、二节由华东交通大学罗杰编写；第二篇第五章的第三、四节以及第六～九章由华东交通大学申惠编写；第三篇由石家庄铁道大学的吴秋瑞、崔跃华、杜立强和北方设计研究院李民利编写。全书由吴秋瑞统稿，由兰州交通大学赵峰主审。

限于编者水平和时间所限，书中难免有疏漏之处，恳请读者批评指正。

编　者

2011年3月

目　录

第三篇　电气安装工程概预算

第一篇　电气工程概预算概论

第一章　概预算基础知识

第一节　概预算的由来

"赚钱不赚钱，全凭预算员"，这话虽然偏颇，但也说明了概预算在工程建设中所起的重要作用。项目准备阶段，准确的概预算可以为建设项目的资金、人员、工期等方面的准备工作提供重要的依据；招投标阶段，准确的概预算对甲方选择合适的施工队伍、乙方中标都有决定性的作用；施工阶段，准确的概预算可以为施工企业编制施工计划、安排生产、进行施工准备提供依据。工程概预算的历史由来已久，在我国古代，工程预算就已经达到了相当高的水平。

相传，明代弘治年间，有兵备道（古代官名）李端澄负责修建嘉峪关长（关）城。当时的嘉峪关是荒芜之地，曾有"风吹石头跑，地上不长草，天上无飞鸟，山头似孤岛"的说法。要在这样一个不毛之地建造关城，难度可想而知。李端澄招募了数百名能工巧匠，一位名叫易开占的工程师提出要想节省材料必须先绘出整个关城的图样，根据图样再制作出小模型，然后按比例放大，就会精确地计算出全部用料。易开占经过运算，算出关城全部用砖共999 999块砖。李端澄如数给了易开占预算的砖块。有人不相信易开占能够如此计算精当，偷偷藏了一块砖，准备在工程结束时讨个说法。没想到，工程收尾时，偏偏少了一块砖，李端澄一看相差不大，也没怎么计较，另找了一块砖补上。藏砖的人大为感动，不得不拿出这块砖并说明情况。参与筑关的人员震惊了！作为对过失的补偿和奇迹的敬意，特地将这块砖放在会极门楼的檐台上，以作永世的纪念。这一块砖的美丽传说，反映了当时我国工匠达到的高超的技艺水平。

一、唐宋时期的概预算

据史料记载，我国自唐朝起，就有了国家制定的相关的建筑规范。《大唐六典》中就详细规定了工程用工的标准。当时按四季日照的长短，把劳动定额分为中工（春、秋）、长工（夏）、短工（冬）。工值以中工为准，长工、短工各增减10%。每一工种按照等级、大小和质量要求，以及运输距离远近计算工值。这些规定为编制预算和施工组织订出了严格的标准，便于生产也便于检查。宋初，在继承和总结古代传统的基础上，由北宋建筑家喻皓著述的《木经》问世。大约100年以后，被誉为"中国古代建筑宝典"的《营造法式》由李诫编修成书，这是由国家制订的一部建筑工程定额。《营造法式》将工料限量与设计、施工、材料结合起来的做法，流传于后，经久可行。清代初期，经营建筑的国家机关，又分设了样房和算房。样房负责图样设计，算房则专门负责施工预算。这样，定额的使用范围扩大，定额的功能有所增加。

二、新中国成立后的概预算

新中国成立后，20世纪50年代中期到90年代初期，是我国的计划经济体制时期。国家是主要的投资主体，国家既是业主又是承包商，等于钱从国家的左边口袋掏出来放到右边口袋，业主和承包商的利益是一致的。当时，我国从苏联引进并消化吸收了工程概预算制度，由政府统一制定预算定额与单价。工程造价是按设计图及统一的工程量计算规则先计算出工程量，并套用统一的预算定额和单价，再计算出工程直接费，然后按照规定计算出间接费及有关费用，最终确定工程的预算造价。在竣工后编制出结、决算造价，经审核后即为最终的工程造价。

改革开放后，随着社会主义市场经济的确立，我国的基本建设体制发生了重大变化。其中重要标志是：首先投资主体多元化，国家已不再是唯一的投资主体；其次是大量乡镇企业和个体承包商队伍崛起，使得传统计划经济时代的格局被打破，业主和承包商的利益成为一对矛盾。于是，我国开始逐步借鉴西方的概预算方法。

三、西方的概预算

西方的工程量清单法始于英国。在18世纪末19世纪初，英国的建筑业是建筑师负责项目设计、工程量计算并负责组织项目施工。这段时期，由于工业革命的影响，建筑技术也得到了快速发展，建筑师领域里出现了分化：一部分设计能力突出的建筑师专门进行工程设计，成为设计方；另一部分施工能力突出的建筑师专门进行项目施工，成为项目承包商，从而导致了设计和施工的分离。

对于工程的计价，先由设计方提供工程量清单（Bill of Quantity，简称BQ），然后根据工程量再乘以合理的单价确定工程所需的造价，结算工程款就是根据这个造价计算。但是，承包商对设计方提供的工程量清单不信任，开始雇佣自己的工程量核算人员，对建筑师提出的各项工程量清单进行核对，这一做法因利益驱动导致承包商自己计算的工程量增大。这种情况导致社会对双方都不信任，这就迫切需要利益第三方——专业造价师的出现，来提供双方都认可的工程量以及工程造价。1830年，英国立法推出总承包制，工程开工前承包商之间进行价格竞争和以总价合同为基础的招标，由第三方的专业人士计算工程量，以便各承包商在同一张工程量清单（BQ）上报价。以后，英国又通过了一系列的立法，进一步确立了造价工程师的地位。这就是英国的工程量清单法的由来。

随着国际经济一体化以及我国加入WTO后建筑市场的开放，我国建筑企业面临国外建筑业进入国内的竞争压力和进军国际市场的要求，工程量清单法在我国逐渐地开展起来。

第二节 基本建设

一、基本建设的概念

（一）基本建设的含义

基本建设是指国民经济中投资进行建筑、购置和安装固定资产以及与此相联系的其他经济活动，这表明基本建设是经济中基本的、需要耗用大量资金和劳动的固定资产的建设，用以区别流动资产投资和形成的过程。

（二）基本建设的内容

基本建设的主要内容有以下几方面。

（1）建筑安装工程：包括各种土木建筑、矿井开凿、水利工程建筑、生产、动力、运输、实验等各种需要安装的机械设备的装配以及与设备相连的工作台等装设工程。

(2) 设备购置：即购置设备、工具和器具等。

(3) 管理机构包括勘察、设计、科学研究实验、征地、拆迁、试运转、生产职工培训和建设单位管理工作等。

(三) 基本建设的类型

按照不同的分类标准，基本建设有不同的类型，简要介绍如下。

(1) 按建设的性质分为新建项目、扩建项目、改建项目、迁建项目和恢复项目。

新建项目是从无到有、平地起家的建设项目。

扩建和改建项目是在原有企业、事业、行政单位的基础上，扩大产品的生产能力或增加新的产品生产能力和对原有设备和工程进行全面技术改造的项目。

迁建项目是原有企业、事业单位，由于各种原因，经有关部门批准搬迁到另地建设的项目。

恢复项目是对指由于自然、战争或其他人为灾害等原因而遭到毁坏的固定资产进行重建的项目。

(2) 按建设的经济用途分为生产性基本建设和非生产性基本建设。

生产性基本建设是用于物质生产和直接为物质生产服务的项目建设，包括工业建设、建筑业、地质资源勘探事业建设和农林水利建设。

非生产性基本建设是用于人民物质和文化生活项目的建设，包括住宅、学校、医院、托儿所、影剧院以及国家行政机关和金融保险业的建设等。

(3) 按建设规模和总投资的大小可分为大型、中型、小型建设项目。总投资在2000万元及以上为大型项目，500万元及以上、2000万元以下为中型项目，100万元及以上、500万元以下为小型项目，10万元及以上、100万元以下为零星工程项目。

二、基本建设程序

基本建设程序是指基本建设项目从前期决策到设计、施工、竣工验收、投产这一过程的基本程序。

基本建设程序分为前期论证阶段、落实施工阶段、竣工验收投产阶段。

根据国民经济长远规划和布局要求，初步提出建设项目；对建设项目进行可行性研究；提出建设项目计划任务书；选定建设地点；待计划任务书批准后，勘察设计，购置设备，组织施工，生产准备直至竣工验收支付使用。

(一) 前期论证阶段

1. 编制项目建议书

项目建议书（又称立项申请）是拟增（上）项目单位向各地发改局项目管理部门申报的项目申请。

项目建议书是项目建设筹建单位或项目法人，根据国民经济的发展、国家和地方中长期规划、产业政策、生产力布局、国内外市场、所在地的内外部条件，提出的某一具体项目的建议文件，是对拟建项目提出的框架性的总体设想。对于大中型项目，有些工艺技术复杂、涉及面广、协调量大的项目，还要编制可行性研究报告作为项目建议书的主要附件之一。项目建议书是项目发展周期的初始阶段，是国家选择项目的依据，也是可行性研究的依据。涉及利用外资的项目，在项目建议书批准后，方可开展对外工作。

在项目建议书中要提出立项的必要性、依据、理由；拟建规模和建设地点的初步设想，即立项产品、规模、经济效益、社会效益等；投资估算和资金筹措的设想；远景规划和近期计划；工程进度计划等。

2. 可行性研究

在建设项目投资决策前对有关建设方案、技术方案和生产经营方案进行的技术经济论证。可行性研究必须从系统总体出发，对技术、经济、财务、商业乃至环境保护、法律等多个方面进行分析和论证，以确定建设项目是否可行，为正确进行投资决策提供科学依据。项目的可行性研究是对多因素、多目标系统进行不断地分析研究、评价和决策的过程。它需要有各方面知识的专业人才通力合作才能完成。

可行性研究是工程项目的关键，内容有：论证投资的必要性和经济收益，市场供求调查数据分析，确定项目规模产值，原材料来源、能源供应的可靠性，环境保护投资和治理三废的方法等，成本估算和结论。

3. 可行性研究报告审批

编制完成的项目可行性研究报告，需有资格的工程咨询机构进行评估并通过，按照现行的建设项目审批权限进行报批。可行性研究报告经批准后，不得随意修改和变更。如果在建设规模、产品方案、建设地点、主要协作关系等方面确需变动以及突破控制数时，应经原批准机关同意。经过批准的可行性研究报告，是确定建设项目，编制设计文件的依据。

4. 设计任务书

设计任务书是确定工程方案的纲领性文件。其中包括：建设目的和依据，投资估算和建设工期，建设规模、产品方案、经济管理纲领、生产方式及工艺要求，矿产资源、水文地质及工程地质情况，原材料、水、电、能源、运输条件，三废处理及环保措施，人员编制、组织结构，经济效益和扩大再生产的能力情况，主要协作单位情况等。

申报设计任务书所需附件有：可行性研究报告，有关意向性协议，总平面布置设想图，资金来源及筹措情况，环保、劳保、防疫部门审查意见等。

5. 工程设计

工程设计分为初步设计和施工图设计两个阶段，只有技术复杂又缺乏经验的项目主管部门才指定增加技术设计阶段。

初步设计的目的是确定项目在指定的地点和规定的期限内进行建设的可能性、合理性，在技术和经济上进行合理规划安排，做出基本技术规定，确定总的投资概算，以谋求最好的经济效益。

技术设计是决定初步设计所采用的建筑结构形式、工艺过程等技术问题，并补充和修正初步设计，同时做出修正总概算。

施工图设计是在初步设计被批准后，更加具体、精确地进行建筑安装、管道敷设等设计，按建筑、结构、电气、水暖等不同专业分工协作出图，同时编写设计预算书。其主要内容有建筑平、立、剖面图，结构平面布置图和建筑结构详图；设备专业的平面图、特殊部位的剖面图、工艺流程图、详图等。

（二）落实施工阶段

1. 施工准备

建设单位组织招投标，选择施工单位；签订承发包合同，到规划部门领取建设工程许可证；会审图纸；组建或调整施工队伍；组织设计交底和施工交底；会审概预算；编制施工预算；设备订货；征地、拆迁、搞三通一平（水通、电通、路通、场地平整）。

用电量超过 50kW 的工地要做施工组织供电设计。

2. 组织施工

按不同专业工种配合施工，如土木施工各班组、电气设备安装工种、水暖设备安装工种、工业管道及机械设备安装工种。

（三）竣工验收、投产阶段

竣工验收一般分为单项工程验收和全面工程验收。

大致的步骤是：初步验收，由业主出面组织设计单位、施工单位进行初步验收，提出验收报告，并整理技术资料存档；全面竣工验收，编制竣工决算书和竣工结算书结算；交付使用，并进行保修。

第三节　建 设 项 目

一、建设项目定义

建设项目又称基本建设工程项目，是指在一个总体设计或初步设计范围内，由一个或几个单项工程所组成，经济上实行统一核算，行政上实行统一管理的建设单位。一般以一个企业（或联合企业）、事业单位或独立工程作为一个建设项目。

凡属于一个总体设计中的主体工程和相应的附属配套工程、综合利用工程、环境保护工程、供水供电工程以及水库的干渠配套工程等，都统一作为一个建设项目；凡是不属于一个总体设计，经济上分别核算，工艺流程上没有直接联系的几个独立工程，应分别列为几个建设项目。

二、建设项目的基本特征

建设项目的基本特征如下所述。

（1）在一个总体设计或初步设计范围内，由一个或若干个互相有内在联系的单项工程所组成，建设中实行统一核算、统一管理。

（2）在一定的约束条件下，以形成固定资产为特定目标。约束条件包括时间约束、资源约束和质量约束。

时间约束，即有建设工期目标；资源约束，即有投资总量目标；质量约束，即一个建设项目都有预期的生产能力（如公路的通行能力）、技术水平（如使用功能的强度、平整度、抗滑能力等）或使用效益目标。

（3）需要遵循必要的建设程序和特定的建设过程。这是指一个建设项目从提出建设的设想、建议、方案选择、评估、决策、勘察、设计、施工一直到竣工、投入使用，均有一个有序的全过程。

（4）按照特定的任务，具有一次性特点的组织形式。其表现是投资的一次性投入，建设地点的一次性固定、设计单一、施工单件。

（5）具有投资限额标准。这是指只有达到一定限额投资的才作为建设项目，不满限额标准的称为零星固定资产购置。

三、建设项目组成

建设项目可分解为单项工程、单位工程、分部工程、分项工程。

1. 单项工程

单项工程又称工程项目，它是建设项目的组成部分，是具有独立能力或使用效益的工程项目。工厂的一个车间，学校的一座教学楼等都属于单项工程。

单项工程是具有独立存在意义的一个完整工程，也是一个极为复杂的综合体，它是由许多单位工程组成。

2. 单位工程

单位工程是指具有独立设计图纸和相应的概（预）算书，可以独立组织施工，但竣工后不能独立发挥生产能力或使用效益的工程。它是单项工程的组成部分。

例如，教学楼作为一个单项工程是由土建、水暖、电气、卫生等单位工程组成。

3. 分部工程

分部工程是按照单位工程的不同部位和施工方法或是按照不同材料和设备种类，从单位工程中划分出来的建筑中间产品。

任何一个单位工程都是由若干个分部工程组成。例如，电气工程作为一个单位工程是由动力、电缆、照明、架空线、变配电工程、电话工程、电梯工程、防火系统、公用天线等分部工程组成。

4. 分项工程

分项工程是经过一定施工工序就能完成，并且可以采用适当计量单位计算的建筑或设备安装工程。分项工程是分部工程的组成部分。

分项工程所需人工材料、施工机械的消耗大致相等，根据社会平均必要消耗量的原则，采用各种方法计量和测定，按统一的计量单位制定出每一分项工程的人工、材料和机械的消耗标准来计量。如照明工程的导线敷设、灯具安装、开关安装、插座安装等。

这样，一座学校作为一个建设项目，其中的教学楼、宿舍楼、图书馆等作为其中的单项工程。教学楼等的单项工程又是由土建、水暖、电气、卫生等的单位工程构成的。其中的电气作为一个单位工程又是由动力、电缆、照明、架空线、变配电工程、电话工程、电梯工程、防火系统、公用天线、防雷与接地等分部工程组成。每一个分部工程又由若干个分项工程组成。例如导线敷设、灯具安装、开关安装、插座安装等分部工程组成照明分部工程。

分项工程已经是工程的最小计量单位，如灯具的安装等。国家有关部门按照社会平均消耗量的原则，确定下各分项工程的单价，单价乘以工程量，通过一定的计算程序，就可以得到各分部工程的价格，如照明系统的造价。各分部工程的价格汇总得到单位工程的价格，如照明、动力等汇总成电气工程的价格。各单位工程的价格汇总即可得到单项工程的价格，如电气、土建等价格汇总即可得到某一教学楼的造价。各单项工程价格汇总记得到建设项目的总的造价，如各教学楼、图书馆等的造价汇总就是整个学校的造价。

第四节 建筑及安装工程类别

在计算工程造价时，由于取费的需要将涉及工程类别，工程类别不同，取费的费率不同。下面我们来看建筑工程和安装工程的分类标准。

一、建筑工程类别划分及说明

（一）一般建筑工程类别划分

一般建筑工程类别划分见表 1-1。

表 1-1 **一般建筑工程类别**

项目				一类	二类	三类
工业建筑	钢结构		跨度（m）	≥30	≥15	<15
			建筑面积（m^2）	≥12 000	≥8000	<8000
	其他结构	单层	檐高（m）	≥20	≥12	<12
			跨度（m）	≥24	≥15	<15
		多层	檐高（m）	≥24	≥15	<15
			建筑面积（m^2）	≥8000	≥4000	<4000
民用建筑	公共建筑		檐高（m）	≥36	≥20	<20
			建筑面积（m^2）	≥7000	≥4000	<4000
			跨度（m）	≥30	≥15	<15
	住宅及其他民用建筑		檐高（m）	≥43	≥20	<20
			层数	≥15	≥7	<7
构筑物	水塔（水箱）		高度（m）	≥75	≥35	<35
			吨位（m^3）	≥150	≥75	<75
	烟囱		高度（m）	≥100	≥50	<50
	储仓		高度（m）	≥30	≥15	<15
			容积（m^3）	≥600	≥300	<300
	储水（油）池		容积（m^3）	≥3000	≥1500	<1500
	沉井、沉箱			执行一类		
	围墙、砖地沟、室外建筑工程					执行三类

（二）桩基础工程类别划分标准

（1）现场灌注桩为桩基础一类工程。

（2）预制桩为桩基础二类工程。

（三）接层工程的工程类别划分

在计算檐口高度和层数时，连同原建筑物一并计算。

（四）通廊

通廊以最高檐口高度，按单层厂房标准划分。

（五）工程类别使用说明

（1）以单位工程为类别划分单位，在同一类别工程中有几个特征时，凡符合其中之一者，即为该类工程。

（2）一个单位工程有几种工程类型组成时，符合其中较高工程类别指标部分的面积若不低于工程总面积的 50%，该工程可全部按该指标确定工程类别；若低于 50%，但该部分面积又大于 1500m^2，则可按其不同工程类别分别计算。

(3) 高度系指从设计室外地面标高至檐口滴水的高度（有女儿墙的算至女儿墙顶面标高）。

(4) 跨度系指结构设计定位轴线的距离，多跨建筑物按主跨的跨度划分工程类别。

(5) 面积系指按《建筑工程建筑面积计算规范》（GB/T 50353—2005）计算的建筑面积。

(6) 面积小于标准层30%的顶层及建筑物内的设备管道夹层，不计算层数。

(7) 超出屋面封闭的楼梯出口间、电梯间、水箱间、塔楼、瞭望台，面积小于标准层30%的，不计算高度、层数。

(8) 面积大于标准层50%且层高在2.2m及以上的地下室，计算层数。面积小于标准层50%或层高不足2.2m的地下室，不计算层数。

(9) 公共建筑是指为满足人们物质文化生活需要和进行社会活动而设置的非生产性建筑物，如综合楼、办公楼、教学楼、实验楼、图书馆、医院、商店、车站、影剧院、礼堂、体育馆、纪念馆、独立车库等以及相类似的工程，除此以外均为其他民用建筑。

(10) 对有声、光、超净、恒温、无菌等特殊要求的工程，其面积超过总建筑面积的50%时，建筑工程类别可按对应标准提高一类核定。

二、安装工程类别划分

(一) 一类工程

(1) 台重35t及其以上的各类机械设备（不分整体或解体）以及自动、半自动或程控机床，引进设备。

(2) 自动、半自动电梯，输送设备以及起重质量50t及其以上的起重设备及相应的轨道安装。

(3) 净化、超净、恒温和集中空调设备及其空调系统。

(4) 自动化控制装置和仪表安装工程。

(5) 砌体总实物量在50m^{3}及以上的炉窑、塔、设备砌筑工程和耐热、耐酸碱砌体衬里。

(6) 热力设备（每台蒸发量10t/h以上的锅炉）及其附属设备。

(7) 1000kV·A以上的变配电设备。

(8) 化工制药和炼油装置。

(9) 各种压力容器的制作和安装。

(10) 煤气发生炉、制氧设备、制冷量231.6kW·h以上的制冷设备、高中压空气压缩机、污水处理设备及其配套的气柜、储罐、冷却塔等。

(11) 焊口有探伤要求的厂区（室外）工艺管道、热力管网、煤气管网、供水（含循环水）管网及厂区（室外）电缆敷设工程。

(12) 附属于本类型工程各种设备的配管、电气安装和调试及刷油、绝热、防腐蚀等工程。

(13) 一类建筑工程的附属设备、照明、采暖、通风、给排水及消防等工程。

(二) 二类工程

(1) 台重35t以下的各类机械设备（不分整体或解体）。

(2) 小型杂物电梯，起重质量50t以下的起重设备及相应的轨道安装。

(3) 每台蒸发量10t/h及其以下的低压锅炉安装。

(4) 1000kV·A及其以下的变配电设备。

(5) 工艺金属结构，一般容器的制作和安装。

(6) 焊口无探伤要求的厂区（室外）工艺管道、热力管网、供水（含循环水）管网。

(7) 公用天线安装和调试。

(8) 低压空气压缩机、乙炔发生设备、各类泵、供热（换热）装置以及制冷量231.6kW·h及其以下的制冷设备。

(9) 附属于本类型工程各种设备配管、电气安装和调试及刷油、绝热、防腐蚀等工程。

(10) 砌体总实物量在20m^3及以上的炉窑、塔、设备砌筑工程和耐热、耐酸碱砌体衬里。

(11) 二类建筑工程的附属设备、照明、采暖、通风、给排水等工程。

(三) 三类工程

(1) 除一、二类工程以外均为三类工程。

(2) 三类建筑工程的附属设备、照明、采暖、通风、给排水等工程。

(四) 说明

单位安装工程中同时安装两台或两台以上不同类型的热力设备、制冷设备、变配电设备以及空气压缩机等，均按其中较高类型费用标准计算。

第五节 工程建设定额

一、工程建设定额的定义

工程建设定额是经济生活中诸多定额中的一类。工程建设定额是指在社会平均的生产条件下，生产合格的单位工程产品所必须的人工、材料和机械的数量标准。工程建设定额除了规定有数量标准外，还规定了工作内容、质量标准、生产方法、安全要求和适用的范围等。

工程建设定额是一种计价依据，同时也是投资决策和价格决策的依据，能够规范市场主体的经济行为，对完善我国固定资产投资市场和建筑市场都能起到重要作用。

二、工程建设定额的分类

工程建设定额是一个综合概念，是工程建设中各类定额的总称，它包含许多种类的定额，可以按照不同的原则和方法进行分类。

(一) 按生产要素分类

按生产要素分类，可以把工程建设定额分为劳动量消耗定额、机械消耗量定额、材料消耗量定额。

1. 劳动消耗量定额

劳动消耗量定额简称劳动定额（也称为人工定额），是指完成一定的合格产品（工程实体或劳务）规定劳动消耗的数量标准。

2. 机械消耗量定额

我国机械消耗量定额是以一台机械、一个工作班为计量单位，所以又称为机械台班定额。机械消耗量定额是指为完成一定合格产品（工程实体或劳务）所规定的施工机械消耗的数量标准。

3. 材料消耗量定额

材料消耗量定额简称材料定额，是指完成一定合格产品所需消耗材料的数量标准。材料是指工程建设中使用的原材料、成品、半成品、构配件、燃料以及水、电等动力资源的统称。

（二）按定额的编制程序和用途分类

按定额的编制程序和用途，可以把工程建设定额分为施工定额、预算定额、概算定额、概算指标、投资估算指标等五种。

1. 施工定额

施工定额由劳动定额、机械定额和材料定额三个相对独立的部分组成，直接用于工程的施工管理，作为编制工程施工设计、施工预算、施工作业计划、签发施工任务单、限额领料卡及结算计件工资或计量奖励工资等的依据。因此，施工定额是计算预算定额中人工、机械、材料消耗量的重要依据。

2. 预算定额

预算定额是指以建筑物或构筑物等各个分部、分项工程为对象编制的定额，适用于施工图预算的编制。其内容包括劳动定额、机械台班定额、材料消耗定额三个基本部分，并列有工程费用，是一种计价的定额。预算定额是以施工定额为基础综合扩大编制的，同时它也是编制概算定额的基础。

3. 概算定额

概算定额是指以扩大的分部分项工程为对象编制的，是计算和确定该工程项目的劳动、机械台班、材料消耗量所使用的定额。概算定额的项目划分粗细，与扩大初步设计的深度相适应，一般是在预算定额的基础上综合扩大而成的，每一综合分项概算定额都包含了数项预算定额。概算定额是编制扩大初步设计概算、确定建设项目投资额的依据。

4. 概算指标

概算指标是概算定额的扩大与合并，它是以整个建筑物或构筑物为对象编制的。概算指标的内容包括劳动、机械台班、材料定额三个基本部分，同时还列出了各结构分部的工程量及单位建筑工程（以体积计或面积计）的造价，是一种计价定额。为了增加概算指标的适用性，也以房屋或构筑物的扩大分部工程或结构构件为对象编制，称为扩大结构定额。概算指标通常按工业建筑和民用建筑分别编制。工业建筑中又按各工业部门类别、企业大小、车间结构编制，民用建筑按照用途性质、建筑层高、结构类别编制。概算指标的设定和初步设计的深度相适应。一般是在概算定额和预算定额的基础上编制的，比概算定额更加综合扩大。概算指标是设计单位编制工程概算或建设单位编制年度任务计划、施工准备期间编制材料和机械设备供应计划的依据，也可供国家编制年度建设计划参考。

5. 投资估算指标

投资估算指标是在项目建议书和可行性研究阶段，编制投资估算、计算投资需要量时使用的一种定额。它非常概略，往往以独立的单项工程或完整的工程项目为计算对象，编制内容是所有项目费用之和。投资估算指标仍然是以预算定额和概算定额为基础编制。

（三）按照投资的费用性质分类

按照投资的费用性质可以把工程建设定额分为建筑工程定额、设备安装工程定额、建筑安装工程费用定额、工器具定额以及工程建设其他费用定额等。

1. 建筑工程定额

建筑工程定额是建筑工程的施工定额、预算定额、概算定额和概算指标的统称。建筑工程，一般理解为房屋和构筑物工程，具体包括一般土建工程、电气工程（动力、照明、弱电）、卫生技术（水、暖、通风）工程、工业管道工程、特殊构筑物工程等。广义上它也被理解为除房屋和构筑物外还包含其他各类工程，如道路、铁路、桥梁、隧道、运河、堤坝、港口、电站、机场工程等。

2. 设备安装工程定额

设备安装工程定额是安装工程施工定额、预算定额、概算定额和概算指标的统称。设备安装工程是对需要安装的设备进行定位、组合、校正、调试等工作的工程，所以设备安装工程定额也是工程建设定额中的重要部分。

3. 建筑安装工程费用定额

工程实际中，建筑和安装工程往往作为一个施工过程来看待，即建筑安装工程，所以在通用定额中有时把建筑工程费定额和安装工程定额合二为一，称为建筑安装工程费用定额。建筑安装工程费定额属于直接费定额，仅仅包括施工过程中人工、材料、机械消耗定额。

建筑安装工程费用定额，一般包括以下三部分内容：

(1) 其他直接费用定额，是指除预算定额分项内容以外，而与建筑安装施工生产直接有关的各项费用开支标准；

(2) 现场经费定额，是指与现场施工直接有关，是施工准备、组织施工生产和管理所需的费用定额；

(3) 间接费定额，是指与建筑安装施工生产的个别产品无关，而为企业生产全部产品所必需、为维持企业的经营管理活动所必需发生的各项费用开支标准。

4. 工、器具定额

工、器具定额是为新建或扩建项目投产运转首次配置的工具、器具数量标准的定额。工具和器具，是指按照有关规定不够固定资产标准而起劳动手段作用的工具、器具和生产用家具。

5. 工程建设其他费用定额

工程建设其他费用定额是独立于建筑安装工程、设备和工器具购置之外的其他费用开支标准的定额。工程建设的其他费用的发生和整个项目的建设密切相关。它一般要占项目总投资的10%左右。其他费用定额是按各项独立费用分别制定的，以便合理控制这些费用的开支。

(四) 按照专业性质划分

按照专业性质划分，工程建设定额分为全国通用定额、行业通用定额和专业专用定额三种。

(1) 全国通用定额，是指在全国各部门和地区间都可以使用的定额。

(2) 行业通用定额，是指具有专业特点，在行业部门内可以通用的定额。

(3) 专业专用定额，是指只能在指定范围内使用的定额。

(五) 按主编单位和管理权限分类

按主编单位和管理权限分，工程建设定额可以分为全国统一定额、行业统一定额、地区统一定额、企业定额、补充定额五种。

（1）全国统一定额，是指由国家建设行政主管部门综合全国工程建设中技术和施工组织管理的情况而编制，并在全国范围内执行的定额。

（2）行业统一定额，是指考虑到各行业部门专业工程技术特点以及施工生产和管理水平而编制的定额，一般只在本行业和相同专业性质的范围内使用。

（3）地区统一定额。地区统一定额主要是考虑地区性特点和全国统一定额水平做适当调整和补充编制的。地区统一定额包括省、自治区、直辖市定额。

（4）企业定额，是指由施工企业考虑本企业具体情况，参照国家、部门或地区定额的水平编制的定额，在本企业内部使用。

（5）补充定额，是指随着设计、施工技术和工艺的发展，现行定额不能满足需要，为了补充定额的缺陷所编制的定额称为补充定额。

第二章　电气工程招投标

第一节　电气工程招投标

一、电气工程招投标及其范围

(1) 招投标的基本概念。招投标是在市场经济条件下进行大宗的货物买卖、工程建设项目的发包与承包以及服务项目的采购与提供时所采用的一种交易方式。

招标方可以从中选择条件最优者，使其用最优的技术、最优的质量、最低的价格和最短的建设周期完成项目。

(2) 电气工程招投标的范围。《中华人民共和国招投标法》规定在中华人民共和国境内进行下列工程建设项目包括项目的勘察、设计、施工、监理以及与工程建设有关的重要设备、材料等的采购，必须进行招标：

1) 大型基础设施、公用事业等关系社会公共利益、公众安全的项目；

2) 全部或者部分使用国有资金投资或者国家融资的项目；

3) 使用国际组织或者外国政府贷款、援助资金的项目。

以上各类工程建设项目，包括项目的勘察、设计、施工、监理以及与工程建设有关的重要设备、材料等的采购，达到下列标准之一的，必须进行招标：

1) 施工单项合同估算价在200万元人民币以上的；

2) 重要设备、材料等货物的采购，单项合同估算价在100万元人民币以上的；

3) 勘察、设计、监理等服务的采购，单项合同估算价在50万元人民币以上的；

4) 单项合同估算价低于第1)、2)、3) 项规定的标准，但项目总投资额在3000万元人民币以上的。

二、电气工程招标的方式

根据《中华人民共和国招标投标法》，招标分为公开招标和邀请招标。

公开招标是指招标人以招标公告的方式邀请不特定的法人或者其他组织投标。

邀请招标是指招标人以投标邀请书的方式邀请特定的法人或者其他组织投标。

招标人采用公开招标方式的，应当发布招标公告。招标公告应当通过国家指定的报刊、信息网络或者其他媒介发布。

招标公告应当载明招标人的名称和地址、招标项目的性质、数量、实施地点和时间以及获取招标文件的办法等事项。

招标人采用邀请招标方式的，应当向三个以上具备承担招标项目的能力、资信良好的特定的法人或者其他组织发出投标邀请书。投标邀请书应当载明招标人的名称和地址、招标项目的性质、数量、实施地点和时间以及获取招标文件的办法等事项。

国务院发展计划部门确定的国家重点建设项目和各省、自治区、直辖市人民政府确定的地方重点建设项目，以及全部使用国有资金投资或者国有资金投资占控股或者主导地位的工程建设项目，应当公开招标；有下列情形之一的，经批准可以进行邀请招标：

1) 项目技术复杂或有特殊要求，只有少量几家潜在投标人可供选择的；

2）受自然地域环境限制的；

3）涉及国家安全、国家秘密或者抢险救灾，适宜招标但不宜公开招标的；

4）拟公开招标的费用与项目的价值相比，不值得的；

5）法律、法规规定不宜公开招标的。

国家重点建设项目的邀请招标，应当经国务院发展计划部门批准；地方重点建设项目的邀请招标，应当经各省、自治区、直辖市人民政府批准。

全部使用国有资金投资或者国有资金投资占控股或者主导地位的并需要审批的工程建设项目的邀请招标，应当经项目审批部门批准，但项目审批部门只审批立项的，由有关行政监督部门批准。

需要审批的工程建设项目，有下列情形之一的，由相关审批部门批准，可以不进行施工招标：

1）涉及国家安全、国家秘密或者抢险救灾而不适宜招标的；

2）属于利用扶贫资金实行以工代赈需要使用农民工的；

3）施工主要技术采用特定的专利或者专有技术的；

4）施工企业自建自用的工程，且该施工企业资质等级符合工程要求的；

5）在建工程追加的附属小型工程或者主体加层工程，原中标人仍具备承包能力的；

6）法律、行政法规规定的其他情形。

不需要审批但依法必须招标的工程建设项目，有前款规定情形之一的，可以不进行施工招标。

三、招标

工程施工招标人是依法提出施工招标项目、进行招标的法人或者其他组织。

（1）招标的条件。依法必须进行施工招标的工程建设项目，按工程建设项目审批管理规定，凡应报送项目审批部门审批的，招标人必须在报送的可行性研究报告中将招标范围、招标方式、招标组织形式等有关招标内容报项目审批部门核准。

依法必须招标的工程建设项目，应当具备下列条件才能进行施工招标：

1）招标人已经依法成立；

2）初步设计及概算应当履行审批手续的，已经批准；

3）招标范围、招标方式和招标组织形式等应当履行核准手续的，已经核准；

4）有相应资金或资金来源已经落实；

5）有招标所需的设计图纸及技术资料。

（2）采用公开招标方式的，招标人应当发布招标公告。采用邀请招标方式的，招标人应当发出投标邀请书。

招标公告或者投标邀请书应当至少载明下列内容：

1）招标人的名称和地址；

2）招标项目的内容、规模、资金来源；

3）招标项目的实施地点和工期；

4）获取招标文件或者资格预审文件的地点和时间；

5）对招标文件或者资格预审文件收取的费用；

6）对招标人的资质等级的要求。

招标人应当按招标公告或者投标邀请书规定的时间、地点出售招标文件或资格预审文件。自招标文件或者资格预审文件出售之日起至停止出售之日止，最短不得少于5个工作日。

招标人可以通过信息网络或者其他媒介发布招标文件，通过信息网络或者其他媒介发布的招标文件与书面招标文件具有同等法律效力，但出现不一致时以书面招标文件为准。招标人应当保持书面招标文件原始正本的完好。

对招标文件或者资格预审文件的收费应当合理，不得以营利为目的。对于所附的设计文件，招标人可以向投标人酌收押金；对于开标后投标人退还设计文件的，招标人应当向投标人退还押金。

招标文件或者资格预审文件售出后，不予退还。招标人在发布招标公告、发出投标邀请书后或者售出招标文件或资格预审文件后不得擅自终止招标。

（3）招标人可以根据招标项目本身的特点和需要，要求潜在投标人或者投标人提供满足其资格要求的文件，对潜在投标人或者投标人进行资格审查；法律、行政法规对潜在投标人或者投标人的资格条件有规定的，依照其规定执行。

资格审查分为资格预审和资格后审。

资格预审是指在投标前对潜在投标人进行的资格审查。

资格后审是指在开标后对投标人进行的资格审查。进行资格预审的，一般不再进行资格后审，但招标文件另有规定的除外。

采取资格预审的，招标人可以发布资格预审公告，并在资格预审文件中载明资格预审的条件、标准和方法；采取资格后审的，招标人应当在招标文件中载明对投标人资格要求的条件、标准和方法。

招标人不得改变载明的资格条件或者以没有载明的资格条件对潜在投标人或者投标人进行资格审查。

经资格预审后，招标人应当向资格预审合格的潜在投标人发出资格预审合格通知书，告知获取招标文件的时间、地点和方法，并同时向资格预审不合格的潜在投标人告知资格预审结果。资格预审不合格的潜在投标人不得参加投标。

经资格后审不合格的投标人的投标应作废标处理。

资格审查应主要审查潜在投标人或者投标人是否符合下列条件：

1）具有独立订立合同的权利；

2）具有履行合同的能力，包括专业、技术资格和能力，资金、设备和其他物质设施状况，管理能力，经验、信誉和相应的从业经验；

3）没有处于被责令停业，投标资格被取消，财产被接管、冻结，破产状态；

4）在最近3年内没有骗取中标和严重违约及重大工程质量问题；

5）法律、行政法规规定的其他资格条件。

资格审查时，招标人不得以不合理的条件限制、排斥潜在投标人或者投标人，不得对潜在投标人或者投标人实行歧视待遇。任何单位和个人不得以行政手段或者其他不合理方式限制投标人的数量。

（4）招标人符合法律规定的自行招标条件的，可以自行办理招标事宜。任何单位和个人不得强制其委托招标代理机构办理招标事宜。

（5）招标代理机构应当在招标人委托的范围内承担招标事宜。招标代理机构可以在其资格等级范围内承担下列招标事宜：

1）拟订招标方案，编制和出售招标文件、资格预审文件；

2）审查投标人资格；

3）编制标底；

4）组织投标人踏勘现场；

5）组织开标、评标，协助招标人定标；

6）草拟合同；

7）招标人委托的其他事项。

招标代理机构不得无权代理、越权代理，不得明知委托事项违法而进行代理。

招标代理机构不得接受同一招标项目的投标代理和投标咨询业务；未经招标人同意，不得转让招标代理业务。

工程招标代理机构与招标人应当签订书面委托合同，并按双方约定的标准收取代理费；国家对收费标准有规定的，依照其规定。

（6）招标人根据施工招标项目的特点和需要编制招标文件。

招标文件一般包括下列内容：

1）投标邀请书；

2）投标人须知；

3）合同主要条款；

4）投标文件格式；

5）采用工程量清单招标的，应当提供工程量清单；

6）技术条款；

7）设计图纸；

8）评标标准和方法；

9）投标辅助材料。

招标人应当在招标文件中规定实质性要求和条件，并用醒目的方式标明。

招标人可以要求投标人在提交符合招标文件规定要求的投标文件外，提交备选投标方案，但应当在招标文件中做出说明，并提出相应的评审和比较办法。

招标文件规定的各项技术标准应符合国家强制性标准。

招标文件中规定的各项技术标准均不得要求或标明某一特定的专利、商标、名称、设计、原产地或生产供应者，不得含有倾向或者排斥潜在投标人的其他内容。如果必须引用某一生产供应者的技术标准才能准确或清楚地说明拟招标项目的技术标准时，则应当在参照后面加上“或相当于”的字样。

施工招标项目需要划分标段、确定工期的，招标人应当合理划分标段、确定工期，并在招标文件中载明。对工程技术上紧密相连、不可分割的单位工程不得分割标段。

招标人不得以不合理的标段或工期限制或者排斥潜在投标人或者投标人。

招标文件应当明确规定评标时除价格以外的所有评标因素，以及如何将这些因素量化或者据以进行评估。

在评标过程中，不得改变招标文件中规定的评标标准、方法和中标条件。

招标文件应当规定一个适当的投标有效期，以保证招标人有足够的时间完成评标和与中标人签订合同。投标有效期从投标人提交投标文件截止之日起计算。

在原投标有效期结束前，出现特殊情况的，招标人可以书面形式要求所有投标人延长投标有效期。投标人同意延长的，不得要求或被允许修改其投标文件的实质性内容，但应当相应延长其投标保证金的有效期；投标人拒绝延长的，其投标失效，但投标人有权收回其投标保证金。因延长投标有效期造成投标人损失的，招标人应当给予补偿，但因不可抗力需要延长投标有效期的除外。

施工招标项目工期超过12个月的，招标文件中可以规定工程造价指数体系、价格调整因素和调整方法。

招标人应当确定投标人编制投标文件所需要的合理时间；但是，依法必须进行招标的项目，自招标文件开始发出之日起至投标人提交投标文件截止之日，最短不得少于20日。

(7) 招标人根据招标项目的具体情况，可以组织潜在投标人踏勘项目现场，向其介绍工程场地和相关环境的有关情况。潜在投标人依据招标人介绍情况作出的判断和决策，由投标人自行负责。

招标人不得单独或者分别组织任何一个投标人进行现场踏勘。

(8) 对于潜在投标人在阅读招标文件和现场踏勘中提出的疑问，招标人可以书面形式或召开投标预备会的方式解答，但需同时将解答以书面方式通知所有购买招标文件的潜在投标人。该解答的内容为招标文件的组成部分。

(9) 招标人可根据项目特点决定是否编制标底。编制标底的，标底编制过程和标底必须保密。

招标项目编制标底的，应根据批准的初步设计、投资概算，依据有关计价办法，参照有关工程定额，结合市场供求状况，综合考虑投资、工期和质量等方面的因素合理确定。

标底由招标人自行编制或委托中介机构编制。一个工程只能编制一个标底。

任何单位和个人不得强制招标人编制或报审标底，或干预其确定标底。

招标项目可以不设标底，进行无标底招标。

四、投标

投标人是响应招标、参加投标竞争的法人或者其他组织。招标人的任何不具独立法人资格的附属机构（单位），或者为招标项目的前期准备或者监理工作提供设计、咨询服务的任何法人及其任何附属机构（单位），都无资格参加该招标项目的投标。

(1) 投标人应当按照招标文件的要求编制投标文件。投标文件应当对招标文件提出的实质性要求和条件作出响应。

投标文件一般包括下列内容：

1）投标函；

2）投标报价；

3）施工组织设计；

4）商务和技术偏差表。

投标人根据招标文件载明的项目实际情况，拟在中标后将中标项目的部分非主体、非关键性工作进行分包的，应当在投标文件中载明。

(2) 招标人可以在招标文件中要求投标人提交投标保证金。投标保证金除现金外，可以是银行出具的银行保函、保兑支票、银行汇票或现金支票。

投标保证金一般不得超过投标总价的 2%，但最高不得超过 80 万元人民币。投标保证金有效期应当超出投标有效期 30 天。

投标人应当按照招标文件要求的方式和金额，将投标保证金随投标文件提交给招标人。

投标人不按招标文件要求提交投标保证金的，该投标文件将被拒绝，作废标处理。

投标人应当在招标文件要求提交投标文件的截止时间前，将投标文件密封送达投标地点。招标人收到投标文件后，应当向投标人出具标明签收人和签收时间的凭证，在开标前任何单位和个人不得开启投标文件。

（3）在招标文件要求提交投标文件的截止时间后送达的投标文件，为无效的投标文件，招标人应当拒收。

提交投标文件的投标人少于 3 个的，招标人应当依法重新招标。重新招标后投标人仍少于 3 个的，属于必须审批的工程建设项目，报经原审批部门批准后可以不再进行招标；其他工程建设项目，招标人可自行决定不再进行招标。

（4）投标人在招标文件要求提交投标文件的截止时间前，可以补充、修改、替代或者撤回已提交的投标文件，并书面通知招标人。补充、修改的内容为投标文件的组成部分。

在提交投标文件截止时间后到招标文件规定的投标有效期终止之前，投标人不得补充、修改、替代或者撤回其投标文件。投标人补充、修改、替代投标文件的，招标人不予接受；投标人撤回投标文件的，其投标保证金将被没收。

在开标前，招标人应妥善保管好已接收的投标文件、修改或撤回通知、备选投标方案等投标资料。

（5）两个以上法人或者其他组织可以组成一个联合体，以一个投标人的身份共同投标。

联合体各方签订共同投标协议后，不得再以自己名义单独投标，也不得组成新的联合体或参加其他联合体在同一项目中投标。

联合体参加资格预审并获通过的，其组成的任何变化都必须在提交投标文件截止之日前征得招标人的同意。如果变化后的联合体削弱了竞争，含有事先未经过资格预审或者资格预审不合格的法人或者其他组织，或者使联合体的资质降到资格预审文件中规定的最低标准以下，招标人有权拒绝。

联合体各方必须指定牵头人，授权其代表所有联合体成员负责投标和合同实施阶段的主办、协调工作，并应当向招标人提交由所有联合体成员法定代表人签署的授权书。

联合体投标的，应当以联合体各方或者联合体中牵头人的名义提交投标保证金。以联合体中牵头人名义提交的投标保证金，对联合体各成员具有约束力。

（6）下列行为均属投标人串通投标报价：

1）投标人之间相互约定抬高或压低投标报价；

2）投标人之间相互约定，在招标项目中分别以高、中、低价位报价；

3）投标人之间先进行内部竞价，内定中标人，然后再参加投标；

4）投标人之间其他串通投标报价的行为。

下列行为均属招标人与投标人串通投标：

1）招标人在开标前开启招标文件，并将投标情况告知其他投标人，或者协助投标人撤换投标文件，更改报价；

2）招标人向投标人泄露标底；

3）招标人与投标人商定，投标时压低或抬高标价，中标后再给投标人或招标人额外补偿；

4）招标人预先内定中标人；

5）其他串通投标行为。

(7) 投标人不得以他人名义投标。以他人名义投标，指投标人挂靠其他施工单位，或从其他单位通过转让或租借的方式获取资格或资质证书，或者由其他单位及其法定代表人在自己编制的投标文件上加盖印章和签字等行为。

五、开标、评标和定标

(1) 开标应当在招标文件确定的提交投标文件截止时间的同一时间公开进行；开标地点应当为招标文件中确定的地点。

(2) 开标由招标人主持，邀请所有投标人参加。

(3) 开标时，由投标人或者其推选的代表检查投标文件的密封情况，也可以由招标人委托的公证机构检查并公证；经确认无误后，由工作人员当众拆封，宣读投标人名称、投标价格和投标文件的其他主要内容。

招标人在招标文件要求提交投标文件的截止时间前收到的所有投标文件，开标时都应当众予以拆封、宣读。

开标过程应当记录，并存档备查。

(4) 评标由招标人依法组建的评标委员会负责。

依法必须进行招标的项目，其评标委员会由招标人的代表和有关技术、经济等方面的专家组成，成员人数为5人以上单数，其中技术、经济等方面的专家不得少于成员总数的2/3。

前款专家应当从事相关领域工作满8年并具有高级职称或者具有同等专业水平，由招标人从国务院有关部门或者省、自治区、直辖市人民政府有关部门提供的专家名册或者招标代理机构的专家库内的相关专业的专家名单中确定；一般招标项目可以采取随机抽取方式，特殊招标项目可以由招标人直接确定。

与投标人有利害关系的人不得进入相关项目的评标委员会，已经进入的应当更换。评标委员会成员的名单在中标结果确定前应当保密。

(5) 投标文件有下列情形之一的，招标人不予受理：

1）逾期送达的或者未送达指定地点的；

2）未按招标文件要求密封的。

(6) 投标文件有下列情形之一的，由评标委员会初审后按废标处理：

1）无单位盖章并无法定代表人或法定代表人授权的代理人签字或盖章的；

2）未按规定的格式填写，内容不全或关键字迹模糊、无法辨认的；

3）投标人递交两份或多份内容不同的投标文件，或在一份投标文件中对同一招标项目报有两个或多个报价，且未声明哪一个有效，按招标文件规定提交备选投标方案的除外；

4）投标人名称或组织结构与资格预审时不一致的；

5）未按招标文件要求提交投标保证金的；

6）联合体投标未附联合体各方共同投标协议的。

(7) 评标委员会可以书面方式要求投标人对投标文件中含义不明确、对同类问题表述不一致或者有明显文字和计算错误的内容作必要的澄清、说明或补正。评标委员会不得向投标人提出带有暗示性或诱导性的问题，或向其明确投标文件中的遗漏和错误。

(8) 投标文件不响应招标文件的实质性要求和条件的，招标人应当拒绝，并不允许投标人通过修正或撤销其不符合要求的差异或保留，使之成为具有响应性的投标。

(9) 评标委员会在对实质上响应招标文件要求的投标进行报价评估时，除招标文件另有约定外，应当按下述原则进行修正：

1) 用数字表示的数额与用文字表示的数额不一致时，以文字数额为准；

2) 单价与工程量的乘积与总价之间不一致时，以单价为准。若单价有明显的小数点错位，应以总价为准，并修改单价。

按前款规定调整后的报价经投标人确认后产生约束力。

投标文件中没有列入的价格和优惠条件在评标时不予考虑。

(10) 对于投标人提交的优越于招标文件中技术标准的备选投标方案所产生的附加收益，不得考虑进评标价中。符合招标文件的基本技术要求且评标价最低或综合评分最高的投标人，其所提交的备选方案方可予以考虑。

(11) 招标人设有标底的，标底在评标中应当作为参考，但不得作为评标的唯一依据。

(12) 评标委员会完成评标后，应向招标人提出书面评标报告。评标报告由评标委员会全体成员签字。

评标委员会提出书面评标报告后，招标人一般应当在 15 日内确定中标人，但最迟应当在投标有效期结束日 30 个工作日前确定。

中标通知书由招标人发出。

(13) 评标委员会推荐的中标候选人应当限定在 1～3 人，并标明排列顺序。招标人应当接受评标委员会推荐的中标候选人，不得在评标委员会推荐的中标候选人之外确定中标人。

(14) 依法必须进行招标的项目，招标人应当确定排名第一的中标候选人为中标人。排名第一的中标候选人放弃中标、因不可抗力提出不能履行合同，或者招标文件规定应当提交履约保证金而在规定的期限内未能提交的，招标人可以确定排名第二的中标候选人为中标人。

排名第二的中标候选人因前款规定的同样原因不能签订合同的，招标人可以确定排名第三的中标候选人为中标人。

招标人可以授权评标委员会直接确定中标人。

国务院对中标人的确定另有规定的，从其规定。

(15) 招标人不得向中标人提出压低报价、增加工作量、缩短工期或其他违背中标人意愿的要求，以此作为发出中标通知书和签订合同的条件。

(16) 中标通知书对招标人和中标人具有法律效力。中标通知书发出后，招标人改变中标结果的，或者中标人放弃中标项目的，应当依法承担法律责任。

(17) 招标人全部或者部分使用非中标单位投标文件中的技术成果或技术方案时，需征得其书面同意，并给予一定的经济补偿。

(18) 招标人和中标人应当自中标通知书发出之日起 30 日内，按照招标文件和中标人的投标文件订立书面合同。招标人和中标人不得再行订立背离合同实质性内容的其他协议。

（19）招标文件要求中标人提交履约保证金或者其他形式履约担保的，中标人应当提交；拒绝提交的，视为放弃中标项目。招标人要求中标人提供履约保证金或其他形式履约担保的，招标人应当同时向中标人提供工程款支付担保。招标人不得擅自提高履约保证金，不得强制要求中标人垫付中标项目建设资金。

（20）招标人与中标人签订合同后5个工作日内，应当向未中标的投标人退还投标保证金。

（21）合同中确定的建设规模、建设标准、建设内容、合同价格应当控制在批准的初步设计及概算文件范围内；确需超出规定范围的，应当在中标合同签订前，报原项目审批部门审查同意。凡应报经审查而未报的，在初步设计及概算调整时，原项目审批部门一律不予承认。

六、招投标书面报告

依法必须进行施工招标的项目，招标人应当自发出中标通知书之日起15日内，向有关行政监督部门提交招标投标情况的书面报告。

书面报告至少应包括下列内容：

（1）招标范围；

（2）招标方式和发布招标公告的媒介；

（3）招标文件中投标人须知、技术条款、评标标准和方法、合同主要条款等内容；

（4）评标委员会的组成和评标报告；

（5）中标结果。

七、其他事项

（1）招标人不得直接指定分包人。

（2）对于不具备分包条件或者不符合分包规定的，招标人有权在签订合同或者中标人提出分包要求时予以拒绝。发现中标人转包或违法分包时，可要求其改正；拒不改正的，可终止合同，并报请有关行政监督部门查处。

（3）监理人员和有关行政部门发现中标人违反合同约定进行转包或违法分包的，应当要求中标人改正，或者告知招标人要求其改正；对于拒不改正的，应当报请有关行政监督部门查处。

第二节 建筑工程施工合同

我国于1997年11月1日颁布的《中华人民共和国建筑法》和1999年3月15日颁布的《中华人民共和国合同法》是建筑工程合同的法律依据。

一、《中华人民共和国合同法》关于建设工程合同的有关规定

（1）建设工程合同是承包人进行工程建设，发包人支付价款的合同。建设工程合同包括工程勘察、设计、施工合同。

（2）建设工程合同应当采用书面形式。

（3）建设工程的招标投标活动，应当依照有关法律的规定公开、公平、公正进行。

（4）发包人可以与总承包人订立建设工程合同，也可以分别与勘察人、设计人、施工人订立勘察、设计、施工承包合同。发包人不得将应当由一个承包人完成的建设工程肢解成若干部分发包给几个承包人。总承包人或者勘察、设计、施工承包人经发包人同意，可以将自己承包的部分工作交由第三人完成。第三人就其完成的工作成果与总承包人或者勘察、设计、施工承包人向发包人承担连带责任。承包人不得将其承包的全部建设工程转包给第三人或者将其承包的全部建设工程肢解以后以分包的名义分别转包给第三人。禁止承包人将工程分包给不具备相应资质条件的单位。禁止分包单位将其承包的工程再分包。建设工程主体结构的施工必须由承包人自行完成。

(5) 国家重大建设工程合同，应当按照国家规定的程序和国家批准的投资计划、可行性研究报告等文件订立。

(6) 勘察、设计合同的内容包括提交有关基础资料和文件（包括概预算）的期限、质量要求、费用以及其他协作条件等条款。

(7) 施工合同的内容包括工程范围、建设工期、中间交工工程的开工和竣工时间、工程质量、工程造价、技术资料交付时间、材料和设备供应责任、拨款和结算、竣工验收、质量保修范围和质量保证期、双方相互协作等条款。

(8) 建设工程实行监理的，发包人应当与监理人采用书面形式订立委托监理合同。发包人与监理人的权利和义务以及法律责任，应当依照本法委托合同以及其他有关法律、行政法规的规定。

(9) 发包人在不妨碍承包人正常作业的情况下，可以随时对作业进度、质量进行检查。

(10) 隐蔽工程在隐蔽以前，承包人应当通知发包人检查。发包人没有及时检查的，承包人可以顺延工程日期，并有权要求赔偿停工、窝工等损失。

(11) 建设工程竣工后，发包人应当根据施工图纸及说明书、国家颁发的施工验收规范和质量检验标准及时进行验收。验收合格的，发包人应当按照约定支付价款，并接收该建设工程。建设工程竣工经验收合格后，方可交付使用；未经验收或者验收不合格的，不得交付使用。

(12) 勘察、设计的质量不符合要求或者未按照期限提交勘察、设计文件拖延工期给发包人造成损失的，勘察人、设计人应当继续完善勘察、设计，减收或者免收勘察、设计费并赔偿损失。

(13) 因施工人的原因致使建设工程质量不符合约定的，发包人有权要求施工人在合理期限内无偿修理或者返工、改建。经过修理或者返工、改建后，造成逾期交付的，施工人应当承担违约责任。

(14) 因承包人的原因致使建设工程在合理使用期限内造成人身和财产损害的，承包人应当承担损害赔偿责任。

(15) 发包人未按照约定的时间和要求提供原材料、设备、场地、资金、技术资料的，承包人可以顺延工程日期，并有权要求赔偿停工、窝工等损失。

(16) 因发包人的原因致使工程中途停建、缓建的，发包人应当采取措施弥补或者减少损失，赔偿承包人因此造成的停工、窝工、倒运、机械设备调迁、材料和构件积压等损失和实际费用。

(17) 因发包人变更计划，提供的资料不准确，或者未按照期限提供必需的勘察、设计工作条件而造成勘察、设计的返工、停工或者修改设计，发包人应当按照勘察人、设计人实际消耗的工作量增付费用。

(18) 发包人未按照约定支付价款的，承包人可以催告发包人在合理期限内支付价款。发包人逾期不支付的，除按照建设工程的性质不宜折价、拍卖的以外，承包人可以与发包人协议将该工程折价，也可以申请人民法院将该工程依法拍卖。建设工程的价款就该工程折价或者拍卖的价款优先受偿。

二、建筑工程施工合同示范文本

为了规范和指导合同当事人的行为，完善合同管理制度，解决施工合同中存在的合同文本不规范、条款不完备、合同纠纷多的问题，我国于 1999 年 12 月 24 日颁布了《建筑工程施工合同（示范文本）》(GF—1999—0201)。该文本适用于建设工程，其中包括各类公用建筑、民用住宅、工业厂房、交通设施及线路、管道施工和设备安装。建筑工程施工合同示范文本分为三个部分：第一部分，协议书；第二部分，通用条款；第三部分，专用条款。详细内容见附录。

第三节 工程价款结算

一、电气工程预付款结算

电气工程实行预付款结算的，承发包双方应当在建筑工程施工合同中约定发包人向承包人预付工程款的时间和方式，并且应符合下列规定。

(1) 包工、包料工程的预付款按合同约定拨付，预付款比例不低于合同金额的 10%，不高于合同金额的 30%；对重大工程项目，按年度工程计划逐年预付。

计价执行《建设工程工程量清单计价规范》(GB 50500—2003) 的工程，实体性消耗和非实体性消耗部分应在合同中分别约定预付款的比例。

(2) 在具备施工条件的前提下，发包人应在双方签订合同后的 1 个月内或不迟于约定的开工日期前的 7 日内预付工程款。发包人不按约定预付，承包人应在预付时间到期后 10 日内向发包人发出要求预付的通知，发包人收到通知后仍不按要求预付，承包人可在发出通知 14 日后停止施工，发包人应从约定应付之日起向承包人支付应付款利息（利率按同期银行贷款利率计），并承担违约责任。

(3) 预付的工程款必须在合同中约定抵扣方式，并在工程进度款中进行抵扣。

(4) 没有签订建筑工程施工合同或不具备施工条件的工程，发包人不得预付工程款，不得以预付款名义转移资金。

二、电气工程进度款结算

电气工程进度款结算与支付应当符合下列规定。

(一) 工程进度款结算方式

(1) 按月结算与支付。即实行按月支付进度款，竣工后清算的办法。合同工期在 2 个年度以上的工程，在年终进行工程盘点，办理年度结算。

(2) 分段结算与支付。即当年开工、当年不能竣工的建筑工程，按照工程进度，划分不同阶段支付工程进度款。具体划分应当在合同中明确约定。

(二) 工程量计算

(1) 承包人应当按照合同约定的方法和时间，向发包人提交已完成工程量的报告，发包人应当自接到报告后 14 日内对已完成工程量核实完毕，并在核实前一天通知承包人，承包人应当提供条件并派人参加核实，承包人收到通知后不参加核实的，以发包人核实的工程量作为工程价款支付的依据；发包人未按规定时间通知承包人，致使承包人未能参加核实的，核实结果无效。

（2）发包人自收到承包人已完成工程量的报告之日起 14 日内未完成工程量核实的，从第 15 日起，承包人报告的工程量即视为被确认，作为工程价款支付的依据。双方合同另有约定的，从其约定。

（3）对承包人超出设计图纸（含设计变更）范围或因承包人原因造成返工的工程量，发包人不予计量。

（三）工程进度款支付

（1）根据确定的工程计算结果，承包人向发包人提出支付工程进度款申请，发包人自接到申请之日起 14 日内，应按不低于工程价款的 60%、不高于工程价款的 90%向承包人支付工程进度款。按约定时间发包人应扣回的预付款，与工程进度款同期结算抵扣。

（2）发包人超过约定的支付时间不支付工程进度款的，承包人应当及时向发包人发出要求付款的书面通知，发包人收到承包人书面通知后仍不能按要求付款，可与承包人协商签订延期付款协议。经承包人同意后可延期支付，协议应明确延期支付的时间和从工程计量结果确认后第 15 日起计算应付款的利息（利率按同期银行贷款利率计）。

（3）发包人不按合同约定支付工程进度款，双方又未达成延期付款协议，导致施工无法进行，承包人可以停止施工，由发包人承担违约责任。

三、电气工程竣工结算

电气工程竣工结算以工程施工合同约定的合同价款为基础，结合建筑工程施工合同约定的合同价款调整内容进行编制或审核。

工程竣工后，承包人应当在提交竣工验收报告的同时，向发包人递交竣工结算报告及完整的结算资料。

发包人收到承包人提交的竣工结算报告及完整的结算资料时，应当书面签收。

发包人收到承包人提交的竣工结算报告及完整的结算资料后，应当在建筑工程施工合同约定的期限内进行核实，并给予确认或提出修改意见，逾期未确认或未提出意见的，竣工结算报告视为认可。根据经确认的竣工结算报告，承包人向发包人申请支付工程竣工结算款，发包人应当自收到申请后 15 日内支付结算价款，到期未支付的应当承担违约责任。

发包人逾期不支付工程价款的，承包人可以与发包人协议将该工程折价，也可以申请人民法院将该工程依法拍卖。承包人就该工程折价或拍卖的价款优先受偿。

承发包人未按合同约定履行自己的义务或因失误给另一方造成经济损失的，受损方可按合同约定以书面形式提出索赔，索赔费用按合同约定支付。

四、竣工结算备案

使用国有资金投资或者国家融资的建筑工程，建设单位应当自工程竣工验收合格之日起 28 日内，将竣工结算资料报县级以上人民政府建设主管部门备案。其中，中央托管项目和省重点建设项目的竣工结算资料报省建设行政主管部门备案。

备案主管部门应当自收到竣工结算备案资料 7 日内出具工程结算备案书，建设单位应当按照竣工结算备案书的要求整改。

竣工结算备案时应当提供以下资料：

(1) 建筑施工合同；

(2) 承包方递交的竣工结算报告及完整的结算资料；

(3) 建设单位或者其委托的造价咨询企业给予确认的意见或审核意见；

(4) 工程竣工结算价款支付清单。

工程竣工后，发、承包双方应及时办清工程竣工结算。未办清工程竣工结算的建筑工程不得交付使用，房屋权属管理部门不予办理房屋权属登记。

国家机关工作人员在建筑工程造价监督管理工作中，玩忽职守、徇私舞弊、滥用职权的，由有关机关给予行政处分；构成犯罪的，依法追究刑事责任。

第三章 电气工程概预算编制

第一节 电气工程费用的组成

根据建设部、财政部《关于印发〈建筑安装工程费用项目组成〉的通知》(建标［2003］206号文件) 规定，我国现行的建筑安装工程费用项目由直接费、间接费、利润和税金组成。电气安装工程费用组成见表3-1。

表3-1 电气安装工程费用组成

电气安装工程费	直接费	直接工程费	人工费
			材料费
			施工机械使用费
		措施费	不可竞争措施费——安全防护、文明施工费
			可竞争措施费
	间接费	规费	养老保险费
			医疗保险费
			失业保险费
			生育保险
			工伤保险
			住房公积金
			危险作业意外伤害保险
			工程排污费
			工程定额测定费
			河道工程修建维护管理费
			职工教育经费
		企业管理费	管理人员工资
			办公费
			差旅交通费
			固定资产使用费
			工具用量使用费
			劳动保险费
			工会经费
			财产保险费
			财务费
			税金
			其他

续表

电气安装工程费	利润	
	税金	营业税
		城市维护建设税
		教育费附加

一、直接费

直接费由直接工程费和措施费组成。

1. 直接工程费

直接工程费是指施工过程中耗费的构成工程实体的各项费用，包括人工费、材料费、施工机械使用费。

(1) 人工费是指直接从事建筑安装工程施工的生产工人开支的各项费用。

1) 基本工资，是指发放给生产工人的基本工资；

2) 工资性补贴，是指按规定标准发放的物价补贴，煤、燃气补贴，交通补贴，住房补贴，流动施工津贴等；

3) 生产工人辅助工资，是指生产工人年有效施工天数以外非作业天数的工资，包括职工学习、培训期间的工资，调动工作、探亲、休假期间的工资，因气候影响的停工工资，女工哺乳时间的工资，病假在6个月以内的工资及产、婚、丧假期的工资；

4) 职工福利费，是指按规定标准计提的职工福利费；

5) 生产工人劳动保护费，是指按规定标准发放的劳动保护用品的购置费及修理费，徒工服装补贴，防暑降温费，在有碍身体健康环境中施工的保健费用等。

(2) 材料费是指施工过程中耗费的构成工程实体的原材料、辅助材料、构配件、零件、半成品的费用。

1) 材料原价（或供应价格）。

2) 材料运杂费，是指材料自来源地运至工地仓或指定堆放地点所发生的全部费用。

3) 运输损耗费，是指材料在运输装卸过程中不可避免的损耗。

4) 采购及保管费，是指为组织采购、供应和保管材料过程中所需要的各项费用，包括采购费、仓储费、工地保管费、仓储损耗。

5) 检验试验费，是指对建筑材料、构件和建筑安装物进行一般鉴定、检查所发生的费用，包括自设试验室进行试验所耗用的材料和化学药品等费用；不包括新结构、新材料的试验费和建设单位对具有出厂合格证明的材料进行检验，对构件做破坏性试验及其他特殊要求检验试验的费用。

(3) 施工机械使用费，是指施工机械作业所发生的机械使用费以及机械安拆费和场外运费。

施工机械台班单价应由下列七项费用组成。

1) 折旧费，是指施工机械在规定的使用年限内，陆续收回其原值及购置资金的时间价值。

2) 大修理费，是指施工机械按规定的大修理间隔台班进行必要的大修理，以恢复其正常功能所需的费用。

3）经常修理费，是指施工机械除大修理以外的各级保养和临时故障排除所需的费用。包括为保障机械正常运转所需替换设备与随机配备工具、附具的摊销和维护费用，机械运转中日常保养所需润滑与擦拭的材料费用及机械停滞期间的维护和保养费用等。

4）安拆费及场外运费，安拆费是指施工机械在现场进行安装与拆卸所需的人工、材料机械和试运转费用以及机械辅助设施的折旧、搭设、拆除等费用；场外运费是指施工机械整体或分体自停放地点运至施工现场或由一施工地点运至另一施工地点的运输、装卸、辅助材料及架线等费用。

5）人工费，是指机上司机（司炉）和其他操作人员的工作日人工费及上述人员在施工机械规定的年工作台班以外的人工费。

6）燃料动力费，是指施工机械在运转作业中所消耗的固体燃料（煤、木柴）、液体燃料（汽油、柴油）及水、电等。

7）养路费及车船使用税，指施工机械按照国家规定和有关部门规定应缴纳的养路费、车船使用税、保险费及车检费等。

2. 措施费

措施费是指为完成工程项目施工，发生于该工程施工前和施工过程中非工程实体项目的费用。

（1）环境保护费，是指施工现场为达到环保部门要求所需要的各项费用。

（2）文明施工费，是指施工现场文明施工所需要的各项费用。

（3）安全施工费，是指施工现场安全施工所需要的各项费用。

（4）临时设施费，是指施工企业为进行建筑工程施工所必须搭设的生活和生产用的临时建筑物、构筑物和其他临时设施费用等。

临时设施包括：临时宿舍、文化福利及公用事业房屋与构筑物，仓库、办公室、加工厂以及规定范围内道路，水、电、管线等临时设施和小型临时设施。

临时设施费用包括：临时设施的搭设、维修、拆除费或摊销费。

（5）夜间施工费，是指因夜间施工所发生的夜班补助费、夜间施工降效、夜间施工照明设备摊销及照明用电等费用。

（6）二次搬运费，是指因施工场地狭小等特殊情况而发生的二次搬运费用。

（7）大型机械设备进出场及安拆费，是指机械整体或分体自停放场地运至施工现场或由一个施工地点运至另一个施工地点，所发生的机械进出场运输转移费用及机械在施工现场进行安装、拆卸所需的人工费、材料费、机械费、试运转费和安装所需的辅助设施的费用。

（8）混凝土、钢筋混凝土模板及支架费，是指混凝土施工过程中需要的各种钢模板、木模板、支架等的支、拆、运输费用及模板、支架的摊销（或租赁）费用。

（9）脚手架费，是指施工需要的各种脚手架搭、拆、运输费用及脚手架的摊销（或租赁）费用。

（10）已完工程及设备保护费，是指竣工验收前，对已完工程及设备进行保护所需费用。

（11）施工排水、降水费，是指为确保工程在正常条件下施工，采取各种排水、降水措施发生的各种费用。

二、间接费

间接费由规费、企业管理费组成。

（一）规费

规费是指政府和有关权力部门规定必须缴纳的费用（简称规费），包括工程排污费和工程定额测定费。

（1）工程排污费是指施工现场按规定缴纳的工程排污费。

（2）工程定额测定费是指按规定支付工程造价（定额）管理部门的定额测定费（根据财政部、国家发展和改革委《关于公布取消和停止征收100项行政事业性收费项目的通知》（财综［2008］78号），此项内容取消）。

（3）社会保障费。

1）养老保险费是指企业按规定标准为职工缴纳的基本养老保险费。

2）失业保险费是指企业按照国家规定标准为职工缴纳的失业保险费。

3）医疗保险费是指企业按照规定标准为职工缴纳的基本医疗保险费。

（4）住房公积金是指企业按规定标准为职工缴纳的住房公积金。

（5）危险作业意外伤害保险是指按照建筑法规定，企业为从事危险作业的建筑安装施工人员支付的意外伤害保险费。

（二）企业管理费

企业管理费是指建筑安装企业组织施工生产和经营管理所需费用。

（1）管理人员工资是指管理人员的基本工资、工资性补贴、职工福利费、劳动保护费等。

（2）办公费是指企业管理办公用的文具、纸张、账表、印刷、邮电、书报、会议、水电、烧水和集体取暖（包括现场临时宿舍取暖）用煤等费用。

（3）差旅交通费是指职工因公出差、调动工作的差旅费、住勤补助费，市内交通费和误餐补助费，职工探亲路费，劳动力招募费，职工离退休、退职一次性路费，工伤人员就医路费，工地转移费以及管理部门使用的交通工具的油料、燃料、养路费及牌照费。

（4）固定资产使用费是指管理和试验部门及附属生产单位使用的属于固定资产的房屋、设备仪器等的折旧、大修、维修或租赁费。

（5）工具用量使用费是指管理使用的不属于固定资产的生产工具、器具、家具、交通工具和检验、试验、测绘、消防用具等的购置、维修和摊销费。

（6）劳动保险费是指由企业支付离退休职工的易地安家补助费、职工退职金、6个月以上的病假人员工资、职工死亡丧葬补助费、抚恤费、按规定支付给离休干部的各项经费。

（7）工会经费是指企业按职工工资总额计提的工会经费。

（8）职工教育经费是指企业为职工学习先进技术和提高文化水平，按职工工资总额计提的费用。

（9）财产保险费是指施工管理用财产、车辆保险费。

（10）财务费是指企业为筹集资金而发生的各种费用。

（11）税金是指企业按规定缴纳的房产税、车船使用税、土地使用税、印花税等。

（12）其他包括技术转让费、技术开发费、业务招待费、绿化费、广告费、公证费、法律顾问费、审计费、咨询费等。

三、利润

利润是指施工企业完成所承包工程获得的盈利。

四、税金

税金是指由国家税法规定的应计入建筑安装工程造价内的营业税、城市维护建设税及教育费附加等。

第二节　电气工程的工程量清单计价

住房和城乡建设部在 2008 年 7 月 9 日颁布了国标《建设工程工程量清单计价规范》(GB 50500—2008)，将建设工程工程量清单计价引入建设工程预决算、工程招投标、施工企业内部管理等各项工作活动中，从而进一步改革和完善了工程价格管理体制。建设工程工程量清单的内容和编制原则应符合国家有关法律、法规及标准规范的有关规定，确保各承包商根据建设市场的供求、信息状况并结合本企业自身的情况进行自由竞价，为建设市场的交易双方提供了一个公正、公平的平台。

一、工程量清单的定义

工程量清单是指拟建工程的分部分项工程项目、措施项目、其他项目、规费项目和税金项目的名称和相应数量的明细清单。

二、工程量清单计价的依据

(1)《建设工程工程量清单计价规范》(GB 50500—2008)。

(2) 国家或省级、行业建设主管部门颁发的计价依据和办法。

(3) 建设工程设计文件。

(4) 与建设工程项目相关的标准、规范、技术资料。

(5) 招标文件及其补充通知、答疑纪要。

(6) 施工现场情况、工程特点及常规施工方案。

(7) 其他相关资料。

三、工程量清单计价的应用范围

(1) 全部使用国家资金(含国家融资资金)投资或国有资金投资为主(以上二者简称国有资金投资)的工程建设项目，必须采用工程量清单计价。

(2) 非国有资金投资的工程建设项目，可以采用工程量清单计价。

四、工程量清单的费用组成与编制

建设工程的工程量清单应由分部分项工程量清单、措施项目清单、其他项目清单、规费项目清单、税金项目清单组成。其费用组成见表 3-2。

表 3-2　　建设工程造价采用工程量清单计价费用组成

<table>
<tr><td rowspan="6">建筑安装工程造价</td><td rowspan="6">分部分项工程费</td><td colspan="2">人工费</td></tr>
<tr><td colspan="2">材料费</td></tr>
<tr><td colspan="2">施工机械使用费</td></tr>
<tr><td rowspan="3">企业管理费</td><td>管理人员工资</td></tr>
<tr><td>办公费</td></tr>
<tr><td>差旅交通费</td></tr>
</table>

续表

建筑安装工程造价	分部分项工程费	企业管理费	固定资产使用费
			工具用量使用费
			劳动保险费
			工会经费
			职工教育经费
			财产保险费
			财务费
			税金
			其他
		利润	
	措施项目费	通用措施费	安全文明施工费
			夜间施工费
			二次搬运费
			冬雨季施工费
			大型机械设备进出场及安拆费
			施工排水费
			地上、地下设施，建筑物的临时保护设施
			已完工程及设备保护
		专业措施费项目费	
	其他项目费	暂列金额	
		暂估价（包括材料暂估单价、专业工程暂估价）	
		计日工	
		总承包服务费	
		其他：索赔、现场签证	
	规费	工程排污费	
		工程定额测定费	
		社会保障费（养老、失业、医疗保险费）	
		住房公积金	
		危险作业意外伤害费	
	税金	营业税	
		城市维护建设税	
		教育费附加	

（一）分部分项工程量清单

分部分项工程量清单是由构成工程实体的各分部分项工程项目组成。构成一个分部分项工程量清单的五个要件是：项目编码、项目名称、项目特征、计量单位和工程量。5个要件缺一不可，编制时需按规定的规则进行。其表格形式见表3-3。

表 3-3　　分部分项工程量清单与计价表

序号	项目编码	项目名称	项目特征	计量单位	工程量	金额（元）		
						综合单价	合价	其中：暂估价
合　计								

注　根据建设部、财政部发布的《建筑安装工程费用组成》（建标［2003］206号）的规定，为计取规费和其他费用，在本表中可增设“直接费”、“人工费”或“人工费＋机械费”等栏目。

1. 项目编码

项目编码应采用12位阿拉伯数字标识。1～9位应按规定设置，10～12位应根据拟建工程的工程量清单项目名称设置，不得有重码。编码共分为5级。第1～4级（编码的1～9位）按《建设工程工程量清单计价规范》附录A、B、C、D、E规定统一编码。第5级为项目编码的第10～12位，为清单项目名称顺序码，根据拟建工程的工程量清单项目名称由编制人设置。其格式为

03-02-08-004-×××

其中，03：第1级为分类工程分类码，如03表示安装工程。

02：第2级为专业顺序码，如02表示电气设备安装工程。

08：第3级为分部工程顺序码，如08表示电缆安装。

004：第4级为分项工程顺序码，如004表示电缆桥架。

×××：第5级为清单项目名称顺序码，由编制人编制，从001开始。

2. 项目名称

项目名称应按《建设工程工程量清单计价规范》附录A、B、C、D、E、F的项目名称与项目特征，并结合拟建工程的实际和包括的工程内容确定。

3. 工程量计算规则

工程量计算规则是指有关部门对清单项目工程量的计算方法做出的统一规定，通过工程量计算规则计算得到工程数量。在计价中应按附录中规定的工程量计算规则来进行计算。

4. 计量单位

计量单位应按附录中规定的计量单位确定，如果附录中有两个或两个以上的计量单位时，应结合拟建工程项目确定其中一个。如果某专业有特殊规定时，可以另外加以说明，设置专用的计量单位。

5. 项目特征

项目特征是指对项目实体名称、型号、规格、材质、品种、质量和连接方式等做出的准确和全面的描述，按不同的工程部位、施工工艺规格等分别列项。项目应按附录中规定的项目特征结合拟建工程项目的实际予以描述。

6. 补充项目

编制工程量清单出现附录中未包括的项目，编制人应做补充，并报省级或行业工程造价管理机构备案，省级或行业工程造价管理机构应汇总报建设部标准定额研究所。

补充项目的编码由附录的顺序码与B和三位阿拉伯数字组成，并应从×B001起顺序编制，同一招标工程的项目不得重码。工程量清单中需附有补充项目的名称、项目特征、计量单位、工程量计算规则、工程内容。

（二）措施项目清单

（1）措施项目是为完成工程项目施工，发生于该工程施工准备和施工过程中技术、生活、安全、环境保护等方面的非工程实体项目。措施项目又分为通用措施项目和专业措施项目。通用措施项目可按表3-4选择列项，专业措施项目可按表3-5规定的项目选择列项。措施项目清单应根据拟建工程的实际情况列项，若出现规范未列的项目，可根据实际情况补充。

表3-4　　通用措施项目一览表

序　号	项　目　名　称
1	安全文明施工（含环境保护、文明施工、安全施工、临时设施）
2	夜间施工
3	二次搬运
4	冬雨季施工
5	大型机械设备进出场及安拆
6	施工排水
7	施工降水
8	地上、地下设施，建筑物的临时保护设施
9	已完工程及设备保护

表3-5　　专业措施项目一览表

序　号	项　目　名　称
1	组装平台
2	设备、管道施工的防冻和焊接保护措施
3	压力容器和高压管道的检验
4	焦炉施工大棚
5	焦炉烘炉、热态工程
6	管道安装后的充气保护措施
7	隧道内施工的通风、供水、供气工期、供电、照明及通信设施
8	现场施工围栏
9	长输管道临时水工保护措施
10	长输管道施工便道
11	长输管道跨越或穿越施工措施
12	长输管道地下穿越地上建筑物的保护措施
13	长输管道工程施工队伍调遣
14	格架式抱杆

(2) 措施项目中可以计算工程量的项目清单宜采用分部分项工程量清单的方式编制，列出项目编码、项目名称、项目特征、计量单位和工程量计算规则；不能计算工程量的项目清单，以“项”为计量单位。措施项目清单与计价表格式见表3-6和表3-7。

表3-6　　措施项目清单与计价表（一）

工程名称：　　　　标段：　　　　第　页共　页

序号	项目名称	计算基础	费率（%）	金额（元）
1	安全文明施工			
2	夜间施工			
3	二次搬运			
4	冬雨季施工			
5	大型机械设备进出场及安拆			
6	施工排水			
7	施工降水			
8	地上、地下设施，建筑物的临时保护设施			
9	已完工程及设备保护			
10	各专业工程的措施项目			
合计				

注 1. 本表适用于以“项”计价的措施项目。
2. 根据建设部、财政部发布的《建筑安装工程费用组成》（建标［2003］206号）的规定，“计价基础”可为“直接费”、“人工费”或“人工费+机械费”。

表3-7　　措施项目清单与计价表（二）

工程名称：　　　　标段：　　　　第　页共　页

序号	项目编码	项目名称	项目特征	计量单位	工程量	金额（元）	
						综合单价	合价
合计							

注 本表适用于以综合单价形式计价的措施项目。

（三）其他项目清单

其他项目清单包括除分部分项工程量清单的项目和措施项目清单的项目以外，还有为完成工程施工有可能发生的费用项目。

其他项目清单宜按照下列内容列项：暂列金额、暂估价（包括材料暂估单价、专业工程暂估价）、计日工、总承包服务费。

如果出现未列的项目，可根据工程实际情况补充。其他项目清单与计价汇总表见表3-8。

表 3-8　其他项目清单与计价汇总表

工程名称：　标段：　第　页共　页

序号	项　目　名　称	计量单位	金额（元）	备注
1	暂列金额			
2	暂估价			
3	材料暂估价			
4	专业工程暂估价			
5	计日工			
6	总承包服务费			
7	其他			
合　计				

注　材料暂估单价将进入清单项目综合单价，此处不汇总。

1. 暂列金额

暂列金额是指招标人在工程量清单中暂定并包括在合同价款中的一笔款项。用于施工合同签订时尚未确定或者不可预见的所需材料、设备、服务的采购，施工中可能发生的工程变更、合同约定调整因素出现时的工程价款调整以及发生的索赔、现场签证确认等的费用。材料暂列金额明细表见表 3-9。

表 3-9　材料暂列金额明细表

工程名称：　标段：　第　页共　页

序号	项目名称	计量单位	暂列金额（元）	备注
合　计				

注　此表由招标人填写，如不能详列，也可只列出暂列金额总额，投标人应将上述暂列金额计入投标总价中。

2. 暂估价

暂估价是指招标人在工程量清单中提供的用于支付必然发生但暂时不能确定的材料单价以及专业工程的金额。材料暂估单价表见表 3-10，专业工程暂估价表见表 3-11。

表 3-10　材料暂估单价表

工程名称：　标段：　第　页共　页

序号	材料名称、规格、型号	计量单位	单价（元）	备注
合　计				

注　1. 此表由招标人填写，并在备注栏内说明暂估价的材料拟用在哪些清单项目施工上，投标人则应将上述材料暂估单价计入工程量清单综合单价报价中。

2. 材料应包括原材料、燃料、构配件以及按规定应计入建筑安装工程造价的设备。

表 3-11 **专业工程暂估价表**

工程名称： 标段： 第 页共 页

序号	工程名称	工程内容	金额（元）	备注
合 计				

注 此表由招标人填写，投标人则应将上述专业工程暂估价计入投标总价中。

3. 计日工

在施工过程中，完成发包人提出的施工图纸以外的零星项目或工作，按合同中约定的综合单价计价。计日工表见表 3-12。

表 3-12 **计 日 工 表**

工程名称： 标段： 第 页共 页

编号	项目名称	单位	暂定数量	综合单价	合价
一	人工				
1					
2					
人工小计					
二	材料				
1					
2					
材料小计					
三	施工机械				
1					
2					
施工机械小计					
合 计					

注 此表项目名称、暂定数量有招标人填写。在编制招标控制价时，招标人应按有关计价规定来确定综合单价；在编制投标报价时，投标人应自主确定综合单价，自主报价，并列入投标总价中。

4. 总承包服务费

总承包人为配合协调发包人进行的工程分包，自行采购的设备、材料等进行管理、服务以及施工现场管理、竣工资料汇总整理等服务所需的费用。总承包服务费计价表见表 3-13。

表 3-13 **总承包服务费计价表**

工程名称： 标段： 第 页共 页

序号	项目名称	项目价值（元）	服务内容	费率（%）	金额（元）
1	发包人发包专业工程				
2	发包人供应材料				
合 计					

（四）规费项目清单

规费项目清单应按照下列内容列项：工程排污费；工程定额测定费，社会保障费，包括养老费、失业保障费、医疗保险费；住房公积金；危险作业意外伤害保险。如果出现未列出的项目，应根据省级政府或省级有关权力部门的规定列项。

（五）税金项目清单

税金项目清单包括下列内容：营业税，城市维护建设税，教育费附加。如果出现未列的项目，应根据税务部门的规定列项。

一般可将规费项目清单和税金项目清单合并为“规费、税金项目清单与计价表”，见表 3-14。

表 3-14　　规费、税金项目清单与计价表

工程名称：　　标段：　　第　页共　页

序号	项目名称	计算基础	费率（%）	金额（元）
1	规费			
1.1	工程排污费			
1.2	社会保障费			
(1)	养老保险费			
(2)	失业保障费			
(3)	医疗保险费			
1.3	住房公积金			
1.4	危险作业意外伤害保险费			
1.5	工程定额测定费			
2	税金	分部分项工程费＋措施项目费＋其他项目费＋规费		
合　计				

五、工程量清单计价规定

（一）一般规定

（1）采用工程量清单的单位工程由分部分项工程费、措施项目费、其他项目费、规费和税金组成。

（2）分部分项工程量清单应采用综合单价计价。

（3）招标文件中的工程量清单标明的工程量是投标人投标报价的共同基础，竣工结算的工程量按发、承包双方在合同中约定应予计量实际完成的工程量确定。

（4）措施项目清单应根据拟建工程的施工组织设计，可以计算工程量适宜采用分部分项工程量清单方式的措施项目应采用综合单价计价；其余的措施项目可以“项”为单位的方式计价，应包括除规费、税金外的全部费用。

（5）措施项目清单中的安全文明施工费应按照国家或省级、行业建设主管部门的规定计价，不得作为竞争性费用。

(6) 其他项目清单应根据工程特点和参照“招标控制价”的(6)、“投标价”的(6)和“竣工估算”的(6)的规定计价。

(7) 招标人在工程量清单中提供了暂估价的材料和专业工程属于依法必须招标的，由承包人和招标人共同通过招标确定材料单价与专业工程分包价。

若材料不属于依法必须招标的，经发、承包双方协商确定单价后计价。

若专业工程不属于必须招标的，由发包人、总承包人与分包人按有关计价依据进行计价。

(8) 规费和税金应按国家或省级、行业建设主管部门的规定计算，不得作为竞争性费用。

(9) 采用工程量清单计价的工程，应在招标文件或合同中明确风险内容及其范围(幅度)，不得采用无限风险或所有风险或类似语句规定风险内容及其范围(幅度)。

(二) 招标控制价

(1) 国有资金投资的工程建设项目应实行工程量清单招标、并应编制招标控制价。招标控制价超过批准的概算时，招标人应将其报原概算审批部门审核。投标人的投标报价高于招标控制价的，其投标应予拒绝。

(2) 招标控制价应由具有编制能力的招标人或受其委托，具有相应资质的工程造价咨询人编制。

(3) 招标控制价应根据下列依据编制：

1)《建设工程工程量清单计价规范》(GB 50500—2008)；

2) 国家或省级、行业建设主管部门颁发的计价定额和计价办法；

3) 建设工程设计文件及相关资料；

4) 招标文件中的工程量清单及有关要求；

5) 与建设项目相关的标准、规定、技术资料；

6) 工程造价管理机构的工程造价信息，工程造价信息没有发布的材料参照市场价；

7) 其他的相关资料。

(4) 分部分项工程费应根据招标文件中的分部分项工程量清单及有关要求，按“招标控制”中(3)的规定确定综合单价计价。

综合单价中应包括招标文件中要求投标人承担的风险费用。

招标文件提供了暂估单价的材料，按暂估的单价计入综合单价。

(5) 措施项目费应根据招标文件中的措施项目清单按“一般规定”的(4)、(5)和“招标控制价”(3)的规定计价。

(6) 其他项目费的计价。

1) 暂列金额应根据工程特点，按有关计价规定估算；

2) 暂估价中的材料单价应根据工程造价信息或参照市场价格估算；暂估价中的专业工程金额应分不同专业，按有关计价规定估算；

3) 计日工应根据工程特点和有关计价依据计算；

4) 总承包服务费应根据招标文件列出的内容和要求估算。

(7) 规费和税金应按国家或省级、行业建设主管部门的规定计算，不得作为竞争性费用。

(8) 招标控制价应在招标文件中公布，不应上调或下浮，招标人应将招标控制价及有关资料报送工程所在地工程造价管理机构备查。

(9) 投标人经复核认为招标人公布的招标控制价未按照本规范的规定进行编制的，应在开标前5日向招投标监督机构或（和）工程造价管理机构投诉。

招投标监督机构应会同工程造价管理机构对投诉进行处理，发现确有错误的，应责成招标人修改。

（三）投标价

(1) 除本规范强制性规定外，投标价由投标人自主确定，但不得低于成本。投标价应由投标人或受其委托，具有相应资质的工程造价咨询人编制。

(2) 投标人应按招标人提供的工程量清单填报价格。填写的项目编码、项目名称、项目特征、计量单位、工程量必须与招标人提供的一致。

(3) 投标报价应根据下列资料编制：

1)《建设工程工程量清单计价规范》(GB 50500—2008)；

2) 国家或省级、行业建设主管部门颁发的计价办法；

3) 企业定额，国家或省级、行业建设主管部门颁发的计价定额；

4) 招标文件、工程量清单及其补充通知、答疑纪要；

5) 建设工程设计文件及相关资料；

6) 施工现场情况、工程特点及拟定的投标施工组织设计或施工方案；

7) 与建设项目相关的标准、规范等技术资料；

8) 市场价格信息或工程造价管理机构发布的工程造价信息；

9) 其他的相关资料。

(4) 分部分项工程应依据综合单价的组成内容，按招标文件中分部分项工程量清单项目的特征描述确定的综合单价计算。

综合单价中应考虑招标文件中要求投标人承担的风险费用。

招标文件中提供了暂估单价的材料，按暂估的单价计入综合单价。

(5) 投标人可根据工程实际情况结合施工组织设计，对招标人所列的措施费项目进行增补。

措施费项目应根据招标文件中的措施项目清单及投标时拟定的施工组织设计或施工方案按“一般规定”的(4)的规定自主确定。其中安全文明施工费应按照“一般规定”的(5)的规定确定。

(6) 其他项目费应按下列规定报价：

1) 暂列金额应按招标人在其他项目清单中列出的金额填写；

2) 材料暂估价应按招标人在其他项目清单中列出的单价计入综合单价，专业工程暂估价应按招标人在其他项目清单中列出的金额填写；

3) 计日工按招标人在其他项目清单中列出的项目和数量，自主确定综合单价并计算计日工费用；

4) 总承包服务费根据招标文件中列出的内容和提出的要求自主确定。

(7) 规费和税金应按国家或省级、行业建设主管部门的规定计算，不得作为竞争性费用。

(8) 投标总价应当与分部分项工程费、措施项目费、其他项目费和规费、税金的合计金额一致。

(四) 工程合同价款的约定

(1) 实行招标的工程合同价款应在中标通知书发出之日起 30 日内，由发、承包双方依据招标文件和中标人的投标文件在书面合同中约定。

不实行招标的工程合同价款，在发、承包双方认可的工程价款的基础上，由发、承包双方在合同中约定。

(2) 实行招标的工程，合同约定不得违背招、投标文件中关于工期、造价、质量等方面的实质性内容，招标文件与中标人投标文件不一致的地方，以投标文件为准。

(3) 实行工程量清单计价的工程，宜采用单价合同。

(4) 发、承包双方应在合同条款中对下列事项进行约定；合同中没有约定或约定不明白的，由双方协商确定；协商不能达成一致的，按本规范执行。

1) 预付工程款的数额、支付时间和抵扣方式；

2) 工程计量与支付工程进度款的方式、数额及时间；

3) 工程量价款的调整因素、方法、程序、支付及时间；

4) 索赔与现场签证的程序、金额确认与支付时间；

5) 发生工程价款争议的解决方法及时间；

6) 承担风险的内容、范围以及超出约定内容、范围的调整方法；

7) 工程竣工价款结算编制与核对、支付及时间；

8) 工程质量保证（保修）金的数额、预扣方式及时间；

9) 与履行合同、支付价款有关的其他事项等。

(五) 工程计量与价款支付

(1) 发包人应按照合同约定支付工程款。支付的工程款，按照合同约定在工程进度款中抵扣。

(2) 发包人支付工程进度款，应按照合同约定计量和支付，支付周期同计量周期。

(3) 工程计量时，若发现工程量清单出现漏项、工程量计量偏差以及工程量变更引起的工程量的增减，应按承包人在履行合同过程中实际完成的工程量计算。

(4) 承包人应按照合同约定，向发包人递交已完工程量报告，发包人应在接到报告后按合同约定进行核对。

(5) 承包人应在每个付款周期末，向发包人递交进度款支付申请，并附相应的证明文件。除合同另有的约定外，进度款支付申请应包括下列内容：

1) 本周期已完成工程的价款；

2) 累计已完成的工程价款；

3) 累计已支付的工程价款；

4) 本周期已完成计日工金额；

5) 应增加和扣缴的变更金额；

6) 应增加和扣缴的索赔金额；

7) 应抵扣的工程预付款；

8) 应扣减的质量保证金；

9）根据合同应增加和扣减的其他金额；

10）本付款周期实际应支付的工程价款。

(6) 发包人在收到承包人递交的工程进度款支付申请及相应的证明文件后，发包人应在合同约定时间内核对和支付工程进度款。发包人应扣回工程预付款，与工程进度款同期结算抵扣。

(7) 发包人未在合同约定时间内支付工程进度款，承包人应及时向发包人发出要求付款的通知，发包人收到承包人通知后仍不按要求付款，可与承包人协商签订延期付款协议，经承包人同意后延期支付。协议应明确延期支付的时间和从付款申请生效后按同期银行贷款利率计算应付款的利息。

(8) 发包人不按合同约定支付工程进度款，双方又未达成延期付款协议，导致施工无法进行时，承包人可停止施工，由发包人承担违约责任。

（六）索赔与现场签证

(1) 合同一方向另一方提出索赔时，应有正当的索赔理由和有效证据，应符合合同的相关约定。

(2) 若承包人认为非承包人原因发生的事件造成了承包人的经济损失，承包人应在确认该事件发生后，按合同约定向发包人发出索赔通知。

发包人在收到最终索赔报告后并在合同约定时间内，未向承包人作出答复，视为该项索赔已经认可。

(3) 承包人索赔按下列程序处理：

1）承包人在合同约定时间内向发包人递交费用索赔意向通知书；

2）发包人指定专人收集与索赔有关的资料；

3）承包人在合同约定时间内向发包人递交费用索赔申请表；

4）发包人指定的专人初步审查费用索赔申请表，符合第（1）条规定的条件时予以受理；

5）发包人指定的专人进行费用索赔核对，经工程造价师复核索赔金额后，与承包人协商确定并由发包人批准；

6）发包人指定的专人应在合同约定的时间内签署费用索赔审批表或发出要求承包人提交有关索赔的进一步详细资料的通知，待收到承包人提交的详细资料后，按本条第4)、5)款的程序进行。

(4) 若承包人的费用索赔与工程延期索赔要求相关联时，发包人在作出费用索赔的批准决定时，应结合工程延期的批准，综合做出费用索赔和工程延期的决定。

(5) 若发包人认为由于承包人的原因造成额外损失，发包人应在确认引起索赔的事件后，按合同约定的时间内向承包人发出通知。承包人在收到发包人索赔通知后并在合同约定时间内，未向发包人做出答复，视为该项索赔已经认可。

(6) 承包人在收到发包人要求完成合同以外的零星工作或非承包人责任事件发生时，承包人应按合同约定及时向发包人提出现场签证。

(7) 发承包双方确认的索赔与现场签证费用与工程进度款同期支付。

（七）工程价款调整

(1) 招标工程以投标截止日期前28天，非招标工程以合同签订前28天为基准日，其后国家的法律、法规、规章和政策发生变化影响工程造价时，应按省级或行业建设主管部门或其授权的工程造价管理机构发布的规定调整合同价款。

（2）若施工中出现施工图纸（含设计变更）与工程量清单项目特征描述不符的，发、承包双方应按新的项目特征确定相应的工程量清单项目的综合单价。

（3）因分部分项工程量清单漏项或非承包人原因的工程变更，造成新的工程量清单项目，其对应的综合单价按下列方法确定：

1）合同中已有合适的综合单价，按合同中已有的综合单价确定；

2）合同中有类似的综合单价，参照类似的综合单价确定；

3）合同中没有合适或类似的综合单价，由承包人提出综合单价，经发包人确认后执行。

（4）因分部分项工程量清单漏项或非承包人原因的工程变更，引起措施项目发生变化，造成施工组织设计或施工方案变更时，原措施费中已有的措施项目，按原措施费的组价方法调整；原措施费中没有的措施项目，由承包人根据措施项目变更情况，提出适当的措施费变更，经发包人确认后调整。

（5）因非承包人原因引起的工程量增减，该项工程量变化在合同约定幅度以内的，应执行原有的综合单价；该项工程在合同约定幅度以外的，其综合单价及措施项目费应予以调整。

（6）若施工期内市场价格波动超出一定幅度时，应按合同规定调整工程价款；合同没有约定或约定不明的，应按省级或行业建设主管部门或其授权的工程造价管理机构的规定调整。

（7）因不可抗力事件导致的费用，发、承包双方应按以下原则分别承担并调整工程价款：

1）工程本身的损害、因工程损害导致第三方人员伤亡和财产损失以及运至施工场地用于施工的材料和待安装的设备的损害，由发包人承担；

2）发包人、承包人人员伤亡由其所在的单位负责，并承担相应费用；

3）承包人的施工机械设备损坏及停工损失，由承包人承担；

4）停工期间，承包人应发包人要求留在施工场地的必要的管理人员及保卫人员的费用由发包人承担；

5）工程所需清理、修复费用，由发包人承担。

（8）工程价款调整报告应由受益方在合同约定时间内向合同的另一方提出，经对方确认后调整合同价款。受益方未在合同约定时间内提出工程价款调整报告的，视为不涉及合同价款的调整。

收到工程价款调整报告的一方应在合同约定时间内确认或提出协商意见，否则，视为工程价款调整报告已经确认。

（9）经发承包双方确定调整的工程价款，作为追加（减）合同价款与工程进度款同期支付。

（八）竣工结算

（1）工程完工后，发、承包双方应在合同约定时间内办理工程竣工结算。

（2）工程竣工结算由承包人或受其委托具有相应资质的工程造价咨询人员编制，由发包人或受其委托具有相应资质的工程造价咨询人员核对。

(3) 工程竣工结算的依据：

1)《建设工程工程量清单计价规范》(GB 50500—2008)；

2) 施工合同；

3) 工程竣工图纸及资料；

4) 双方确认的工程量；

5) 双方确认追加(减)的工程价款；

6) 双方确认的索赔、现场签证事项及价款；

7) 投标文件；

8) 招标文件；

9) 其他依据。

(4) 分部分项工程费应依据双方确认的工程量，合同约定的综合单价或双方确认调整后的综合单价计算。

(5) 措施项目费应依据合同约定的项目和金额，双方确认调整的金额计算，其中安全文明施工费应按本节“一般规定”中(5)的规定计算。

(6) 其他项目费用应按下列规定计算。

1) 计日工应按发包人实际签证确认的事项计算。

2) 暂估价中的材料单价应按发、承包双方最终确认价在综合单价中调整；专业工程暂估价应按中标价或发包人、承包人与分包人最终确认价计算。

3) 总承包服务费应依据合同约定金额，发、承包双方确认调整的金额计算。

4) 索赔费用应依据发、承包双方确认的索赔事项和金额计算。

5) 现场签证费用应依据发、承包双方签证资料确认的金额计算。

6) 暂列金额应减去工程价款调整与索赔、现场签证金额计算，如有余额归发包人。

(7) 规费和税金应按国家或省级、行业建设主管部门的规定计算，不得作为竞争性费用。

(8) 承包人应在合同约定时间内编制完成竣工结算书，并在提交竣工验收报告的同时递交给发包人。承包人未在合同约定时间内递交竣工结算书，经发包人催促后仍未提供或没有明确答复的，发包人可以根据已有资料办理结算。

(9) 发包人在收到承包人递交的竣工结算书后，应按合同约定时间核对。同一工程竣工结算核对完成，发、承包双方签字确认后，禁止发包人又要求承包人与另一或多个工程造价咨询人重复核对竣工结算。

(10) 发包人或受其委托的工程造价咨询人收到承包人递交的竣工结算书后，在合同约定时间内，不核对竣工结算或未提出核对意见的，视为承包人递交的竣工结算书已经认可，发包人应向承包人支付工程结算价款。承包人在接到发包人提出的核对意见后，在合同约定时间内，不确认也未提出异议的，视为发包人提出的核对意见已经认可，竣工结算办理完毕。

(11) 发包人应对承包人递交的竣工结算书签收，拒不签收的，承包人可以不交付竣工工程。承包人未在合同约定时间内递交竣工结算书的，发包人要求交付竣工工程，承包人应当交付。

(12) 竣工结算办理完毕，发包人应将竣工结算书报送工程所在地工程造价管理机构备案。竣工结算书为工程竣工验收备案、交付使用的必备文件。

（13）竣工结算办理完毕，发包人应根据确认的竣工结算书在合同约定时间内向承包人支付工程竣工结算价款。

（14）发包人未在合同约定时间内向承包人支付工程结算价款的，承包人可催告发包人支付结算价款。如达成延期支付协议的，发包人应按同期银行同类贷款利率支付拖欠工程价款的利息。如未达成延期支付协议，承包人可以与发包人协商将该工程折价，或申请人民法院将该工程依法拍卖，承包人就该工程折价或者拍卖的价款优先受偿。

（九）工程计价争议处理

（1）在工程计价中，对工程造价计价依据、办法以及相关政策规定发生争议事项的，由工程造价管理机构负责解释。

（2）发包人因对工程质量有异议，拒绝办理工程竣工结算的，已竣工验收或已竣工未验收但实际投入使用的工程，其质量争议按该工程保修合同执行，竣工结算按合同约定办理。已竣工未验收且未实际投入使用的工程以及停工、停建工程的质量争议，双方应就有争议的部分委托有资质的检测鉴定机构进行检测，根据检测结果确定解决方案，或按工程质量监督机构的处理决定执行后办理竣工结算，无争议部分的竣工结算按合同约定办理。

（3）发、承包双方发生工程造价合同纠纷时，应通过下列办法解决：

1）双方协商；

2）提请调解，由工程造价管理机构负责调解工程造价问题；

3）按合同约定向仲裁机构申请仲裁或向人民法院起诉。

在合同纠纷案件处理中，需做工程造价鉴定的，应委托具有相应资质的工程造价咨询人进行。

六、工程量清单计价表

《建设工程工程量清单计价规范》（GB 50500—2008）中将工程量清单计价表格按工程量清单、招标控制价、投标报价以及竣工结算等各计价阶段设计了 4 种封面和 22 种表格。我们应该了解工程量清单计价表格的适用范围和使用规定。

（一）计价表格组成

《建设工程工程量清单计价规范》（GB 50500—2008）中规定的工程量清单计价表格的名称和适用范围见表 3 - 15。

表 3 - 15　　工程量清单计价表格名称和适用范围

<table>
<tr><th>序号</th><th>表格编号</th><th colspan="2">表格名称</th><th>工程量清单</th><th>招标控制价</th><th>投标报价</th><th>竣工结算</th></tr>
<tr><td>1</td><td>封-1</td><td rowspan="4">封面</td><td>工程量清单</td><td>√</td><td></td><td></td><td></td></tr>
<tr><td>2</td><td>封-2</td><td>招标控制价</td><td></td><td>√</td><td></td><td></td></tr>
<tr><td>3</td><td>封-3</td><td>投标总价</td><td></td><td></td><td>√</td><td></td></tr>
<tr><td>4</td><td>封-4</td><td>竣工结算总价</td><td></td><td></td><td></td><td>√</td></tr>
<tr><td>5</td><td>表 01</td><td colspan="2">总说明</td><td>√</td><td>√</td><td>√</td><td>√</td></tr>
</table>

续表

序号	表格编号	表格名称		工程量清单	招标控制价	投标报价	竣工结算
6	表 02	汇总表	工程项目招标控制价/投标报价汇总表		√	√	
7	表 03		单项工程招标控制价/投标报价汇总表		√	√	
8	表 04		单位工程招标控制价/投标报价汇总表		√	√	
9	表 05		工程项目竣工结算汇总表				√
10	表 06		单项工程竣工结算汇总表				√
11	表 07		单位工程竣工结算汇总表				√
12	表 08	分部分项工程量清单表	分部分项工程量清单与计价表	√	√	√	√
13	表 09		工程量清单综合单价分析表		√	√	√
14	表 10	措施项目清单表	措施项目清单与计价表（一）	√	√	√	√
15	表 11		措施项目清单与计价表（二）	√	√	√	√
16	表 12	其他项目清单表	其他项目清单与计价汇总表	√	√	√	√
17	表 12-1		暂列金额明细表	√	√	√	√
18	表 12-2		材料暂估单价表	√	√	√	√
19	表 12-3		专业工程暂估价表	√	√	√	√
20	表 12-4		计日工表	√	√	√	√
21	表 12-5		总承包服务费计价表	√	√	√	√
22	表 12-6		索赔与现场签证计价汇总表				√
23	表 12-7		费用索赔申请（核准）表				√
24	表 12-8		现场签证表				√
25	表 13		规费、税金项目清单与计价表	√	√		√
26	表 14		工程款支付申请（核准）表				√

注　“√”代表适用于。

（二）计价表格使用规定

（1）工程量清单与计价宜采用统一格式。工程量清单与计价宜采用统一格式。各省、自治区、直辖市建设行政主管部门和行业建设主管部门可根据本地区、本行业的实际情况，在本规范计价表格的基础上补充完善。

（2）工程量清单的编制相关规定

1）工程量清单编制使用表格包括：封-1、表 01、表 08、表 10～表 12（不含表 12-6～表 12-8）、表 13。

2）封面应按规定的内容填写、签字、盖章，造价员编制的工程量清单应有负责审核的造价工程师签字、盖章。

3）总说明应按下列内容填写。①工程概况，包括建设规模、工程特征、计划工期、施工现场实际情况、自然地理条件、环境保护要求等；②工程招标和分包范围；③工程量清单编制依据；④工程质量、材料、施工等的特殊要求；⑤其他需要说明的问题。

（3）招标控制价、投标报价、竣工结算的编制应符合下列规定：

1）使用表格。①投标控制价使用表格包括：封-2、表 01～表 04、表 08～表 12（不含

表12-6～表12-8)、表13。②投标报价使用的表格包括：封-3、表01～表04、表08～表12（不含表12-6～表12-8、表13)。③竣工结算使用的表格包括：封-4、表01、表05～表14。

2）封面应按规定的内容填写、签字、盖章，除承包人自行编制的投标报价和竣工结算外，受委托编制的招标控制价、投标报价、竣工结算若为造价员编制的应有负责审核的造价工程师签字、盖章以及工程造价咨询人盖章。

3）总说明应按下列内容填写：工程概况：包括建设规模、工程特征、计划工期、合同工期、实际工期、施工现场及变化情况、施工组织设计的特点、自然地理条件、环境保护要求、编制依据等。

(4）投标人应按招标文件的要求，附工程量清单综合单价分析表。

(5）工程量清单与计价表中列明的所有需要填写的单价和合价，投标人均应填写；未填写的单价和合价，视为此项费用已包含在工程量清单的其他单价和合价中。

建设工程工程量清单计价规范条文说明参考相关资料。

第三节 电气工程概算的编制

设计概算是初步设计文件的重要组成部分。设计概算文件必须完整地反映工程项目初步设计的内容，严格执行国家有关的方针、政策和制度，实事求是地根据工程所在地的建设条件，按有关的依据性资料进行编辑。

设计概算文件分为三种：单位工程概算书，单项工程概算书，建设项目总概算书。总概算书由承担建设项目总体设计的单位负责编制。

只承担单项工程设计而不承担总体设计的单位，只编制单项工程综合概算书。

建设项目若为一个独立单项工程，则建设项目总概算书与单项工程综合概算书可合并编制。

一、电气工程概算的编制依据

(1）国家发布的有关建设和造价管理的法律、法规、规章、规程等；

(2）批准的建设项目设计任务书或可行性研究报告和主管部门的有关规定；

(3）初步设计项目一览表；

(4）能满足编制设计概算的各专业经过校审并签字的设计图纸（或内部作业草图)、文字说明和主要设备表；

(5）当地和主管部门的现行建筑工程和专业安装工程的概算定额（或预算定额、综合预算定额)、单位估价表、材料及构配件预算价格、工程费用定额和有关费用规定的文件等资料；

(6）现行的有关设备原价及运杂费率；

(7）现行的有关其他费用定额、指标和价格；

(8）建设场地的自然条件及施工条件；

(9）类似工程的概预算及技术经济指标；

(10）建设单位提供的有关工程造价的其他资料。

二、单位工程概算书

单位工程概算书是计算一个独立建筑物或构筑物（即单项工程）中每个专业工程所需费

用的文件。编制单位工程概算书时，区分建筑工程和安装工程的情况，分为建筑工程概算书和设备及安装工程概算书。

（一）单位工程概算的编制步骤

（1）收集图纸、概算定额和相关法规；

（2）熟悉图纸和设计说明；

（3）划分和排列工程项目，分项计算工程量；

（4）编制工程概算表，计算单位工程直接费；

（5）计算各项工程费；

（6）编写编制说明；

（7）计算技术经济指标；

（8）填写封面、装订。

（二）单位工程概算文件

单位工程概算文件应该包括：建筑（安装）工程直接费计算表，见表3-16；设备费和安装工程直接费计算表和建筑（安装）工程人工、材料、机械台班差价表，分别见表3-17和表3-18；建筑（安装）工程费用构成表，见表3-19。

表3-16　　建筑（安装）工程直接费计算表

单项工程名称：　　单位工程名称：　　共　页第　页

<table>
<tr><th rowspan="3">序号</th><th rowspan="3">单位估价号</th><th rowspan="3">工程或费用名称</th><th rowspan="3">单位</th><th rowspan="3">数量</th><th colspan="4">单价（元）</th><th colspan="4">合价（元）</th></tr>
<tr><th rowspan="2">合计</th><th colspan="3">其中</th><th rowspan="2">合计</th><th colspan="3">其中</th></tr>
<tr><th>人工费</th><th>材料费</th><th>机械费</th><th>人工费</th><th>材料费</th><th>机械费</th></tr>
<tr><td></td><td></td><td></td><td></td><td></td><td></td><td></td><td></td><td></td><td></td><td></td><td></td><td></td></tr>
<tr><td></td><td></td><td></td><td></td><td></td><td></td><td></td><td></td><td></td><td></td><td></td><td></td><td></td></tr>
<tr><td></td><td></td><td></td><td></td><td></td><td></td><td></td><td></td><td></td><td></td><td></td><td></td><td></td></tr>
<tr><td></td><td></td><td></td><td></td><td></td><td></td><td></td><td></td><td></td><td></td><td></td><td></td><td></td></tr>
</table>

审核：　　校对：　　编制：　　编制日期：　年　月　日

表3-17　　设备费和安装工程直接费计算表

单项工程名称：　　单位工程名称：　　共　页第　页

<table>
<tr><th rowspan="4">序号</th><th rowspan="4">单位估价号</th><th rowspan="4">设备及安装工程名称</th><th rowspan="4">单位</th><th rowspan="4">数量</th><th colspan="5">单价（元）</th><th colspan="5">合价（元）</th></tr>
<tr><th rowspan="3">设备和主材费</th><th colspan="4">定额安装工程费</th><th rowspan="3">设备和主材费</th><th colspan="4">定额安装工程费</th></tr>
<tr><th rowspan="2">合计</th><th colspan="3">其中</th><th rowspan="2">合计</th><th colspan="3">其中</th></tr>
<tr><th>人工费</th><th>材料费</th><th>机械费</th><th>人工费</th><th>材料费</th><th>机械费</th></tr>
<tr><td></td><td></td><td></td><td></td><td></td><td></td><td></td><td></td><td></td><td></td><td></td><td></td><td></td><td></td><td></td></tr>
<tr><td></td><td></td><td></td><td></td><td></td><td></td><td></td><td></td><td></td><td></td><td></td><td></td><td></td><td></td><td></td></tr>
<tr><td></td><td></td><td></td><td></td><td></td><td></td><td></td><td></td><td></td><td></td><td></td><td></td><td></td><td></td><td></td></tr>
<tr><td></td><td></td><td></td><td></td><td></td><td></td><td></td><td></td><td></td><td></td><td></td><td></td><td></td><td></td><td></td></tr>
</table>

审核：　　校对：　　编制：　　编制日期：　年　月　日

表 3-18 **建筑（安装）工程人工、材料、机械台班差价表**

单项工程名称： 单位工程名称： 共 页第 页

序号	人工、材料、机械		单位	数量	定额价（元）	编制价（元）	单价（元）	合价（元）
	名称	种类、型号、规格						

审核： 校对： 编制： 编制日期： 年 月 日

表 3-19 **建筑（安装）工程费用构成表**

单项工程名称： 单位工程名称： 共 页第 页

序号	费用项目	费用计算式	费用金额（元）	备注

审核： 校对： 编制： 编制日期： 年 月 日

（三）单位工程中设备购置费计算

设备购置费是指为建设项目购置或自制的达到固定资产标准的各种国产或进口设备、工具、器具的购置费用，由设备原价和设备运杂费构成，即

$$设备购置费 = 设备原价 + 设备运杂费$$

式中：设备原价是指国产设备或进口设备的原价。设备运杂费是指除设备原价之外的关于设备采购、运输、途中包装及仓库保管等方面支出费用的总和。

1. 国产设备原价的构成及计算

国产设备原价一般指的是设备制造厂的交货价或订货合同价。它一般根据生产厂或供应商的询价、报价、合同价确定，或采用一定的方法计算确定。国产设备原价分为国产标准设备原价和国产非标准设备原价。

（1）国产标准设备原价。国产标准设备是指按照主管部门颁布的标准图纸和技术要求，由我国设备生产厂批量生产的，符合国家质量检测标准的设备。国产标准设备原价有两种，即带有备件的原价和不带有备件的原价。在计算时，一般采用带有备件的原价。

（2）国产非标准设备原价。国产非标准设备是指国家尚无定型标准，各设备生产厂不可能在工艺过程中采用批量生产，只能按一次订货，并根据具体的设计图纸制造的设备。非标准设备原价有多种不同的计算方法，如成本计算估价法、系列设备插入估价法、分部组合估价法、定额估价法等。但无论采用哪种方法都应该使非标准设备计价接近实际出厂价，并且计算方法要简便。按成本计算估价法，非标准设备的原价由

以下各项组成。

1）材料费，其计算公式为

材料费＝材料净质量×(1＋加工损耗系数)×每吨材料综合价

2）加工费，包括生产工人工资和工资附加费、燃料动力费、设备折旧费、车间经费等。其计算公式为

加工费＝设备总质量(t)×设备每吨加工费

3）辅助材料费（简称辅材费），包括焊条、焊丝、氧气、氩气、氮气、油漆、电石等费用。其计算公式为

辅助材料费＝设备总质量×辅助材料费指标

4）专用工具费，按1）～3）项之和乘以一定百分比计算。

5）废品损失费，按1）～4）项之和乘以一定百分比计算。

6）外购配套件费，按设备设计图纸所列的外购配套件的名称、型号、规格、数量、质量，根据相应的价格加运杂费计算。

7）包装费，按以上1）～6）项之和乘以一定百分比计算。

8）利润，可按1）～5）项加第7）项之和乘以一定利润率计算。

9）税金，主要是指增值税，其计算公式为

增值税＝当期销项税额－进项税额

当期销项税额＝销售额×适用增值税率

销售额＝1）～8)项之和

10）非标准设备设计费按国家规定的设计费收费标准计算。

综上所述，单台非标准设备原价可用下面的公式表达，即

单台非标准设备原价＝{[(材料费＋加工费＋辅助材料费)×(1＋专用工具费率)
×(1＋废品损失费率)＋外购配套件费]×(1＋包装费率)
＋非标准设备设计费＋外购配套件费}

2. 进口设备原价的构成及计算

进口设备的原价是指进口设备的抵岸价，即抵达买方边境港口或边境车站，且交完关税等税费后形成的价格。进口设备抵岸价的构成与进口设备的交货类别有关。

(1）进口设备的交货类别。进口设备的交货类别可分为内陆交货类、目的地交货类、装运港交货类。

1）内陆交货类，即卖方在出口国内陆的某个地点交货。在交货地点，卖方及时提交合同规定的货物和有关凭证，并负担交货前的一切费用和风险；买方按时接受货物、交付货款、负担接货后的一切费用和风险，并自行办理出口手续和装运出口。货物的所有权也在交货后由卖方转移给买方。

2）目的地交货类，即卖方在进口国的港口或内地交货，有目的港船上交货价、目的港船边交货价（FOS）和目的港码头交货价（关税已付）及完税后交货价（进口国的指定地点）等几种交货价。它们的特点是：买卖双方承担的责任、费用和风险是以目的地约定交货点为分界线，只有当卖方在交货点将货物置于买方控制下才算交货，才能向买方收取货款。这种交货类别对卖方来说承担的风险较大，在国际贸易中卖方一般不愿采用。

3）装运港交货类，即卖方在出口国装运港交货，主要有装运港船上交货价（FOB），习

惯称离岸价格，运费在内价（C&F）和运费、保险费在内价（CIF），习惯称到岸价格。它们的特点是：卖方按照约定的时间在装运港交货，只要卖方把合同规定的货物装船后提供货运单据便完成交货任务，可凭单据收回货款。

装运港船上交货价是我国进口设备采用最多的一种货价。采用船上交货价时卖方的责任是：在规定的期限内，负责在合同规定的装运港口将货物装上买方指定的船只，并及时通知买方；负担货物装船前的一切费用和风险，负责办理出口手续；提供出口国政府或有关方面签发的证件；负责提供有关装运单据。买方的责任是：负责租船或订舱；支付运费，并将船期、船名通知卖方；负担货物装船后的一切费用和风险；负责办理保险及支付保险费；办理在目的港的进口和收货手续；接受卖方提供的有关装运单据，并按合同规定支付货款。

（2）进口设备抵岸价的构成及计算。进口设备采用最多的是装运港船上交货价（FOB）。

其抵岸价的构成可概括为

进口设备抵岸价 ＝货价＋国际运费＋运输保险费＋银行财务费＋外贸手续费
＋关税＋增值税＋消费税＋车辆购置附加费

1）货价，一般是指装运港船上交货价（FOB）。设备货价分为原币货价和人民币货价，原币货价一律折算为美元表示，人民币货价按原币货价乘以外汇市场美元兑换人民币中间价确定。进口设备货价按有关生产厂商询价、报价、订货合同价计算。

2）国际运费，即从装运港（站）到达我国抵达港（站）的运费。我国进口设备大部分采用海洋运输，小部分采用铁路运输，个别采用航空运输。

进口设备国际运费计算公式为

国际运费(海、陆、空) ＝ 原币货价(FOB) × 运费率

或

国际运费(海、陆、空) ＝ 运量 × 单位运价

式中，运费率或单位运价参照有关部门或进出口公司的规定执行。

3）运输保险费，对外贸易货物运输保险是由保险人（保险公司）与被保险人（出口人或进口人）订立保险契约，在被保险人交付议定的保险费后，保险人根据保险契约的规定对货物在运输过程中发生的承保责任范围内的损失给予经济上的补偿。这是一种财产保险。

运输保险费计算公式为

运输保险费 ＝ {[原币货价(FOB) ＋ 国外运费]/(1－保险费率)} × 保险费率

式中：保险费率按保险公司规定的进口货物保险费率计算。

4）银行财务费，一般是指中国银行手续费。银行财务费计算公式为

银行财务费 ＝ 人民币货价(FOB) × 银行财务费率

5）外贸手续费，是指委托具有外贸经营权的经贸公司采购而发生的外贸手续费率计取的费用，外贸手续费率一般取 1.5%。

外贸手续费计算公式为

外贸手续费 ＝[装运港船上交货价(FOB) ＋ 国际运费 ＋ 运输保险费] × 外贸手续费率

6）关税，是指由海关对进出国境或关境的货物和物品征收的一种税。

关税计算公式为

关税 ＝ 到岸价格(CIF) × 进口关税税率

式中：到岸价格（CIF）包括离岸价格（FOB）、国际运费、运输保险费，它作为关税完税价格。进口关税税率分为优惠和普通两种。优惠税率适用于与我国签订关税互惠条款的贸易条约或协定的国家的进口设备；普通税率适用于与我国未签订关税互惠条款的贸易条约或协定的国家的进口设备。进口关税税率按我国海关总署发布的进口关税税率计算。

7）增值税，是指对从事进口贸易的单位和个人，在进口商品报关进口后征收的税种。

增值税计算公式为

进口产品增值税＝组成计税价格×增值税税率

组成计税价格＝关税完税价格＋关税＋消费税

增值税税率根据规定的税率计算。

8）消费税对部分进口设备（如轿车、摩托车等）征收。

消费税计算公式为

应纳消费税额＝(到岸价＋关税)/(1－消费税税率)×消费税税率

其中，消费税税率根据规定的税率计算。

9）车辆购置附加费：进口车辆需缴进口车辆购置附加费。

进口车辆购置附加费计算公式为

进口车辆购置附加费＝(到岸价＋关税＋消费税＋增值税)×进口车辆购置附加费率

10）海关监管手续费，是指海关对进口减税、免税、保税货物实施监督、管理、提供服务的手续费。

海关监管手续费计算公式为

海关监管手续费＝到岸价×海关监管手续费率

3. 设备运杂费的构成及计算

(1) 设备运杂费的构成。设备运杂费通常由下列各项构成。

1）运费和装卸费：是指国产设备由设备制造厂交货地点起至工地仓库（或施工组织设计指定的需要安装设备的堆放地点）止所发生的运费和装卸费；进口设备则由我国到岸港口或边境车站起至工地仓库（或施工组织设计指定的需安装设备的堆放地点）止所发生的运费和装卸费。

2）包装费：是指在设备原价中没有包含的、为运输而进行的包装支出的各种费用。

3）设备供销部门的手续费按有关部门规定的统一费率计算。

4）采购与仓库保管费，是指采购、验收、保管和收发设备所发生的各种费用，包括设备采购人员、保管人员和管理人员的工资、工资附加费、办公费、差旅交通费，设备供应部门办公和仓库所占固定资产使用费、工具用具使用费、劳动保护费、检验试验费等。这些费用可按主管部门规定的采购与保管费费率计算。

(2) 设备运杂费的计算。设备运杂费按设备原价乘以设备运杂费率计算。

设备运杂费的计算公式为

设备运杂费＝设备原价×设备运杂费率

式中：设备运杂费率按各部门及省、市等的规定计取。

三、单项工程综合概算书

单项工程综合概算书是计算一个单项工程（独立建筑物或构筑物）所需建设费用的综合

性文件，它是由该单项工程所包括的各单位工程概算汇总编制而成，综合概算是建设项目总概算的组成部分。

单项工程综合概算文件应包括：编制说明、综合概算表、有关专业的单位工程概算书。

（一）编制说明

概算编制说明内容包括：工程概况、编制依据、编制方法、其他必要的说明。

（二）综合概算表

综合（总）概（预）算表见表 3-20。

表 3-20　综合（总）概（预）算表

建设项目：　　　　单项工程名称：　　　　共　页第　页

序号	概（预）算表编号	工程或费用名称	概（预）算价值（元）						技术经济指标				占投资额（%）
			建筑工程费	设备购置费	安装工程费	其他费用	合计	其中外汇（元）	计量指标	单位	数量	单位造价（元）	

审定：　　审核：　　校对：　　编制：　　编制日期：　年　月　日

注　表中“计量指标”视工程和费用种类而定，如建筑面积、用地面积、外形体积、有效容积、设备质量、扶梯数量等。

（三）有关专业的单位工程概算书

一个单项工程的综合概算由下列单位工程和费用的概算综合构成。

（1）建筑工程包括一般土建工程、卫生技术工程、工业管道工程、特殊构筑物工程、电气照明工程。

（2）设备安装工程包括机械设备及安装工程、动力电气设备安装工程。

（3）其他工程和费用（只编制概算）包括器具、工具和生产家具（低值易耗品除外）的购置、其他费用（当不编总概算而只编综合概算时才列此项费用）。

单项工程综合概算书的编制工作，一般从单位工程概算书的编制开始，然后统一交由综合概算书负责人进行汇总。

四、建设项目总概算书

总概算书由建设项目内各个单项工程的综合概算书和其他费用概算表汇总编制而成。

（一）总概算文件组成

总概算文件包括：编制说明（同单项工程综合概算书），总概算表（见表 3-20），各单项工程综合概算书，工程建设其他费用概算表（参照表 3-19），主要建筑、安装材料汇总表（见表 3-21）。独立装订成册的总概算文件宜加封面、签署页（扉页）和目录。

表 3-21　　主要建筑、安装材料汇总表

建设项目：　　共　页第　页

序号	单项工程名称	主要材料用量				备注
		钢筋（t）	型钢（t）	水泥（t）	原木（m^3）	

审核：　　校对：　　编制：　　编制日期：　年　月　日

（二）总概算表项目费用划分

（1）工程费用（建筑安装工程和设备购置费）。

1）主要工程项目；

2）辅助和服务性的工程项目；

3）室外工程项目（红线以内），包括土石方、道路、围墙、挡土墙、排水沟等各种构筑物、给排水管道、动力管网、供电线路、庭院绿化等工程；

4）场外工程项目（红线以外），包括道路、铁路专用线、桥涵、给排水、供热、供电、通信等工程（与主要工程项目一并立项报建的才列入）。

（2）其他费用。不属于建筑安装工程费和设备购置费的其他必要的费用支出，如土地使用费、建设单位管理费、研究试验费、勘察设计费、人员培训费、办公和生活家具购置费、联合试运转费等（具体内容按工程所在地区和主管部门规定执行）。

（3）预备费用。

1）基本预备费，是指在初步设计及概算内不可预见的工程费用。

2）价差预备费，是指在建设期内由于人工、设备、材料、施工机械的价格及费率、利率等产生的费用。

3）汇率等浮动因素引起工程造价变化的预测预留费用，属工程造价的动态因素，应在总预备费中单独列出。

（4）固定资产投资方向调节税。

（5）建设期贷款利息。

（6）铺底流动资金（生产或经营性建设项目才列入）。

五、概算编制方法

（一）建筑工程概算编制方法

主要工程项目的建筑工程概算应根据初步设计图纸计算主要工程量，按照工程所在地或主管部门规定的定额和取费标准编制。电气工程的单位概算也可按类似工程预/概算、概算指标、技术经济指标等计价依据编制。辅助、附属或小型单项工程的建筑工程概算可按各类指标编制。

1. 概算定额法

概算定额法是指根据图纸工程量及概算定额来编制概算造价。初步设计达到一定深度，

建筑结构比较明确的工程可以采用概算定额法。

2. 概算指标法

概算指标法是指根据有关部门规定的概算指标来编制概算造价。对于初步设计深度不够的工程，不能准确地计算工程量，但工程设计是采用技术比较成熟而又有类似工程概算指标可以利用的情况，可以采用概算指标法。

3. 类似工程预算法

类似工程预算法是指根据以往已建类似工程的预算指标来编制概算造价。拟建工程初步设计没有可用的概算指标，可以根据已经完成的或在建的类似工程为参照，用类似工程预算法计算工程概算，但是必须将差异进行调整。

4. 类似经济指标法

类似经济指标法是指根据以往的工程预算资料，按分部选用类似经济指标来编制概算造价。

（二）设备及安装工程概算

主要设备的购置费（含工器具购置费）根据主要设备表的设备项目，按设备原价、运杂费率编制。其安装工程费根据初步设计图纸计算主要工程量，按主管部门规定的定额和取费标准编制。

其他设备的购置和安装工程费用可按类似工程预/概算、概算指标、技术经济指标等计价依据及主要材料表进行编制。

（三）工程建设其他费用概算

按当地和主管部门规定的指标以及建设单位提供的资料编制。

（四）预备费

(1) 基本预备费：以建筑安装工程费、设备购置费、工程建设其他费之和为基数，乘以各地区或主管部门规定的费率计算。

(2) 价差预备费：价差预备费根据建设项目分年度投资额，按国家或地区建设行政主管部门定期测定和发布的年投资价格指数计算。

（五）固定资产投资方向调节税

固定资产投资方向调节税按国家各时期的有关规定计算。

（六）建设期贷款利息

根据建设项目投资的资金使用计划，按建设单位提供或中国人民银行规定的贷款利率计算。计息贷款额在贷款当年按50%计算，在其余年份按全额计算。

（七）铺底流动资金

按流动资金需要量的30%计算，流动资金可按下述方法计算。

(1) 用扩大指标估算。一般可参照同类生产企业流动资金占销售收入、经营成本、固定资产投资的比率以及单位产量占流动资金的比率进行估算。

(2) 分项详细估算。当采用上述两种估算方法有困难时，可由建设单位提供数值或按原可行性研究报告估算数计列。

六、概算的审核

设计概算是由设计单位根据图纸、说明和造价管理部门颁发的计价依据等资料，编制建设项目从筹建到竣工交付使用所需全部费用的文件。经审核批准后的设计概算既是编制建设项目投资计划、确定和控制建设项目投资的依据，又是签订建设工程合同和贷款合同的重要依据，也是工程建设投资的最高限额。

设计概算审查是一项复杂而细致的技术经济工作，一般情况下可按如下步骤进行。

(1) 概算审查的准备。其中包括：了解设计概算的内容组成、编制依据和方法；了解建设规模、设计能力和工艺流程；熟悉设计图纸和说明书、掌握概算费用的构成和有关技术经济指标；明确概算各种表格的内涵；收集概算定额、概算指标、取费标准等有关规定的文件资料等。

(2) 进行概算审查。根据审查的主要内容，分别对设计概算的编制依据、单位工程设计概算、综合概算、建设工程总概算进行逐级审查。

(3) 进行技术经济对比分析。利用规定的概算定额或指标以及有关的技术经济指标与设计概算进行分析对比，根据设计和概算列明的工程性质、结构类型、建设条件、费用构成、投资比例、占地面积、生产规模、建筑面积、设备数量、造价指标、劳动定员等与国内外同类型工程规模进行对比分析，找出与同类型工程的主要差距。

(4) 调查研究、调整概算、定案。对概算审查中出现的问题要在对比分析、找出差距的基础上深入现场进行实际调查研究。了解设计是否经济合理、概算编制依据是否符合现行规定和施工现场实际，有无扩大规模、多估投资或预留缺口等情况，并及时核实概算投资。对于当地没有同类型的项目而不能进行对比分析时，可向国内同类型企业进行调查，收集资料，作为审查的参考。经过会审决定的定案问题应及时调整概算，并经原批准单位下发文件。

第四节 电气工程施工图预算编制

一、施工图预算的基本概念

施工图预算是由设计单位在施工图设计完成后，根据施工图设计图纸、现行预算定额、费用定额以及地区设备、材料、人工、施工机械台班等预算价格编制和确定的建筑安装工程造价的文件。

二、施工图预算的作用

(1) 施工图预算是设计阶段控制工程造价的重要环节，是控制施工图设计不突破设计概算的重要措施。

(2) 施工图预算是编制或调整固定资产投资计划的依据。

(3) 对于实行施工招标的工程不属于《建设工程工程量清单计价规范》规定执行范围的，可用施工图预算作为编制标底的依据，此时它是承包企业投标报价的基础。

(4) 对于不宜实行招标而采用施工图预算加调整价结算的工程，施工图预算可作为确定合同价款的基础或作为审查施工企业提出的施工图预算的依据。

三、施工图预算的编制依据

(1) 施工图纸及说明书和标准图集；

(2) 现行预算定额及单位估价表；

(3) 施工组织设计或施工方案；

(4) 材料、人工、机械台班预算价格及调价规定；

（5）建筑安装工程费用定额。

四、施工图预算的内容

施工图预算分为单位工程预算、单项工程预算和建设项目总预算。单位工程预算是根据施工图设计文件、现行预算定额、费用定额以及人工、材料、设备、机械台班等预算价格资料，以一定方法编制而成的预算文件。汇总所有各单位工程施工图预算，便得到单项工程施工图预算。所有单项工程施工图预算汇总，便得到一个建设项目建筑安装工程的总预算。

对于电气工程，一般汇总到单项工程施工图预算即可。下面我们只针对单位工程施工图预算解释其编制方法。

五、单位工程施工图预算的编制方法

单位工程施工图预算有三种编制方法：工料单价法、定额实物法、综合单价法。

（一）工料单价法

1. 工料单价法的概念

工料单价法是用有关单位编制的单位估价表（分项工程的定额直接费单价）乘以按施工图计算各分项工程的工程量，汇总后得到单位工程的直接工程费，再按规定程序计算出其他直接费、现场经费、间接费、利润和税金，便可得出单位工程的施工图预算造价。

工料单价法编制施工图预算的计算公式表述为

$$单位工程施工图预算直接费 = \sum(工程量 \times 预算定额单价)$$

2. 工料单价法的适用范围

工料单价法是计划经济的产物，因为其计算依据明确，都是规定的统一的预算定额、单位估价表以及相应的调价文件，所以单价法计算简单。但是，由于没有采用市场价格信息，所以计算出的预算价格不能反映施工时实际的工程造价，在市场价格波动较大的时候，依据工料单价法计算的结果与实际价格出入较大。

3. 工料单价法的步骤

（1）搜集各种编制依据资料；

（2）熟悉施工图纸和定额；

（3）计算工程量；

（4）套用预算定额单价；

（5）编制工料分析表；

（6）计算其他各项应取费用和汇总造价，单位工程造价计算式为

$$单位工程造价 = 直接工程费(直接费 + 其他直接费 + 现场经费) + 间接费 + 利润 + 税金$$

（7）复核；

（8）编制说明、填写封面。

单价法计算的程序见表 3 - 22。

表 3 - 22　　工料单价法计算程序

序号	费用项目	计算方法	备注
1	直接工程费	按预算表	
2	措施费	按规定标准计算	

续表

序号	费用项目	计算方法	备注
3	小计	1+2	
4	间接费	计算基数×相应费率	
5	利润	计算基数×相应费率	
6	合计	3+4+5	
7	税金	6×相应税率	
8	工程造价	6+7	

（二）定额实物法

1. 定额实物法的概念

定额实物法是首先根据施工图纸分别计算出分项工程量，然后套用相应预算人工、材料、机械台班的定额用量，再分别乘以工程所在地当时的人工、材料、机械台班的实际单价（这是与单价法的区别），求出单位工程的人工费、材料费和施工机械使用费，并汇总求和，进而求得直接工程费，最后按规定计取其他各项费用，最后汇总就可得出单位工程施工图预算造价。

定额实物法编制施工图预算时，其中直接费的计算公式为

$$
\begin{aligned}
\text{单位工程预算直接费} = & \sum(\text{工程量} \times \text{人工预算定额用量} \times \text{当时当地人工工资单价}) \\
& + \sum(\text{工程量} \times \text{材料预算定额用量} \times \text{当时当地材料} \times \text{预算价格}) \\
& + \sum(\text{工程量} \times \text{施工机械台班预算定额用量} \\
& \times \text{当时当地机械台班单价})
\end{aligned}
$$

2. 定额实物法的适用范围

用实物法编制施工图预算，由于采用了工程所在地当时的人工、材料、机械台班的价格，所以较好地反映了工程的实际价格水平，工程造价的准确性高，是适合市场经济的预算编制办法。

3. 定额实物法编制施工图预算的步骤

定额实物法编制施工图预算的具体步骤如下：

（1）搜集各种编制依据资料；

（2）熟悉施工图纸和定额；

（3）计算工程量：套用预算人工、材料、机械定额用量，求出各分项人工、材料、机械消耗数量，再乘以当时当地人工、材料、机械单价，得出人工费、材料费和机械使用费；

（4）编制工料分析表；

（5）计算其他各项应取费用和汇总造价，单位工程造价计算式为

$$
\begin{aligned}
\text{单位工程造价} = & \text{直接工程费(直接费} + \text{其他直接费} + \text{现场经费)} \\
& + \text{间接费} + \text{利润} + \text{税金}
\end{aligned}
$$

（6）复核；

（7）编制说明、填写封面。

（三）综合单价法

1. 综合单价法概念

综合单价法是指分部分项工程单价综合了除直接工程费以外的多项费用内容。综合单价分为全费用单价和部分费用单价。全费用单价经综合计算后生成，其内容包括人工费、材料费、施工机械使用费、措施费、规费、企业管理费、利润和税金，以及有关的风险金等所有费用总和。部分费用综合单价是指分部分项工程单价综合了直接工程费、管理费、利润，不包括规费和税金。规费和税金应按规定另计。

在综合单价法中，间接费和利润是分别计算到各分部分项工程单价中，从而组成了各分部分项工程综合单价，综合单价乘以工程量即得到分项工程的合价，所有分部分项工程合价汇总即得到该单位工程总价。

2. 综合单价法适用范围

综合单价法是与市场经济和国际惯例相适应的一种计价方法，工程量清单计价的工程采用此种方法。

3. 综合单价法编制步骤

（1）搜集各种编制依据资料；

（2）熟悉施工图纸和定额；

（3）计算工程量，形成工程量清单；

（4）计算综合单价；

（5）汇总各分部分项工程合价；

（6）计算相关规费、税金和汇总造价（部分费用用综合单价法计算此项）；

（7）复核；

（8）编制说明、填写封面。

六、施工图预算的审核

施工图预算是发包方和承包方鉴定工程承包合同、办理工程拨款和工程价款结算、承包方进行工程成本核算、进行设计概算与施工图预算两算对比分析、合理确定工程价格的依据，加强施工图预算的审核，对于提高施工图预算的准确性、降低工程造价具有十分重要意义。

施工图预算审查的内容，主要包括工程量计算是否准确、套用定额是否正确、设备材料预算价格取定是否正确、费率取值是否符合现行的规定、一些费用计算是否合理及计算过程中数值的填写是否有误等。

审查施工图预算的方法主要有：全面审查法、标准预算审查法、分组计算审查法、筛选审查法、重点抽查法、对比审查法、利用手册审查法和分解对比审查法等。

第五节 电气工程施工预算编制

一、建设工程施工预算的概念

施工预算是施工企业为了加强企业内部的经济核算，在施工图预算的控制下，根据施工图纸、施工定额、施工及验收规范、标准图集、施工组织设计（或施工方案）编制的施工企业内部的技术经济文件。它规定了单位工程（或分部分项工程）施工所需的人工、材料和施工机械台班消耗数量的数量，使施工企业有计划、有步骤地组织施工，以降低施工成本，提高企业竞争力。

二、施工预算的内容

施工预算的内容是以单位工程为对象，进行人工、材料、机械台班数量及其费用总和的计算。它由编制说明和预算表格两部分组成。

1. 编制说明

施工预算的编制说明应简明扼要地叙述以下几个方面的内容：

（1）编制依据（如采用的定额、图纸、图集、人工工资标准、材料价格、施工组织设计或施工方案等）；

（2）工程概况及建设地点；

（3）对设计图纸的建议及现场勘察的主要资料；

（4）施工技术措施；

（5）施工关键部位的处理方法，施工中降低成本的措施；

（6）遗留项目或暂估项目的说明；

（7）工程中存在及尚需解决的其他问题。

2. 预算表格

（1）工程量计算汇总表。工程量计算汇总表是按照施工定额的工程量计算规则做出的重要基础数据。

为了便于生产、调度、计划、统计及分期材料供应，根据工程情况，可将工程量按照分层、分段、分部位进行汇总，然后进行单位工程汇总。

（2）施工预算工料分析表。施工预算工料分析表与施工图预算的工料分析表编制方法基本相同，要注意按照工程量计算汇总表的划分，做出分层、分段、分部位的工料分析结果，为施工分期生产计划提供条件。

（3）人工汇总表。人工汇总表是将工料分析表中的人工按工种分层、分段、分部位进行汇总的表格，是编制劳动力计划、合理调配劳动力的依据。

（4）材料消耗量汇总表。将工料分析表中不同品种、规格的材料按层、段、部位进行汇总，材料消耗量汇总表是编制材料供应计划的依据。

（5）机械台班使用量汇总表。将工料分析表中各种施工机具及消耗台班数量按层、段、部位进行汇总。

（6）施工预算表。将已汇总的人工、材料、机械台班消耗数量分别乘以所在地区的人工工资标准、材料预算价格、机械台班单价，计算出直接费（有定额单价时可直接使用定额单价）。

（7）“两算”对比表。“两算”对比表指同一工程内容的施工预算与施工图预算的对比分析表。将计算出的人工、材料、机械台班消耗数量，以及人工费、材料费、机械费等与施工图预算进行对比，找出节约或超支的原因，作为开工之前的预测分析表。

三、施工预算编制的要求

施工预算的项目要能满足签发施工任务单和限额领料单的要求，以便加强管理、实行队组经济核算。

施工预算要能反映出经济效果，以便为经济活动分析提供可靠的依据。

编制要紧密结合现场实际，按照所承担的任务范围、现场实际情况及采取的施工技术措施，结合企业管理水平，实事求是地进行编制。

四、施工预算编制的依据

施工预算编制的依据包括以下内容：

（1）会审后的施工图纸、设计说明书和有关的标准图集；

（2）施工组织设计或施工方案；

（3）施工图预算书；

（4）现行的施工定额、材料预算价格、人工工资标准、机械台班费用定额及有关文件；

（5）工程现场实际勘察与测量资料，如工程地质报告、地下水位标高等；

（6）常用工具性资料。

五、施工预算编制方法

施工预算编制按以下顺序进行。

（1）熟悉施工图纸、施工组织设计及现场资料；

（2）熟悉施工定额及有关文件规定；

（3）列出工程项目，计算工程量；

（4）套用定额，计算直接费并进行工料分析；

（5）单位工程直接费及人工、材料、机械台班消耗量汇总；

（6）进行“两算”对比分析；

（7）编写编制说明并填写封面，装订成册。

六、“两算”的对比

（一）对比的意义

“两算”对比是指施工图预算与施工预算的对比。通过对比分析，找出节约和超支的原因，研究提出解决的措施，防止人工、材料和机械用量及使用费的超支，以避免发生预算成本的亏损。

通过“两算”对比，并在完工后加以总结，取得经验教训，积累资料，加强和改进施工组织管理，以减少工料消耗，提高劳动生产率，降低工程成本，节约资金，增加积累，取得更大的经济效益。

（二）“两算”的区别

（1）施工预算与施工图预算的作用及编制方法不同。施工预算用于施工企业内部核算，它主要计算工、料、机用量和直接费，而施工图预算要确定整个单位工程造价，是签订工程合同、拨付工程价款、办理工程结算的依据。施工预算必须在施工图预算价值的控制下进行编制。

（2）使用的定额不同。施工预算使用的定额是施工定额，施工图预算使用的是预算定额。两种定额水平不同，施工定额是平均先进水平，而预算定额是平均水平，即使是同一定额项目，两种定额中各自的工、料、机耗用数量都有一定的差别。两种定额项目划分也不同，预算定额的综合性较施工定额大。

（3）工程项目粗细程度不同。施工定额按工种划分，其综合程度较低，而且施工预算要满足班组核算的要求，所以项目划分较细。预算定额项目的综合程度较高，其主要任务是用来确定工程造价，所以施工图预算的项目划分较粗。

（三）“两算”对比的方法

一般“两算”对比的方法有实物量对比法和实物金额对比法两种。

（1）“实物量”是指分项工程所消耗的人工、材料和机械台班消耗的实物数量。实物量对比法是指将“两算”中相同项目所需的人工、材料和机械台班消耗量进行比较，或者以分部工程或单位工程为对象，将“两算”的人工、材料汇总数量相比较。

（2）实物金额是指分项工程所消耗的人工、材料和机械的金额费用。实物金额对比法是将施工预算中的人工、材料和机械台班的数量，乘以各自的单价，汇总成人工费、材料费和机械费，然后与施工图预算的人工费、材料费和机械费相比较。

（3）“两算”对比的一般说明。

1）人工消耗量。一般施工预算工日数应低于施工图预算工日 10%～15%，因为两者的基础不一样。

$$\text{人工费节约或超支额} = \text{施工图预算人工费} - \text{施工预算人工费}$$

$$\text{计划人工费降低率} = \frac{\text{施工图预算人工费} - \text{施工预算人工费}}{\text{施工图预算人工费}} \times 100\%$$

计算结果为正值，表示计划人工费节约；计算结果为负值，表示计划人工费超支。

2）材料消耗量。一般施工预算材料消耗量应低于施工图预算材料消耗量。

$$\text{材料费节约或超支额} = \text{施工图预算材料费} - \text{施工预算材料费}$$

$$\text{计划材料费降低率} = \frac{\text{施工图预算材料费} - \text{施工预算材料费}}{\text{施工图预算材料费}} \times 100\%$$

计算结果为正值，表示计划材料费节约；计算结果为负值，表示计划材料费超支。

3）机械台班消耗量。机械直接以“两算”的机械费对比，且只能核算大中型机械的施工预算机械费是否超过施工图预算机械费。

4）脚手架工程。脚手架工程无法按实物量进行“两算”对比，只能用金额对比。

第六节　电气工程竣工结算编制

建设过程中，施工图预算所分析的工料数量、确定的工程预算造价，都是在开工前进行编制的。但是，工程在施工过程中，往往由于条件的变化、设计意图的变更和材料的代用等，使原设计有所改变，因此原有的施工图预算就不能反映工程的实际成本的造价。而竣工结算就是在工程竣工后，根据施工过程中实际发生的变更情况，修正原有施工图预算，重新确定工程造价的文件。

一、工程结算

工程结算分为中间结算和竣工结算。

1. 中间结算

对于施工期限较长甚至跨年度的工程，为了保证施工计划的顺利进行，施工单位按合同规定日期或此期间完成的工程量，向建设单位进行定期的工程结算，称为中间结算。中间结算可以使施工企业在施工期间的人工工资、材料费用和其他费用得到补充，以保证下一个施工计划期间施工活动顺利的进行。

2. 竣工结算

竣工结算是指工程完工、交工验收后，施工单位根据原施工图预算，加上补充修改预算向建设单位办理竣工工程价款结算的文件。它是调整工程计划、确定和统计工程进度、考核基本建设投资的效果，进行工程成本分析的依据。

二、竣工结算的编制依据

为了使竣工结算符合实际情况，避免多算或少算、重复和漏项，预算工作人员必须在施工过程中经常深入现场，了解工程情况，并与施工人员密切配合，随时了解和掌握工程修改和变更情况，为竣工结算积累和收集必备的原始资料。

竣工结算的编制依据主要有以下几个方面：

(1) 设计单位修改或变更设计的通知单；

(2) 建设单位有关工程的变更、追加、削减和修改的通知单；

(3) 施工单位、设计单位、建设单位会签的图纸会审记录；

(4) 隐蔽工程检查验收证书；

(5) 零部件、加工品的加工订货计划；

(6) 其他材料代用、调换及现场决定工程变更等项目的原始记录；

(7) 工程现场签证单。

现场签证单的内容是：凡属施工图预算未能包括而在施工过程中实际发生的工程项目，按实际耗用的人工、材料、机械台班填写工程签证单，并经建设单位代表签字加盖公章。

工程签证的项目和内容，常见的有以下几种：

(1) 施工中旧有建筑物或障碍物的拆除；

(2) 砍伐树木和移植树木；

(3) 基础及杆坑内的积水或地下水的处理；

(4) 由建设单位或设计单位造成的返工；

(5) 施工过程中不必进行设计修改的一些小的变更项目。

三、竣工结算的编制步骤和方法

竣工结算的编制大体与施工图预算的编制相同，现叙述如下。

(1) 仔细了解有关竣工结算的原始资料。结算的原始资料是编制竣工结算的依据，必须收集齐全，在了解时要深入细致，并进行必要的归纳整理，一般按分部分项工程的顺序进行。

(2) 对竣工工程进行观察和对照。根据原有施工图纸、结算的原始资料，对竣工工程进行观察和对照，必要时应进行实际测量和计算，并做好记录。如果工程的做法与原设计施工要求有出入时，也应做好记录。在编制竣工结算时，要本着实事求是的原则，对这些有出入的部分进行调整。

(3) 计算工程量。根据原始资料和对竣工工程进行观察的结果，计算增加和减少的工程量，这些增加或减少的工程量是由设计变更和设计修改而造成的，对其他原因造成的现场签证项目，也应一一计算出工程量。如果设计变更及设计修改的工程量较多且影响又大时，可将所有的工程量按变更或修改后的设计重新计算工程量。

(4) 依据工程预算定额求出每项工程的预算价格。其具体要求与施工图编制定额相同，要求准确合理。

(5) 计算工程费用。

工程竣工结算的费用组成可分为三个部分：

1）原有施工图预算的直接费用；

2）增加工程部分的直接费；

3）减少工程部分的直接费。

竣工结算的直接费用=1）+2）−3）。

以计算出的直接费用、人工费、材料费和施工机械费，按规定的计费项目、计费基础和费率，计算出工程的全部费用。求出工程的最后实际造价。

如果工程的变更较小，也可将变更部分的直接费用和间接费用先计算出来，然后在原施工图预算的工程造价中，加上增加项目的预算价格或减去减少项目的预算价格，即得出了竣工工程结算最终工程造价。

第七节 电气工程竣工决算编制

一、建设项目竣工决算的概念

建设项目竣工决算是指所有建设项目竣工后，建设单位按照国家有关规定在新建、改建和扩建工程建设项目竣工验收阶段编制的竣工决算报告。它是全面地反映竣工项目建设成果及财务情况的总结性文件，一般采用货币指标、实物数量、建设工期和各种技术经济指标综合、全面地反映建设项目自开始建设到竣工为止的全部建设成果和财物状况。

二、竣工决算的内容

竣工决算由竣工情况说明书和竣工决算报表两部分组成。

（一）竣工决算报告情况说明书

竣工决算报告情况说明书主要反映竣工工程建设成果和经验，是对竣工决算报表进行分析和补充说明的文件，是全面考核分析工程投资与造价的书面总结，其内容主要包括：

（1）建设项目概况，对工程总的评价；

（2）资金来源及运用等财务分析；

（3）基本建设收入、投资包干结余、竣工结余资金的上交分配情况；

（4）各项经济技术指标的分析；

（5）工程建设经验及项目管理和财务管理工作以及竣工财务决算中有待解决的问题；

（6）需要说明的其他事项。

（二）竣工财务决算报表

建设项目竣工财务决算报表要根据大、中型建设项目和小型建设项目分别制定。

大、中型建设项目竣工决算报表包括：建设项目竣工财务决算审批表，大、中型建设项目概况表，大、中型建设项目竣工财务决算表，大、中型建设项目交付使用资产总表。

小型建设项目竣工财务决算报表包括：建设项目竣工财务决算审批表，竣工财务决算总表，建设项目交付使用资产明细表。

（1）建设项目竣工财务决算审批表。该表作为竣工决算上报有关部门审批时使用，其格式按照中央级小型项目审批要求设计的，地方级项目可按审批要求做适当修改，大、中、小型项目均要要求填报此表。

（2）大、中型建设项目概况表。该表综合反映大、中型建设项目的基本概况，内容包括该项目总投资、建设起止时间、新增生产能力、主要材料消耗、建设成本、完成主要工程量和主要技术经济指标及基本建设支出情况，为全面考核和分析投资效果提供依据。投资，应计入交付使用资产价值。

(3) 大、中型建设项目竣工财务决算表。该表反映竣工的大中型建设项目从开工到竣工为止全部资金来源和资金运用的情况，它是考核和分析投资效果、落实节余资金，并作为报告上级核销基本建设支出和基本建设拨款的依据。此表采用平衡表形式，即资金来源合计等于资金支出合计。

(4) 大、中型建设项目交付使用资产总表。该表反映建设项目建成后新增固定资产、流动资产、无形资产和递延资产价值的情况和价值，作为财产交接、检查投资计划完成情况和分析投资效果的依据。小型项目不编制“交付使用资产总表”，直接编制“交付使用资产明细表”；大、中型项目在编制“交付使用资产总表”的同时，还需编制“交付使用资产明细表”。

(5) 建设项目交付使用资产明细表。该表反映交付使用的固定资产、流动资产、无形资产和递延资产及其价值的明细情况，是办理资产交接的依据和接收单位登记资产账目的研究，是使用单位建立资产明细账和登记新增资产价值的依据。大、中型和小型建设项目均需编制此表。编制时要做到齐全完整，数字准确，各栏目价值应与会计账目中相应科目与数据保持一致。

(三) 建设工程竣工图

建设工程竣工图是真实地记录各种地上、地下建筑物、构筑物等情况的技术文件，是工程进行交工验收、维护改建和扩建的依据，是国家的重要技术档案。

建设工程竣工图的具体要求有以下几方面。

(1) 凡按图竣工没有变动的，由施工单位在原施工图上加盖“竣工图”标志后，即作为竣工图。

(2) 凡在施工过程中，虽有一般性设计变更，但能将原施工图加以修改补充作为竣工图的，可不重新绘制，由施工单位负责在原施工图（必须是新蓝图）上注明修改的部分，并附以设计变更通知单和施工说明，加盖“竣工图”标志后，作为竣工图。

(3) 凡结构形式改变、施工工艺改变、平面布置改变、项目改变以及有其他重大改变，不宜再在原施工图上修改、补充时，应重新绘制改变后的竣工图。施工单位负责在新图上加盖“竣工图”标志，并附以有关记录和说明，作为竣工图。

(4) 为了满足竣工验收和竣工决算需要，还应绘制反映竣工工程全部内容的工程设计平面示意图。

(四) 工程造价比较分析

批准的概算是考核建设工程造价的依据。在分析时，可先对比整个项目的总概算，然后将建筑安装工程费、设备工器具费和其他工程费用逐一与竣工决算表中所提供的实际数据和相关资料及批准的概算、预算指标、实际的工程造价进行对比分析，以确定竣工项目总造价是节约还是超支，并在对比的基础上，总结先进经验，找出节约和超支的内容和原因，提出改进措施。在实际工作中，应主要分析以下内容：

(1) 主要实物工程量；

(2) 主要材料消耗量；

（3）考核建设单位管理费、建筑及安装工程其他直接费、现场经费和间接费的取费标准。

三、竣工决算的编制

（一）竣工决算的编制依据

（1）可行性研究报告、投资估算书、初步设计或扩大初步设计、修正总概算及其批复文件；

（2）设计变更记录、施工记录或施工签证单及其他施工发生的费用记录；

（3）经批准的施工图预算或标底造价、承包合同、工程结算等有关资料；

（4）历年基建计划、历年财务决算及批复文件；

（5）设备、材料调价文件和调价记录；

（6）其他有关资料。

（二）竣工决算的编制要求

（1）按照规定组织竣工验收，保证竣工决算的及时性；

（2）积累、整理竣工项目资料，保证竣工决算的完整性；

（3）清理、核对各项账目，保证竣工决算的正确性。

（三）竣工决算的编制步骤

（1）收集、整理和分析有关依据资料；

（2）清理各项财务、债务和结余物资；

（3）填写竣工决算报表；

（4）编制建设工程竣工决算说明；

（5）做好工程造价对比分析；

（6）清理、装订好竣工图；

（7）上报主管部门审查。

第四章 电气工程识图

第一节 电气图纸

一、图纸的作用

图纸是工程师的语言。工程师将设计意图通过图纸传递给现场人员。现场工作人员通过图纸进行制造和施工。概预算人员通过图纸来编制概预算。因此，每位电气工作人员和管理人员，都要求必须具备熟练的制图和读图能力。

二、基本知识

1. 图幅、图框和标题栏

为了便于图纸的技术交流以及后续工作的进行，在 AutoCAD 中绘制的图形一般都要以图纸的形式打印输出，并且在输出图形之前，都需要使用相应的线型绘制出图纸的图框以及标题栏等内容。

(1) 图纸图幅。图纸的宽度（B）和长度（L）组成的图面称为图纸幅面。按国家有关规定，绘制技术图样时应优先使用国家规定的图幅，如表 4-1 所示的 5 种基本幅面。必要时也可以按规定加长幅面，但应按基本幅面的短边整数倍增加。

表 4-1　图纸基本幅面及图框尺寸　mm

幅面代号	A0	A1	A2	A3	A4
$B\times L$	841×1189	594×841	420×594	297×420	210×297
e	20		10		
c	10			5	
a	25				

(2) 图框格式。在绘制图形时，必须用粗实线画出图框，细实线画出图纸界限。图框有两种格式：留有装订边和不留装订边，如图 4-1 所示，其中具体尺寸按表 4-1 规定画出。需要注意的是同一产品中所有图样均采用统一格式。

(3) 标题栏。为了绘制出的图样便于管理及查阅，每张图都必须添加标题栏。通常标题栏应位于图框的右下角，并且看图方向应与标题栏的方向一致。《技术制图标题栏》规定了两种标题栏的格式，如图 4-2 所示。其中前一种为推荐使用格式，但实际的制图作业中常采用后一种格式。

2. 字体

国家标准《技术制图》字体中规定了汉字、字母和数字的结构形式。书写字体的基本要求是：图样中书写的汉字、数字、字母必须做到字体端正、笔画清楚、排列整齐、间隔均匀。

字体的大小以号数表示，字体的号数就是字体的高度（单位为 mm），字体高度（用 h 表示）的公称尺寸系列为 1.8、2.5、3.5、5、7、10、14、20。如需要书写更大的字，其字体高度应按比例递增。用作指数、分数、注脚和尺寸偏差数值，一般采用小一号字体。

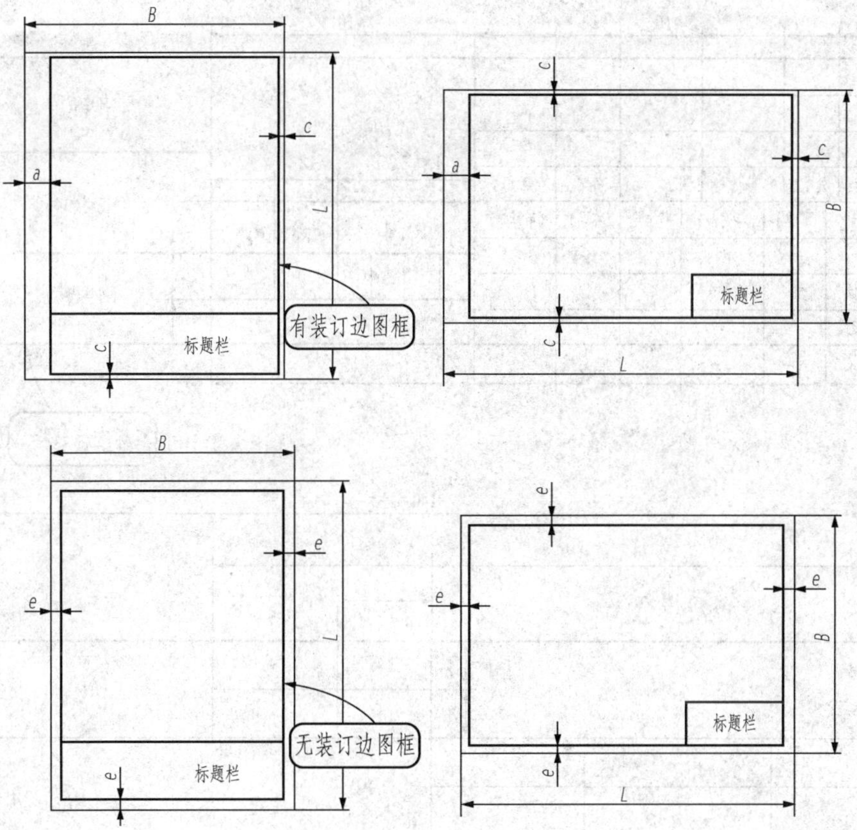

图 4-1　图框的两种格式

汉字应写成长仿宋体字，并应采用中华人民共和国国务院正式推行的《汉字简化方案》中规定的简化字。长仿宋体字的书写要领是：横平竖直、注意起落、结构均匀、填满方格。汉字的高度 h 不应小于 3.5mm，其字宽一般为 $h/\sqrt{2}$。

字母和数字分为 A 型和 B 型，字体的笔画宽度用 d 表示。A 型字体的笔画宽度 $d=h/14$，B 型字体的笔画宽度 $d=h/10$。并且字母和数字可写成斜体或直体。

斜体字字头向右倾斜，与水平基准线成 75°。绘图时，一般用 B 型斜体字。在同一图样上，只允许选用一种字体，汉字和数字的书写（示例）如图 4-3 所示。

3. 图线

绘制视图时，为了使视图尽可能真实、直观地反映物体的大小及形状，国家除了规定制图标准以外，又制定了一些图线绘制的原则，具体内容如下。

（1）在同一图样中，同类图线的宽度应基本一致，虚线、点画线及双点画线的限度长度和间隔各自大致相等。

（2）除非另有规定，两条平行线之间的最小距离不得小于 0.7mm。

（3）绘制圆的对称中心线时，圆心应为长画的交点，细点画线和细双点画线的首末两端应是长画而不是点，细点画线应超出图形轮廓 2～5mm。当图形较小难以绘制细点画线时，可用细实线代替细点画线。

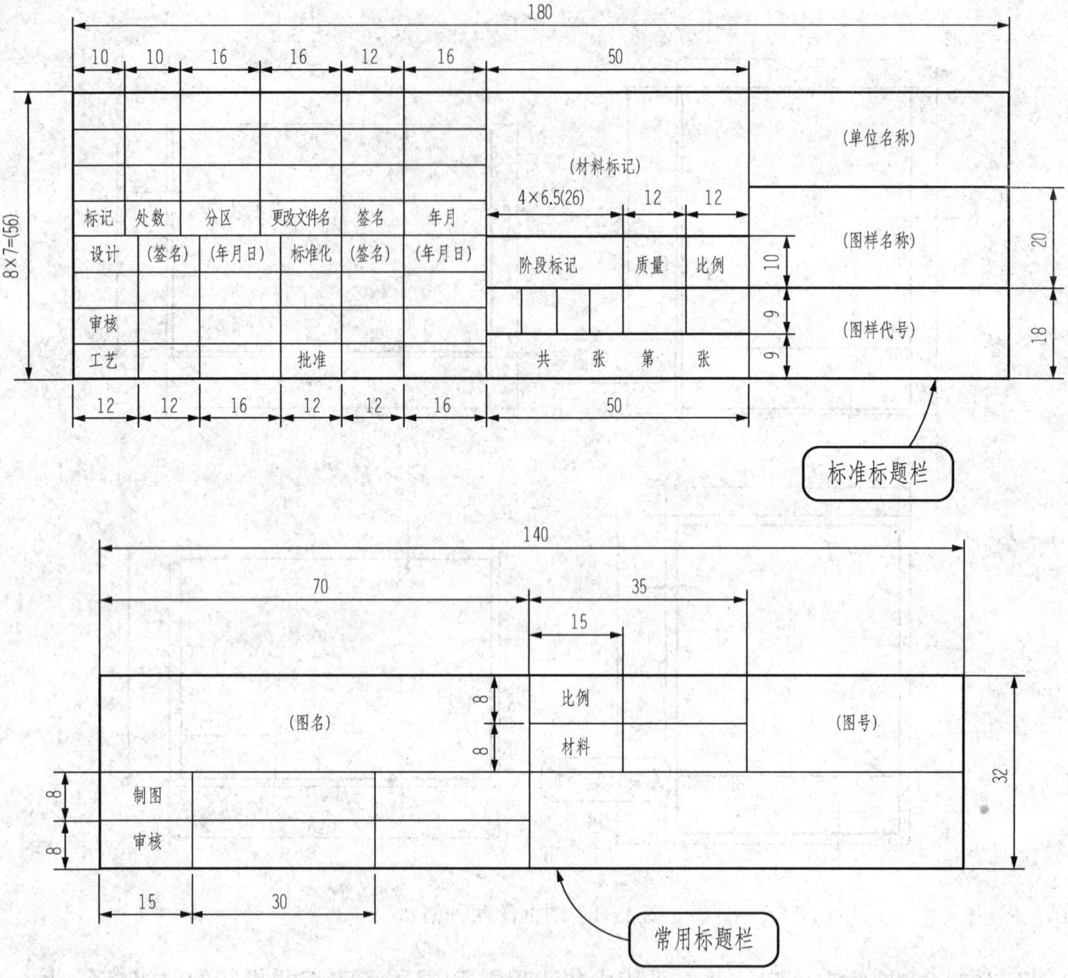

图 4-2 两种常用的标题栏

图 4-3 汉字和数字书写示例

(4) 当不同图线互相重叠时，应按粗实线、细虚线、细点画线的先后顺序只绘制前面一种图线。细点画线和虚线与粗实线、虚线、细点画线相交时，都应在线段处相交，不应在空隙处相交。

(5) 虚线圆弧与实线相切时，虚线圆弧应留出空隙。虚线圆弧与虚线直线相切时，虚线圆弧的线段应绘制到切点，虚线直线留出空隙。当虚线是粗实线的延长线时，粗实线应绘制到分界点，而虚线应留有空隙。

(6) 在绘制图形时，不同部位的轮廓线应采用不同类型的图线进行表示。国家标准规定了 15 种基本线型的变形，绘制图样时，应采用标准中规定的图线。机械图样中常用的图线名称、形式、宽度及其应用见表 4-2。

表 4-2　图线名称、形式、宽度及应用

图线名称	图线形式、图线宽度	一 般 应 用
粗实线	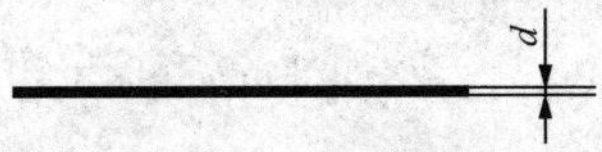 宽度：d≈0.5～2mm	可见轮廓线、可见过渡线
细实线	宽度：$d/4$	尺寸线、尺寸界限、剖面线、重合断面的轮廓线、辅助线、引出线、螺纹牙底线及齿轮的齿根线
细虚线	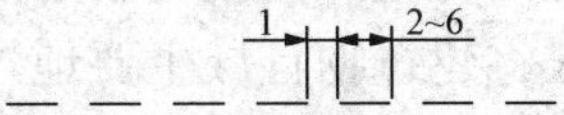 宽度：$d/4$	不可见轮廓线、不可见过渡线
细点画线	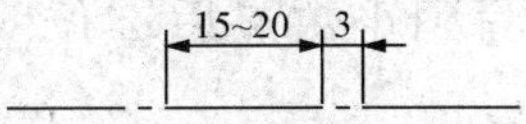 宽度：$d/4$	轴线、对称中心线、轨迹线、节圆及节线
细双点画线	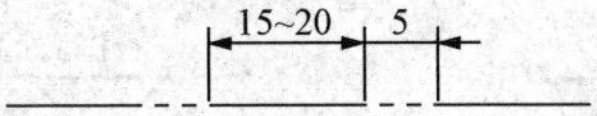 宽度：$d/4$	极限位置的轮廓线、相邻辅助零件的轮廓线、假想投影轮廓线的中断线
波浪线	 宽度：$d/4$	机件断裂处的边界线、视图与局部视图的分界线
细双折线	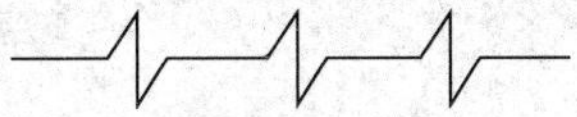 宽度：$d/4$	断裂处的分界线
粗点画线	 宽度：d	有特殊要求的线或表面的表示线

绘制图样时需要注意：同一图样中同类图线的宽度应基本一致；两条平行线之间的距离不应小于粗实线宽度的2倍；绘制圆形的中心线时，圆心处应为线段的交点，而不应在短画或间断处相交；当虚线与虚线相交时，应画成短画与短画相交。

4. 比例

比例是指图样中图形与其实物相应要素的线性尺寸之比。绘制图样时，应尽可能按机件实际大小采用1∶1的比例画出。比例绘制图样时，应从表4-3规定的系列中选取适当的比例，无论缩小还是放大，在图样中标注的尺寸均为机件的实际大小，与比例无关。绘制图样时，选用的比例应在标题栏比例一栏中注明。

表 4-3　比 例 系 数

种　类	比　例
原值比例（比值为1）	1∶1
放大比例（比值大于1）	5∶1、2∶1 5×10n∶1、2×10n∶1、1×10n∶1
缩小比例（比值小于1）	1∶2、1∶5、1∶10 1∶2×10n、1∶5×10n、1∶10×10n
特殊放大比例	4∶1、2.5∶1 4×10n∶1、2.5×10n∶1
特殊缩小比例	1∶1.5、1∶2.5、1∶3、1∶4、1∶6 1∶11.5×10n、1∶2.5×10n、1∶3×10n、1∶4×10n、1∶6×10n

注　表中n为整数。

5. 尺寸标注

电气施工图往往在建筑图纸的基础上绘出，建筑图纸上的尺寸如无特别说明，一般单位为 mm。

6. 标高

室外电气工程标高为绝对标高，即海拔高度，我国各地面点的海拔，均指由黄海平均海平面起算的高度。

室内电气施工电气设备的安装高度是以各层地面为基准的高度。建筑图样中的标高为标准标高。建筑图样中的标高通常是相对标高，一般将建筑物首层主要地坪高度为零点作为标高的起点来计算相对标高。零点，标为±0.00，往上为正值，往下为负值。标高数字以 m 为单位，注写到小数点后 3 位；总平面图中，注写到小数点后 2 位。标高符号及画法如图 4-4所示。

图 4-4 建筑物标高符号及画法

7. 设计说明

一般设计图纸都有设计说明，用来解释一个电气工程的相关信息，如建筑物结构、建筑物层高、电源进线、防雷思路等。还有一些图纸上共性的问题也可以在设计说明里叙述，如导线型号、截面积、穿管情况等。

8. 图例

我国已经采用 IEC 的图形符号标准，但是，如果图纸中有些特殊符号，可在图例中说明。

9. 设备材料

为了便于施工单位采购设备，进行有关的概预算编制，电气工程图一般要列出主要设备材料表，表中应给出设备、材料的规格、型号、数量等内容。

三、电气工程图分类

电气工程图从施工角度看，可分为系统图、平面图、大样图、二次接线图等。

1. 系统图

系统图是电气施工图中最重要的部分，它标明了整体电力系统的配电关系或配电方案，通常用单线条表示。从系统图中可以看到设备的安装容量、配电方式、各级控制关系，主干线路的敷设方式、型号、规范，负荷用电容量及导线规格等。

2. 平面图

平面图是安装电器和敷设支路管线的依据，它表示了电气设备与连接线路的走向。平面图包含的内容有：建筑物的平面的布置、轴线分布，各种变配电设备名称、型号及平面位置，各种配电线路的起点、敷设方式、规范及建筑物的走向等。按用电负荷的情况平面图又可分为照明平面图、动力平面图、变配电平面图等。

3. 大样图

大样图是表示电气安装工程中的局部做法的明晰图，如屏柜的盘面布置图和某些电气部件的安装大样图。

4. 二次接线图

二次接线图又称二次回路图。它是表示二次设备（电流互感器、电压互感器、测量仪表、控制设备、信号电器、继电保护装置、自动装置等）相互连接关系的电路图。

从用途来讲，二次接线图又可分为原理图、展开图、安装接线图等。

四、阅读电气工程图的一般方法

阅读电气工程图，除应了解建筑电气工程图的特点外，还应该按照一定顺序进行阅读，才能比较迅速全面地读懂图纸，以完全实现读图的目的。

一套电气工程图所包括的内容比较多，图纸往往有很多张。一般应按以下顺序依次阅读并做必要的相互对照阅读。

（1）看图纸目录。了解工程名称、项目内容、设计日期、图纸数量和内容等。

（2）看总说明。了解工程总体概况。如建筑物结构、层高、供电电源、电压等级、线路敷设方法、设备安装高度及安装方式、补充使用的非国标图形符号、施工时应注意的事项等。

（3）看系统图。各分项工程的图纸中都包含有系统图。如变配电工程的供电系统图、电力工程的电力系统图、照明工程的照明系统图以及电缆电视系统图等。看系统图的目的是了解系统的基本组成，主要电气设备、线路等的连接关系及其规格、型号、参数等，掌握该系统的基本概况。

（4）看平面布置图。平面布置图是建筑电气工程图纸中的重要图纸之一，如变配电所电气设备安装平面图、电力平面图、照明平面图、防雷和接地平面图等，都是用来表示设备安装位置、线路敷设方法及所用导线型号、规格、数量和管径大小。阅读平面布置图时，要对照系统图，有时平面布置图中的线路逻辑关系要通过系统图表示出来。反复阅读系统图和平面布置图，对整个工程的概况了然于胸，熟悉设计者的意图，然后方可依据平面图组织施工方案和编制工程预算。

（5）看安装大样图。安装大样图是按照机械制图方法绘制的用来表示设备安装方法的详细图纸，也是用来指导安装施工和编制工程材料计划的重要依据。安装大样图多是采用全国通用电气装置标准图集。

（6）看设备材料表。设备材料表提供了该工程使用的设备、材料的型号、规格和数量，是编制购置主要设备、材料计划的重要依据之一。

阅读图纸的顺序没有统一的规定，但是对于系统图和布置图一般从电源看起，起到提纲挈领的作用，往往事半功倍。有时一张图纸必须前后对照，反复阅读多遍。为更好地利用图纸指导施工，使安装质量符合要求，阅读图纸时，还应配合阅读有关施工及验收规范、质量检验评定标准以及全国通用电气装置标准图集，以详细了解安装技术要求及具体安装方法等。

第二节　电气安装工程施工图纸

电气安装工程施工图包括了图纸目录、设计说明、图例表、设备材料表、配电系统图、单元竖向连接图和平面布置图等。

看图时首先看图纸目录，了解本设计的图纸情况，一般电气安装包括动力图、照明图、弱电图、防雷接地图纸。

然后看设计说明，设计说明一般包括工程的设计概况，会解释电气施工中用到的比如房屋结构、层高、地质、防火、防雷类别等情况，然后还有给出在系统图和布置图中共性的布线情况、电源来源等情况。这些共性的信息在后面平面布置图中将不再出现，图例将解释后面图纸中的图形符号的含义。

在配电系统图上标明了总设备容量、需要系数、计算负荷、计算电流、配电方式等，还标明了电源进线的回路数、型号规格、导线或电缆的敷设方式及穿管管径以及总开关的型号规格、熔断器的型号规格等；出线回路的数量、用途、各照明回路的分相情况。平面布置图上标明了具体配电箱的位置，管线的路径，灯具、开关、插座的位置等具体情况。在看图纸时，应将系统图和布置图前后对照，彻底了解设计者的设计意图。

一、系统图

（一）系统图表达的内容

系统图上需要表达以下内容。

（1）电缆进线（或架空线路进线）回路数、电缆型号规格、导线或电缆的敷设方式及穿管管径。

（2）总开关的型号规格、熔断器的规格型号。出线回路数量、用途、用电负荷，各条照明支路分相情况。

（3）配电系统图上，还应表示出该工程总的设备容量、需要系数、计算容量、计算电流、配电方式等，也可以采用绘制一个小表格的方式标出用电参数。

（4）电气系统图中各条配电回路上，应标出该回路编号和照明设备的总容量，其中也包括电风扇、插座和其他用电器具等的容量。电气系统图一般都是用单线条表示。各回路的断路器型号和容量都相同时，往往只标注配电系统最上面的回路。

（二）导线的型号、含义及敷设方式

架空线、电缆、电线的型号含义介绍如下。

（1）架空线一般采用裸导线，有单股线和多股绞线之分，一般采用多股导线。材质有铝绞线 LJ，钢芯铝绞线 LGJ，铜绞线 TJ 等。后面的数字标示的是导线的标称截面。如 LGJ-120，指的是钢芯铝绞线，标称截面是 $120mm^2$。

市区或居民区采用橡皮绝缘导线，主要考虑的是安全问题。

导线在横担上的排列符合下列规定：横担在负载侧，面向负载，从左侧起，依次为 L1、N、L2、L3。当保护线同杆架设时，面向负载，从左侧起，依次为 L1、N、L2、L3、PE。动力、照明同杆架设时，上层横担，面向负载从左侧起为 L1、L2、L3；下层单相照明横担，面向负载，从左侧起，依次为 L、N、PE。

（2）电力电缆全型号的表示和含义如下。

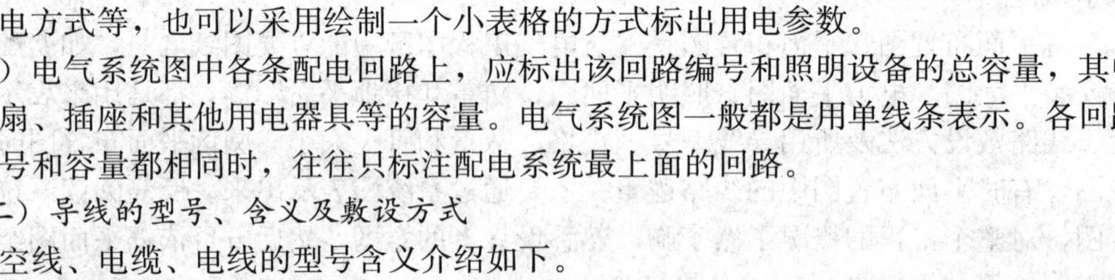

电缆型号含义见表 4-4。

表 4-4　　电 缆 型 号 含 义

项目	型号	含　义	项目	型号	含　义
类别	Z	油浸纸绝缘	外护套	20	裸钢带铠装
	V	聚氯乙烯绝缘		(21)	钢带铠装纤维外被
	YJ	交联聚乙烯绝缘		22	钢带铠装聚氯乙烯套
	X	橡皮绝缘		23	钢带铠装聚乙烯套
导体	L	铝芯		30	裸细钢丝铠装
	T	铜芯（一般不注）		(31)	细圆钢丝铠装纤维外被
内护套	Q	铅包		32	细圆钢丝铠装聚氯乙烯套
	L	铝包		33	细圆钢丝铠装聚乙烯套
	V	聚氯乙烯护套		(40)	裸粗圆钢丝铠装
特征	P	滴干式		41	粗圆钢丝铠装纤维外被
	D	不滴流式		(42)	粗圆钢丝铠装聚氯乙烯套
	F	分相铅包式		(43)	粗圆钢丝铠装聚乙烯套
外护套	02	聚氯乙烯套		441	双粗圆钢丝铠装纤维外被
	03	聚乙烯套			

（3）绝缘导线全型号的表示和含义如下：

□－□－1×□

导线型号——第一个□；额定电压——第二个□；单芯——1；标称截面——第三个□

橡皮绝缘导线型号含义：BX（BLX）——铜（铝）芯橡皮绝缘棉纱或其他纤维编织的导线；BXR——铜芯橡皮绝缘棉纱编织软导线；BXS——铜芯橡皮绝缘双股软导线。

聚氯乙烯绝缘导线型号含义：BV（BLV）——铜（铝）芯聚氯乙烯绝缘导线；BVV（BLVV）——铜（铝）芯聚氯乙烯绝缘聚氯乙烯护套圆形导线；BVVB（BLVVB）——铜（铝）芯聚氯乙烯绝缘聚氯乙烯护套平型导线；BVR——铜芯聚氯乙烯绝缘软导线。

（4）导线（或电缆）敷设方式。导线（或电缆）敷设方式的标注符号见表 4-5。

表 4-5　　导线（或电缆）敷设方式的标注符号

序号	名　称	英 文 名 称	代　号
1	穿焊接钢管敷设	Run in welded steel conduit	SC
2	穿电线管敷设	Run in electrical metallic tubing	MT
3	穿硬塑料管敷设	Run in rigid PVC conduit	PC
4	穿阻燃半硬聚氯乙烯管敷设	Run in flame retardant semiflexible PVC conduit	FPC
5	电缆桥架敷设	Installed in cable tray	CT
6	金属线槽敷设	Installed in metallic raceway	MR
7	塑料线槽敷设	Installed in PVC raceway	PR
8	钢索敷设	Supported by messenger wire	M

续表

序号	名　　称	英 文 名 称	代 号
9	穿聚氯乙烯塑料波纹电线管敷设	Run in corrugated PVC conduit	KPC
10	穿金属软管敷设	Run in flexible metal conduit	CP
11	直接埋设	Direct burying	DB
12	电缆沟敷设	Installed in cable trough	TC
13	混凝土排管敷设	Installed in concrete encasement	CE

(5) 导线（或电缆）敷设部位。导线或电缆敷设部位的标注符号见表 4-6。

表 4-6　导线或电缆敷设部位的标注符号

序号	名　　称	英 文 名 称	代 号
1	沿或跨梁（屋架）敷设	Along or across beam	AB
2	暗敷在梁内	Concealed in beam	BC
3	沿或跨柱敷设	Along or across column	AC
4	暗敷在柱内	Concealed in column	CLC
5	沿墙面敷设	On wall surface	WS
6	暗敷在墙内	Concealed in wall	WC
7	沿天棚或顶板面敷设	Along ceiling or slab surface	CE
8	暗敷在屋面或顶板内	Concealed in ceiling or slab	CC
9	吊顶内敷设	Recessed in ceiling	SCE
10	地板或地面下	In floor ground	F

（三）系统图释例

1. 动力系统图

如图 4-5 所示为一工厂供电系统图。

(1) 电源进线。系统图中有两路 10kV 电源进线，一路是架空线路 WL1，另一路是电缆线路 WL2。在两路进线的主开关（高压断路器）柜之前各装设了一台 GG-1A-J 型高压计量柜（No. 101 和 No. 111），其中的电流互感器和电压互感器只用来连接计费的电能表。

装设进线断路器的高压开关柜（No. 102 和 No. 112），因与计量柜相连，采用 GG-1A（F）-11 型。

考虑到进线断路器在检修时有可能两端来电，因此为保证检修人员的人身安全，断路器两侧都装设了高压隔离开关。

(2) 母线。该变电所的高压侧母线采用隔离开关的单母线制，一路电源工作、另一路电源备用，母线分段开关通常是闭合的，高压并联电容器对整个配电所进行无功补偿。

为了测量、监视、保护和控制主电路设备的需要，每段母线上都接有电压互感器，进线和出线上都接有电流互感器。高压电流互感器均有两个二次绕组，其中一个接测量仪表，另一个接继电保护装置。为了防止雷电过电压侵入配电所击毁其中的电气设备，各段母线上都装设了避雷器。避雷器和电压互感器同装设在一个高压柜内，且共用一组高压隔离开关。

(3) 高压配电出线。该变电所共有四路高压出线。其中两路分别由两段母线经隔离开关—断路器配电给车间变电所；一路由母线 WB1 经隔离开关—断路器引至高压并联电容器组；一路由母线 WB2 经隔离开关—断路器引至高压电动机。由于这里的高压配电线路都是由高压母线来电，因此其出线断路器需在其母线侧加装隔离开关，以保证断路器和出线的安全检修。

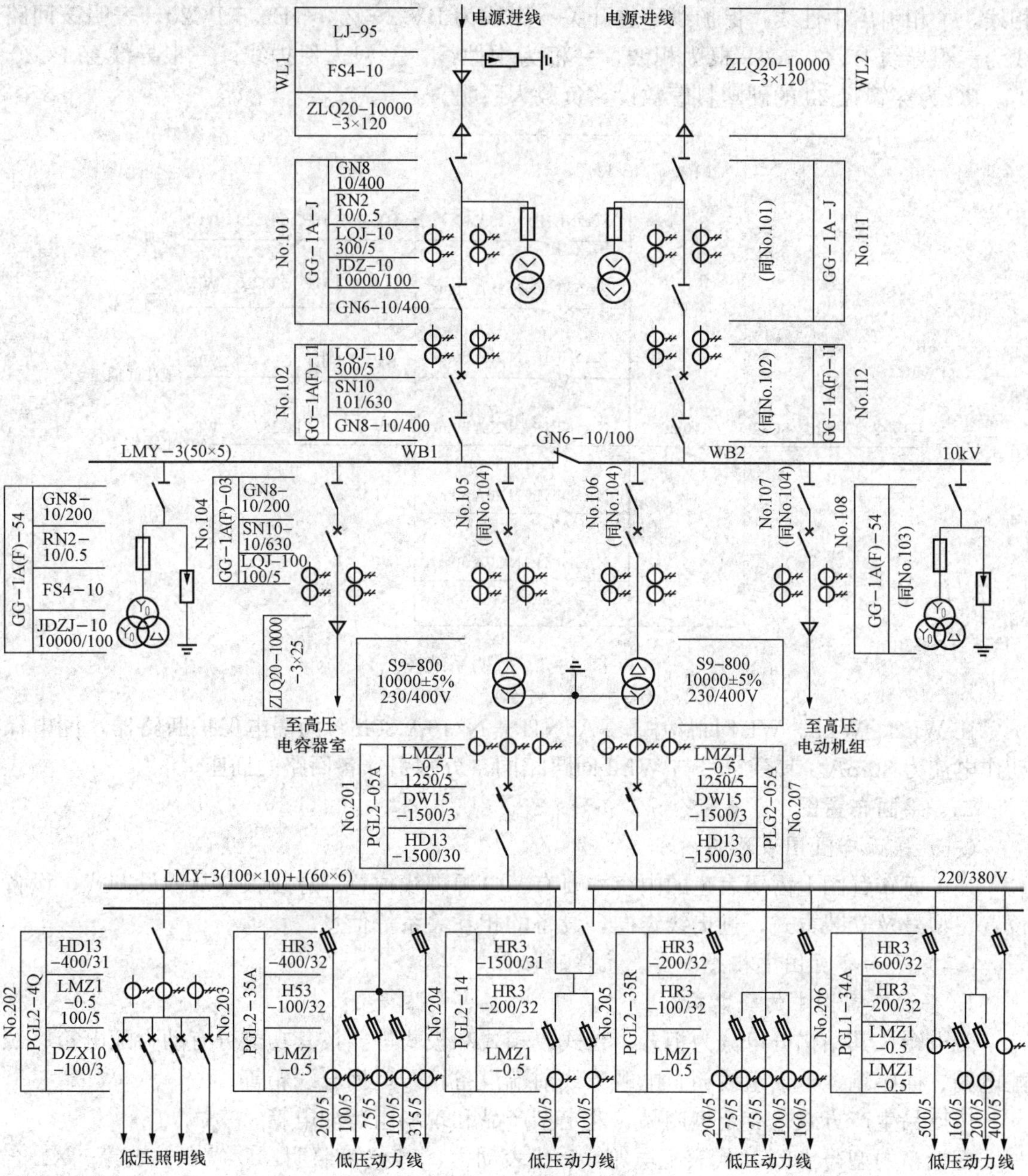

图 4－5　工厂供电系统图

2. 照明系统图

图 4－6 所示为一照明系统图。

该图进线为 BV-2×10＋E10，即两根 BV10mm² 导线作为相线和中性线和一根

BV10mm² 作为保护线。进线断路器型号为 XA10 2C32，其中 XA 为断路器型号，10 为设计序号，C 表明该断路器为照明回路用，如果是动力回路则为 D。32 为断路器额定电流。图中出线处的 WL1、WL2、WL3、WL4 为回路号，WL5、WL6 为备用开关，这两路没有引出导线。在 WL1 回路中，XA5N1P＋N/16A 为出线断路器型号，为两相断路器，一相引出相线，一相引出中性线，保护线不进开关。出线为 BV-2×2.5＋E2.5 PC20，表明该回路出线为三根导线 BV-2.5，一根为相线，一根为中性线，一根为保护线。三根导线穿 PC20 引出，PC 为穿管径 20 的硬塑料管敷设，负载为照明。

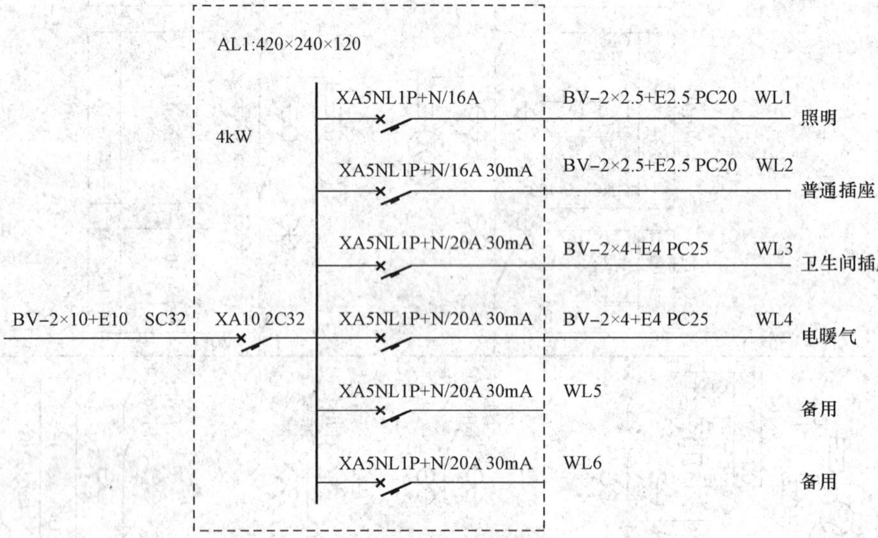

图 4-6　照明系统图

在 WL2、WL3、WL4 回路中，XA5N1P＋N/16A 30mA 为漏电保护断路器，漏电保护动作电流为 30mA，其余符号与 WL2 回路相同，分别引致各回路的插座。

二、平面布置图

（一）平面布置图表达的内容

在平面布置图上需要表达的内容主要有：电源进线位置、导线根数及敷设方式，设备的位置、型号及安装方式，进出线走向，设备的相互关系等信息。

（二）平面布置图中相关设备、元件的标识

1. 平面布置图中的配电箱

配电箱按其结构分可分为柜式、台式、箱式和板式等。按其功能分有动力配电箱、照明配电箱、插座箱、电话组线箱、电视天线前端设备箱、广播分线箱等。

按产品生产方式分有定型产品、非定型产品和现场组装配电箱。

配电箱的型号中以 X 代表配电箱，L 代表动力，M 代表照明，D 代表电表等。XL 合在一起就代表动力配电箱，XM 代表照明配电箱。

在系统图配电箱的符号中，配电箱体用 A 表示，配出回路用 W 表示。L 表示照明，P 表示电力（或动力），E 表示应急线路。例如：AL 表示照明配电箱。AP 表示动力配电箱。ALE 表示应急照明配电箱。WL 表示照明回路。WP 表示动力回路。WLE 表示应急照明回路。在图纸中，配电箱符号后标有数字，这些数字按习惯标明了配电箱的楼层和编号。比如

AL-1-3 表示是照明配电箱，1 层第 3 号箱。又如一个配电箱标注 AP-3-4，其中 AP 表示是动力配电箱，3 层第 4 号箱。系统中配电箱（柜、屏）标注用－a＋b/c 形式表示。a 代表设备种类代号，b 代表设备安装位置代号，c 代表设备型号。如－AP01＋B1/XL21-15 表示动力配电箱—AP01，位于地下一层。箱体型号为 XL21-15。前缀“—”不会引起混淆时可取消。

2. 平面布置图中的设备

平面图中的设备一般采用$\frac{a}{b}$的形式来表示。a 代表设备的编号或设备位号，b 代表设备额定功率（kW 或 kVA）。例如：$\frac{1}{10+0.125}$表明的是 1 号设备的功率为 10＋0.125kW，其中走刀电机为 0.125kW，因其为短时工作制，故不计入总的功率，以＋0.125表示。

3. 平面布置图中的灯具

灯具的文字表示形式为

$$a-b\frac{c\times d\times L}{e}f$$

式中 a——某场所同类型照明器的套数，通常在一张平面图中各类型灯分别标注；

b——灯具类型代号，可以查阅施工图册或产品样本，无则省略；

c——照明器内安装灯泡或灯管数量，通常一个或一根可以不表示；

d——每个灯泡或灯管的功率，W；

e——照明器底部距本层楼地面的安装高度，m，“—”表示吸顶安装；

f——安装方式代号，灯具安装方式 f 主要有表 4 - 7 所列几种标注文字符号；

L——光源种类。

表 4 - 7　　灯具安装方式的标注文字符号

序号	名称	英文名称	代号
1	线吊式	Wire suspension type	SW
2	链吊式	Catenary suspension type	CS
3	管吊式	Conduit suspension type	DS
4	壁装式	Wall mounted type	W
5	吸顶式	Ceiling mounted type	C
6	嵌入式	Flush type	R
7	顶棚内安装	Recessed in ceiling	CR
8	墙壁内安装	Recessed in wall	WR
9	支架上安装	Mounted on support	S
10	柱上安装	Mounted on column	CL
11	座装	Holder mounting	HM

4. 平面布置图中的插座

单相两孔插座有横装和竖装两种。横装时，面对插座的右极接相线，左极接零线；竖装时，面对插座的上极接相线，下极接零线。单相三孔及三相四孔的接地或接零线均应在上方。插座接线示意图如图 4-7 所示。

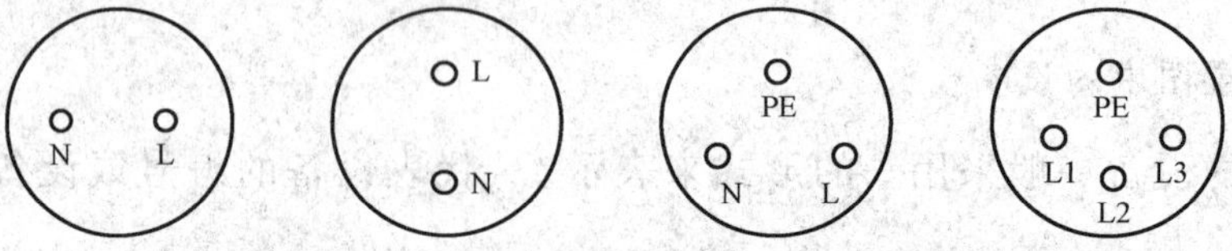

图 4-7 插座接线示意图

插座回路和照明回路分开，插座回路用漏电保护器控制，同一回路的插座是并联的关系。因此，插座回路中的导线根数由回路中实际的连接情况确定。

照明平面图中导线的数量是初学者需要注意的。如果图上的导线代表一根线则不用标注，代表两根导线则在直线上斜画上两根短斜线或是不标。如果代表三根导线则在直线上斜画上三根短斜线，如果代表四根或更多的导线则划一根短斜线并用数字标明导线的根数就可以了。

如果图上没有标明导线的根数，就需要自己根据知识进行判断。

首先电器、灯具的相线应经开关控制，所以电源线中的相线直接进入开关，从开关出来再接到灯具上，所以 n 联开关就有 n 条出线，再加上进入开关的电源线，那么连接开关的导线就有（$n+1$）条。

中性线不进开关直接接到灯具上，所以每个灯具只有一根相线一根中性线。但是中性线是这条回路共用的，另外保护线也需要接到灯具的金属外壳，所以就有了图 4-8 所示的导线根数。

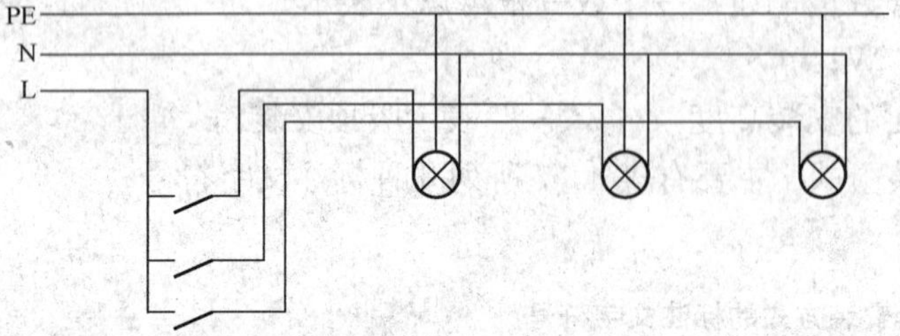

图 4-8 照明回路导线根数示意图

（三）平面布置图释例

（1）车间动力平面布置图，如图 4-9 所示。看图时，首先要找到电源进线，然后到总配电箱，再按照出线次序逐条看图。

图 4-9 电源进线为 No.5，即第五条线路。如果想知道该导线从哪里来还需要看总的系统图。这条线路标明 BV-500-3×25+1×16S40-F，根据前面知识可知该导线为铜芯聚氯乙烯绝缘导线，有三根是 25mm²，充当相线。有一根是 16mm²，为保护性中性线，其敷设方式为穿直径为 40mm 的焊接钢管沿地面暗敷。

配电箱型号为 XL21，配电箱出线共有 8 条出线，分别到 1～8 号机床。在图纸上部的“注”标明每条支路均采用 BV-500-3×4+1×4SC20-F，即采用 3 根 4mm² 的铜芯聚氯乙烯绝缘导线作为相线，一根 4mm² 的导线作为保护线，穿直径为 20mm 的焊接钢管沿地面暗敷。

机床符号上面的数字 1～8 标明了设备的编号，10 表明了机床的电机功率，0.125 表明了走刀电机的功率。

（2）外线动力平面布置图，如图 4-10 所示。

外线工程施工看图时，首先要根据图标确定方位。然后仍然是先找到电源进线，然后到

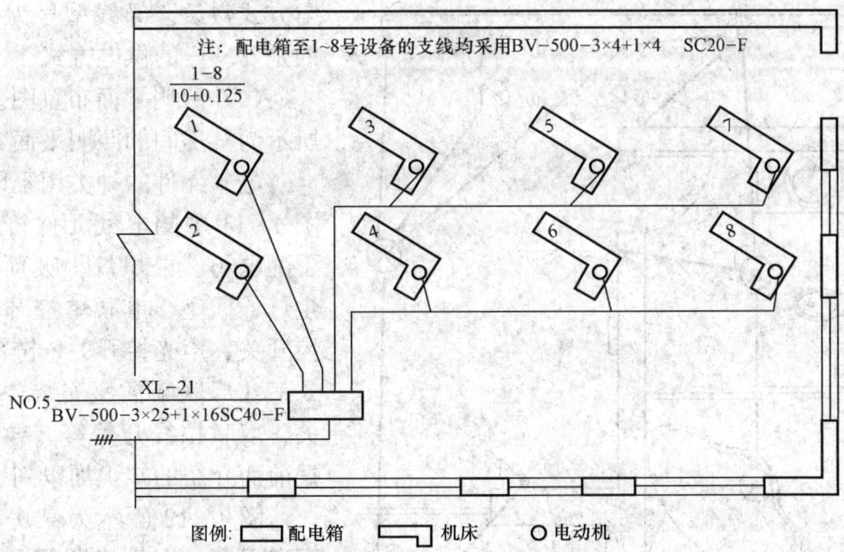

图 4-9 车间动力平面布置图

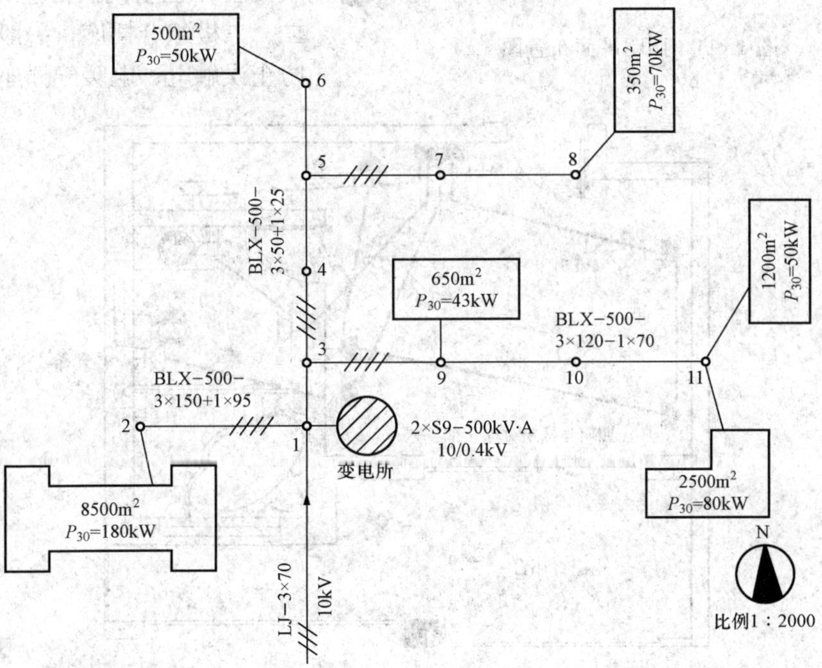

图 4-10 外线动力平面布置图

变电所，然后按照变电所出线回路次序逐回路看图。

该图电源进线为 10kV 电源进线，进线型号为 LJ-3×70，即铝芯架空线，标称截面为 $70mm^2$，三相。

变电所为 10/0.4kV，采用两台 S9 系列变压器，每台变压器容量为 500kV·A。

该外线工程共有 6 个负荷。每处负荷的面积和功率如图 4-10 所示。该外线工程采用架

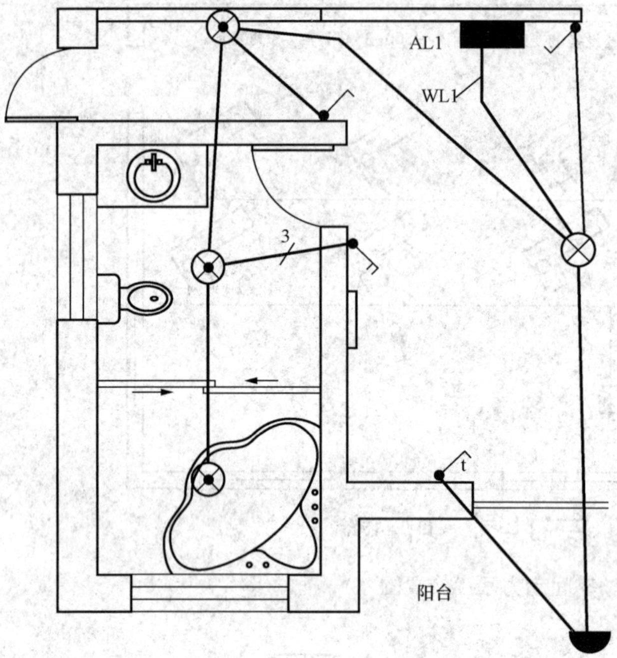

图 4 - 11　照明平面布置图

空方式敷设。导线型号为 BLX，采用的是 TN-C 的供电方式。

（3）照明平面布置图。如图 4 - 11 所示为某房间的照明平面布置图。

电气元件的种类用不同符号表示，图 4 - 11 中的电气元件符号分别代表了配电箱、白炽灯、吸顶灯、防水防尘灯、插座，单联单控开关、双联双控开关、声光控开关，链吊式日光灯、二三孔双联暗插座安装、双联翘板开关、双联拉线开关等。导线根数可根据前面介绍的知识加以判别。

图 4 - 12 所示为某房间的插座平面布置图，图中表明了配电箱和插座位置。防溅型单相二、三极插座，一般安装在卫生间、浴室；安全性单相二、三极组合插座，一般安装在家庭，防止误触电；电暖气插座。

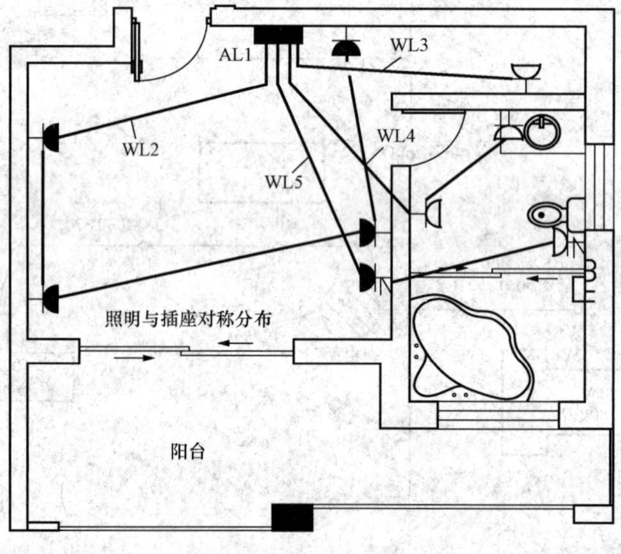

图 4 - 12　插座平面布置图

第三节　防雷接地施工图

建筑物的防雷接地由避雷针、引下线、接地装置三部分组成。施工时按照以下次序进行：接地体→接地干线→支架→引下线明敷→避雷针→避雷网→避雷带或均压环。

一、施工方法

（一）接地体的安装

1. 接地体安装有关规定

（1）接地体顶面埋设深度应符合设计要求。当无要求时，不应小于 0.6m。角钢及钢管接地体应垂直配置。除接地体外，接地体引出线的垂直部分和接地装置焊接部位应做防腐处理；在做防腐处理前，表面必须除锈并去掉焊接处残留的焊药。

（2）垂直接地体的间距不应小于其长度的 3～5 倍。水平接地体的间距应符合设计规定。当无设计规定时不宜小于 5m。

（3）除环形接地体外，接地体埋设位置应在距建筑物 3m 以外。距建筑物出入口或人行道也应大于 3m，如小于 3m 时，应采用均压带做法或在接地装置上面敷设 50～90mm 厚度的沥青层，其宽度应超过接地装置 2m。

（4）接地体敷设完毕，基坑回填土内不应夹有石块和建筑垃圾等。

（5）外取的土壤不得有较强的腐蚀性；在回填土时应分层夯实。

（6）接地装置由多个分接地装置部分组成时，应按设计要求设置便于分开的断接卡。自然接地体与人工接地体连接处应有便于分开的断接卡，断接卡应有保护措施。

2. 人工接地体安装

（1）接地体加工。接地体根据设计要求的数量、材料、规格进行加工，材料一般采用钢管和角钢切割，长度不应小于 2.5m。如采用钢管打入地下应根据土质加工成一定的形状，遇松软土壤时，可切成斜面形，以免打入时受力不均使管子歪斜，也可以加工成扁尖形；遇土质很硬时，可将尖端加工成圆锥形。如选用角钢时，应采用不小于 40mm×40mm×4mm 的角钢，切割长度不应小于 2.5m，角钢的一端应加工成尖头形状。

（2）沟槽开挖。根据设计图要求，对接地体（网）的线路进行测量弹线，在此线路上挖掘深为 0.8～1m、宽为 0.5m 的沟槽，沟顶部稍宽，底部渐窄，沟底如有石子应清除。

（3）安装接地体（极）。沟槽开挖后应立即安装接地体和敷设接地扁钢，防止土方倒塌。先将接地体放在沟槽的中心线上，打入地下。一般采用大锤打入，一人扶着接地体，一人用大锤敲打接地体顶部。使用大锤敲打接地体时要平稳，锤击接地体正中，不得打偏，应与地面保持垂直、当接地体顶端距离地面 600mm 时停止打入。

（4）接地体间扁钢敷设。扁钢敷设前应调直，然后将扁钢放置于沟内，依次将扁钢与接地体用电（气）焊焊接。扁钢应侧放而不可放平，侧放时散流电阻较小。扁钢与钢管连接的位置距按地体最高点约 100mm。焊接时应将扁钢拉直，焊后清除药皮，刷沥青做防腐处理，并将接地线引出至需要的位置，留有足够的连接长度，以待使用。

3. 自然基础接地体安装

（1）利用底板钢筋或深基础做接地体：按设计图尺寸位置要求，标好位置，将底板钢筋搭接焊好，再将柱主筋（不少于 2 根）底部与底板筋搭接焊，并在室外地面以下将主筋焊接连接板，清除药皮，并将两根主筋用色漆做好标记，以便引出和检查。

（2）利用柱形桩基及平台钢筋做接地体：按设计图尺寸位置，找好桩基组数位置。把每组桩基四角钢筋搭接封焊，再与柱主筋（不少于 2 根）焊好，并在室外地面以下，将主筋焊接至预埋接地连接板，清除药皮，并将两根主筋用色漆做好标记，便于引出和检查。

（二）接地干线安装

1. 接地干线暗装的有关规定

（1）接地干线在穿过墙壁、楼板和地坪处应加装钢管或其他坚固的保护套；有化学腐蚀的部位还应采取防腐措施。在跨越建筑物伸缩缝、沉降缝处，应设置补偿器，补偿器可用接地线本身弯成弧状代替。

（2）接地干线应设有为测量接地电阻而预备的断接卡子。一般采用暗盒装入，同时加装盒盖并做上接地标记。

（3）接地干线应在不同的两点或两点以上与接地网相连接。自然接地体应在不同的两点或两点以上与接地干线或接地网相连接。

（4）每个电气装置的接地应以单独的接地线与接地干线相连接，不得在一个接地线中串联几个需要接地的电气装置。

2. 接地干线明敷时的有关规定

（1）应便于检查。

（2）敷设位置不应妨碍设备的拆卸与检修。

（3）支持件间的距离，在水平直线部分应为0.5～1.5m，垂直部分应为1.5～3m，转弯部分应为0.3～0.5m。

（4）接地干线沿建筑物墙壁水平敷设时，离地面距离应为250～300mm，与建筑物墙壁间的间隙应为10～15mm。

（5）接地干线应按水平或垂直敷设，亦可与建筑物倾斜结构平行敷设，在直线段上不应有高低起伏及弯曲等情况。

（6）明敷接地线表面应涂15～100mm宽度相等的绿色和黄色相间的条纹。在每个导体的全部长度上或只在每个区间、每个可接触到的部位上应做出标志。当使用胶带时，应使用双色胶带。

3. 室外接地干线敷设

（1）首先进行接地干线的调直、测位、打眼、摵弯，并安装断接卡子及接地端子。

（2）敷设前按设计要求的尺寸位置先开挖沟槽，然后将扁钢侧放埋入。回填土应压实，接地干线末端露出地面应不超过0.5m，以便接引地线。

4. 室内接地干线敷设

室内接地干线多为明敷设，但部分设备连接的支线需经过地面也可以埋设在混凝土内，具体做法如下。

（1）预留孔。按设计要求尺寸位置，预留出接地线孔，预留孔的大小应比敷设接地干线的厚度、宽度各大6mm以上，其方法有以下三种。

第一种：施工时可按上述尺寸要求截一段扁钢预埋在墙壁内，当混凝土还未凝固时，抽动扁钢以免凝固后难以抽出。

第二种：将扁钢上包一层油毛毡或几层牛皮纸后埋设在墙壁内，预留孔距墙壁表面应为15～20mm。

第三种：保护套可用厚1mm以上的铁皮做成方形或圆形，大小应使接地线穿入时，每边有6mm以上的空隙。

（2）支持件的固定。支持件应采用40mm×4mm的扁钢，尾端应制成燕尾状，入孔深度与宽度各为50mm、总长度为70mm。在砖墙、加气混凝土墙、空心砖墙上固定时，根据设计要求先在墙上确定轴线位置，然后随砌墙将预制成50mm×50mm的方木样板放入墙内，待墙砌好后将方木样板剔除，然后将支持件放入孔内，同时洒水淋湿孔洞，再用水泥砂浆将支持件埋牢，待凝固后使用。

现浇混凝土墙上固定时，先根据设计图要求弹线定位、钻孔，支架做燕尾埋入孔中，调平正，用水泥砂浆进行固定。

(3) 明敷接地线安装。当支持件埋设完毕，水泥砂浆凝固后，可敷设墙上的接地线。将接地扁钢沿墙吊起，在支持件一端用卡子将扁钢固定，经过隔墙壁时穿跨预留孔，接地干线连接处应焊接牢固。末端预留或连接应符合设计要求。

（三）支架安装

1. 支架安装的有关规定

(1) 支架应有燕尾，角钢支架埋注深度不小于100mm，扁钢和钢支架埋深不小于90mm。

(2) 防雷装置的各种支架顶部应距建筑物表面100mm；接地干线支架端应距墙面20mm。

(3) 支架水平间距不大于1m（混凝土支座不大于2m）；垂直间距不大于1.5m，各间距应均匀，允许偏差30mm。转角处两边的支架距转角中心不大于250mm。

(4) 埋设支架所用的水泥砂浆，其配合比不应低于1∶2。

2. 支架安装步骤

(1) 应尽可能随结构施工预埋支架或铁件。

(2) 根据设计要求进行弹线及分档定位。

(3) 用手锤、錾子进行剔洞，洞口的大小应里外一致。

(4) 首先埋设一条直线上的两端支架，然后用铅丝拉直线埋设其他支架。在埋设前应先把洞内用水湿润。

(5) 如用混凝土支座，将混凝土支座分档摆好，先在两端支架间拉直线，然后将其他支架用砂浆找平找直。

(6) 如果女儿墙预留有预埋铁件，可将支架直接焊在铁件上，支架的找直方法同前。

3. 成品保护要求

(1) 剔洞时，不应损坏建筑物结构。

(2) 支架稳固后，不得碰撞松动。

(3) 支架稳后应保护好，防止土建外墙装修或内墙喷浆时污染支架。

（四）避雷引下线敷设

(1) 避雷引下线需要装设断接卡子或测试点的部位、数量按图施工设计，无要求时按以下规定设置：

1) 引下线扁钢截面不得小于25mm×4mm；圆钢直径不得小于12mm。

2) 建、构筑物只有一组接地体时，可不做断接卡子，但要设置测试点。

3) 建、构筑物采用多组接地体时，每组接地体均要设置断接卡子。

4) 断接卡子或测试点设置的部位应不影响建筑物的外观且应便于测试，暗设时距地高度为0.5m，明设时距地高度为1.8m；1.8m以下部位应用竹管或镀锌角钢保护。断接卡子所用螺栓直径不得小于10mm，并需加镀锌垫圈和镀锌弹簧垫圈。

（2）避雷引下线暗敷设的有关规定。

1）利用主筋作暗敷设引下线时，每条引下线不得少于两根主筋，每根主筋直径不能小于12mm。每栋建筑物至少有两根引下线（投影面积小于50m^{2}的建筑物例外）。防雷引下线最好为对称位置，例如两根引下线要做成“一”字形或“乙”字形，四根引下线要做成“I”字形，引下线间距离不应大于20m，当大于20m时应在中间多引一根引下线。

2）现浇混凝土内敷设引下线不做防腐处理。

3）主筋搭接处按接地线要求焊接，当主筋连接采用压力埋弧焊、对焊、冷挤压、丝接时其接头处可不焊跨接线及其他的焊接处理。

（3）避雷引下线暗敷设方法。

1）首先将所需扁钢（或圆钢）用手锤（或钢筋扳子）进行调直或扳直。将调直的引下线运到安装地点，按设计要求随建筑物引上、挂好，及时将引下线的下端与接地体焊接，或与断接卡子连接，随着建筑物的逐步增高，将引下线敷设于建筑物内至屋顶并出屋面一定长度，以备与避雷网连接。如需接头则应进行焊接，焊接后应敲掉药皮并刷防锈漆（现浇混凝土除外）及银粉，最后请有关人员进行隐检验收，做好记录。

2）利用主筋作引下线时，按设计要求找出全部主筋位置，用油漆做好标记，距室外地面0.5m处焊接断接卡子，随钢筋逐层串联焊接至顶层，并焊接出屋面一定长度的引下线镀锌扁钢40×4或ϕ12的镀锌圆钢，以备与避雷网连接。每层各引下点焊接后，隐蔽之前，均应请有关人员进行隐检，同时应填写隐检记录。

（4）避雷引下线明敷设的有关规定。

1）引下线应躲开建筑物的出入口和行人较易接触到的地点以免发生危险。

2）引下线必须调直后方可进行敷设，弯曲处不应小于90°并不得弯成死角。

3）引下线除设计有特殊要求外，镀锌扁钢截面不得小于48mm^2，镀锌圆钢直径不得小于8mm。

（5）避雷引下线明敷设方法。

1）引下线如为扁钢，可放在平板上用手锤调直；如为圆钢可将圆钢放开，一端固定在牢固地锚的机具上，另一端固定在绞磨（或倒链）的夹具上进行冷拉直。

2）将调直的引下线运到安装地点。

3）将引下线用大绳提升到最高点，然后由上而下逐点固定，直至安装断接卡子处。如需接头或安装断接卡子，则应进行焊接。焊接后清除药皮，局部调直，刷防锈漆（或银粉）。

4）将引下线地面以上2m段套上保护管，卡固、刷红白油漆。

5）用镀锌螺栓将断接卡子与接地体连接牢固。

（五）避雷网安装

1. 避雷网安装的有关规定

（1）避雷网卡固时应加镀锌弹垫、平垫。

（2）避雷线弯曲处不得小于90°，弯曲半径不得小于圆钢直径的10倍。

（3）避雷线如用扁钢，截面不得小于48mm^2；如为圆钢直径不得小于8mm。

（4）遇有变形缝处应做揻弯补偿。

2. 避雷网安装方法

（1）避雷线如为扁钢，可放在平板上用手锤调直；如为圆钢，可将圆钢放开一端固定在牢固地锚的夹具上，另一端固定在绞磨（或倒链）的夹具上，进行冷拉调直。

（2）将调直的避雷线运到安装地点。

（3）将避雷线用大绳提升到顶部，调直、敷设、卡固、焊接连成一体，同引下线焊接。焊接的药皮应敲掉，进行局部调直后刷防锈漆及银粉。

（4）建筑物屋顶上有突出物，如金属旗杆、透气管、金屑天沟、铁栏杆、爬梯、冷却水塔、电视天线等，这些部位的金属导体都必须与避雷网焊接成一体。顶层的烟囱应做避雷带或避雷针。

（5）在建筑物的变形缝外应做防雷跨越处理。

（6）避雷网分明网和暗网两种，暗网格越密，其可靠性就越好。网格的密度应视建筑物的重要程度而定。重要建筑物可使 10m×10m 的网格，一般建筑物采用 20m×20m 的网格即可。如果设计有特殊要求应按设计要求去做。

（六）避雷针制作与安装

1. 避雷针制作与安装的有关规定

（1）独立避雷针及其接地装置与道路或建筑物的出入口等的距离应大于 3m。当小于 3m 时，应采取均压措施或铺设暖石或沥青地面。

（2）独立避雷针应设置独立的集中接地装置。当有困难时，该接地装置可与接地网连接，但避雷针与主接地网的地下连接点至 35kV 及以下设备与主接地网的地下连接点，沿接地体的长度不得小于 15m。

（3）独立避雷针的接地装置与接地网的地中距离不应小于 3m。配电装置的架构或屋顶上的避雷针应与接地网连接，并在其附近装设集中接地装置。

（4）建筑物上的避雷针或防雷金属网应和建筑物顶部的其他金属物体连接成一个整体。

（5）避雷针采用镀锌钢管制作针尖，管壁厚度不得小于 3mm，针尖涮锡长度不得小于 70mm。

（6）避雷针应垂直安装牢固。

2. 避雷针制作方法

（1）避雷针一般采用圆钢或钢管制成，其直径不应小于下列数值。

独立避雷针一般采用 ϕ19mm 镀锌圆钢；屋面上的避雷针一般采用 ϕ25mm 镀锌钢管；水塔顶部避雷针圆钢直径为 25mm，钢管直径为 40mm；烟囱顶上圆钢直径为 25mm；避雷环圆钢直径为 12mm；扁钢截面长为 100mm、厚度为 4mm。

（2）把放电尖端打磨光滑后进行涮锡。如针尖采用钢管制作，可先将上节钢管一端锯成锯齿形，用手锤收尖后，焊缝磨平、涮锡。

（3）按设计要求的材料所需的长度分多节进行下料，然后把各节管按粗细拼装起来，相邻两节应把细管插入粗管中一段，插入长度一般为 250mm。最后把各个接头用 ϕ12 铆钉铆接或采用开槽焊接，接口部分应焊牢。

（4）焊接后把避雷针体镀锌或涂银粉。

（5）避雷针安装先将支座钢板的底板固定在预埋地脚螺栓上，焊上一块肋板，再将避雷针立起、找直、找正后进行点焊，然后加以校正，焊上其他三块肋板。最后将引下线焊在底板上，清除药皮刷防锈漆及银粉。

二、防雷接地图纸

防雷接地图纸比较简单，如图4-13所示。

在屋顶瓦面上敷设ϕ10mm的镀锌圆钢作防雷带，利用构造柱内主筋做防雷引下线，条形基础钢筋做接地极。每组防雷引下线利用主筋数：主筋直径为16mm及以上用2根，12～16mm用4根。防雷带、防雷引下线与基础钢筋可靠焊接，焊接处不小于100mm。室外建筑物防雷引下线处距地面0.5m处作电阻测试箱供测试接地电阻用。屋顶上所有凸出的金属构筑物、管道均应与防雷带可靠焊接。

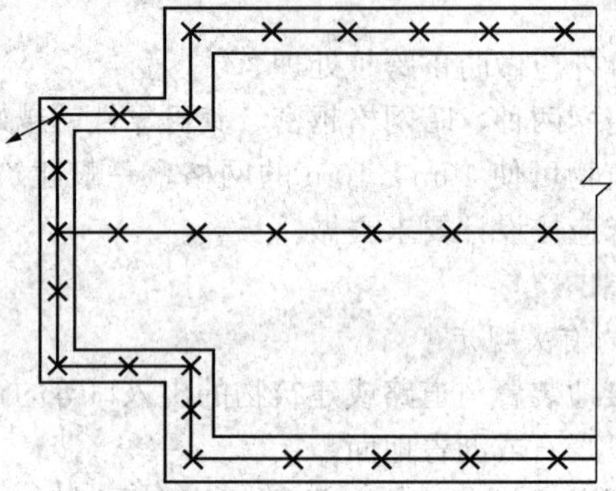

图4-13 屋顶防雷平面图

第二篇　铁路电力牵引供电工程概预算

第五章　铁路基本建设工程设计概（预）算编制办法

第一节　铁路工程设计概（预）算编制办法

一、总则

为统一铁路基本建设项目设计概（预）算的编制办法、费用组成和计费标准，根据国家及铁道部有关规定，结合铁路基本建设工程的特点，制定本办法。

本办法是铁路基本建设大中型项目设计概（预）算编制的依据。

两阶段设计，初步设计阶段编制总概算，施工图设计阶段编制总预算。一阶段设计，编制总预算。

编制概（预）算应严格依据本办法，结合建设项目具体情况，实事求是、精打细算、从严控制、节省投资。

二、编制方法

（一）设计概（预）算的编制层次

按单项概（预）算、综合概（预）算、总概（预）算三个层次逐步完成。

（二）编制范围及单元

1. 总概（预）算的编制范围

总概（预）算是用以反映整个建设项目投资规模和投资构成的文件。一般应按整个建设项目的范围进行编制。但遇有以下情况，应根据要求分别编制总概（预）算，并汇编该建设项目的总概（预）算汇总表。

（1）两端引入工程可根据需要单独编制总概（预）算。

（2）编组站、区段站、集装箱中心站应单独编制总概（预）算。

（3）跨越省（自治区、直辖市）或铁路局者，除应按各自所辖范围编制总概（预）算外，尚需以区段站为界，分别编制总概（预）算。

（4）分期建设的项目，应按分期建设的工程范围，分别编制总概（预）算。

（5）一个建设项目，如由几个设计单位共同设计，则各设计单位按各自承担的设计范围编制总概（预）算。总概（预）算汇总表由建设项目总体设计单位汇编。

如有其他特殊情况，可按实际需要划分总概（预）算的编制范围。

2. 综合概（预）算的编制范围

综合概（预）算是具体反映一个总概（预）算范围内的工程投资总额及其构成的文件，其编制范围应与相应的总概（预）算一致。

3. 单项概（预）算的编制内容及单元

单项概（预）算是编制综合概（预）算、总概（预）算的基础，是详细反映各工程类别和重大、特殊工点的主要概（预）算费用的文件。

编制内容包括人工费、材料费、施工机械使用费、运杂费、价差、施工措施费、特殊施工增加费、间接费和税金。

编制单元应按总概（预）算的编制范围划分，并按工程类别分别编制。其中技术复杂的特大、大、中桥及高桥（墩高50m及以上），4000m以上的单、双线隧道，多线隧道及地质复杂的隧道，大型房屋（如机车库、3000人及以上的站房等）以及投资较大、工程复杂的新技术工点等，应按工点分别编制单项概（预）算。

（三）编制深度及要求

设计概（预）算的编制深度应与设计阶段及设计文件组成内容的深细度相一致。

1. 单项概（预）算

应结合建设项目的具体情况、编制阶段、工程难易程度，确定其编制深度。

2. 综合概（预）算

根据单项概（预）算，按附录“综合概（预）算章节表”的顺序进行汇编，没有费用的章，在输出综合概（预）算表时其章号及名称应保留，各节中的细目结合具体情况可以增减。一个建设项目有几个综合概（预）算时，应汇编综合概（预）算汇总表。

3. 总概（预）算

根据综合概（预）算，分章汇编。没有费用的章，在输出总概（预）算表时其章号及名称一律保留。一个建设项目有几个总概（预）算时，应汇编总概（预）算汇总表。

（四）定额的采用

（1）基本规定。根据不同设计阶段、各类工程（其中路基、桥涵、隧道、轨道及站场简称“站前”工程，其余简称“站后”工程）的设计深度、铁路工程定额体系的划分，具体定额的采用应按以下规定执行。

1）初步设计概算，采用预算定额，“站后”工程可采用概算定额。

2）施工图预算、投资检算，采用预算定额。

（2）独立建设项目的大型旅客站房的房屋工程及地方铁路中的房屋工程可采用工程所在地的地区统一定额（含费用定额）。

（3）对于没有定额的特殊工程及尚未实践的新技术工程，设计单位应在调查分析的基础上补充单价分析，并随设计文件一并送审。

（五）章节划分及静态投资费用种类

1. 章节划分

铁路基本建设工程的概（预）算费用，按不同工程和费用类别划分为四部分，共十六章34节，编制概（预）算应采用统一的章节表，其各章节的细目及内容，见本办法附录“综合概（预）算章节表（略）”。

各部分和各章费用名称如下：

第一部分 静态投资

第一章 拆迁及征地费用

第二章 路基

第三章 桥涵

第四章 隧道及明洞

第五章　轨道
第六章　通信、信号及信息
第七章　电力及电力牵引供电
第八章　房屋
第九章　其他运营生产设备及建筑物
第十章　大型临时设施和过渡工程
第十一章　其他费用
第十二章　基本预备费
第二部分　动态投资
第十三章　工程造价增涨预留费
第十四章　建设期投资贷款利息
第三部分　机车车辆购置费
第十五章　机车车辆购置费
第四部分　铺底流动资金
第十六章　铺底流动资金

2. 静态投资费用种类

按投资构成划分，静态投资分属下列五种费用。

(1) 建筑工程费（费用代号：Ⅰ），是指路基、桥涵、隧道及明洞、轨道、通信、信号、信息、电力、电力牵引供电、房屋、给排水、机务、车辆、动车、站场、工务、其他建筑工程等属于建筑工程范围内的管线敷设、设备基础、工作台等，以及拆迁工程和应属于建筑工程费内容的费用。

(2) 安装工程费（费用代号：Ⅱ），是指各种需要安装的机电设备的装配、装置工程，与设备相连的工作台、梯子等的装设工程，附属于被安装设备的管线敷设，以及被安装设备的绝缘、刷油、保温和调整、试验所需的费用。

(3) 设备购置费（费用代号：Ⅲ），是指一切需要安装与不需要安装的生产、动力、弱电、起重、运输等设备（包括备品备件）的购置费。

(4) 其他费（费用代号：Ⅳ），是指土地征用及拆迁补偿费、建设项目管理费、建设项目前期工作费、研究试验费、计算机软件开发与购置费、配合辅助工程费、联合试运转及工程动态检测费、生产准备费、其他。

(5) 基本预备费，是指设计概（预）算中难以预料的费用。

(六) 费用项目组成及单项概（预）算计算程序

(1) 概（预）算费用项目组成见图 5-1。

(2) 建筑安装工程单项概（预）算计算程序见表 5-1。

表 5-1　　建筑安装工程单项概（预）算计算程序

序号	费用名称	计　算　式
1	基期人工费	按设计工程量和基期价格水平计列
2	基期材料费	
3	基期施工机械费用费	
4	定额直接工程费	1+2+3

续表

序号	费用名称		计 算 式
5	运杂费		指需要单独计列的运杂费，按施工组织设计的材料供应方案及本办法的有关规定计算
6	价差	人工费价差	基期至编制期价差按有关规定计列
7		材料费价差	
8		施工机械使用费价差	
9		价差合计	6+7+8
10	填料费		按设计数量和购买价计算
11	直接工程费		4+5+9+10
12	施工措施费		(1+3)×费率
13	特殊施工增加费		(编制期人工费+编制期施工机械使用费)×费率或编制期人工费×费率
14	直接费		11+12+13
15	间接费		(1+3)×费率
16	税金		(14+15)×费率
17	单项概（预）算价值		14+15+16

注 表中直接费未含大型临时设施和过渡工程费，大型临时设施和过渡工程需要单独编制单项概（预）算，其计算程序见相关规定。

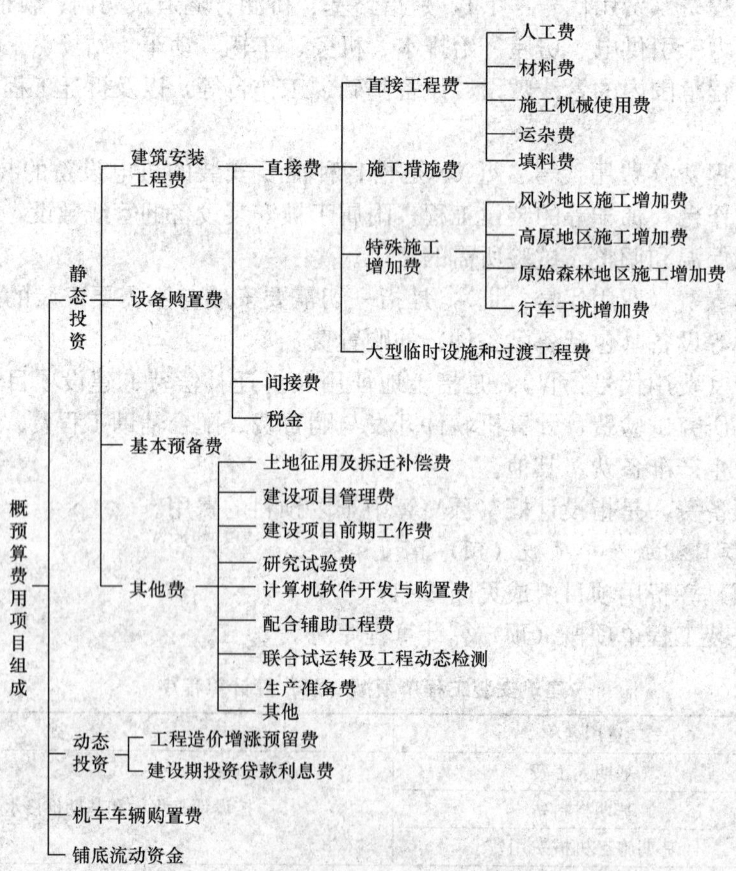

图 5-1 概（预）算费用项目组成

第二节　铁路工程设计概（预）算编制费用内容及标准

一、人工费

人工费指直接从事建筑安装工程施工的生产工人开支的各项费用。

$$人工费 = \sum 定额人工消耗量 \times 综合工费标准$$

1. 综合工费的组成内容

（1）基本工资。

（2）津贴和补贴。

（3）生产工人辅助工资。

（4）职工福利费。

（5）生产工人劳动保护费。

2. 综合工费标准

综合工费标准见表5-2。

表5-2　综合工费标准

综合工费类别	工程类别	综合工费标准（元/工日）
Ⅰ-1类工	路基（不含路基基床表层及过渡段的级配碎石、沙砾石）、小桥涵、一般生产办公房屋和附属、给排水、站场（不含旅客地道、天桥、雨棚）等的建筑工程，取弃土（石）场处理，临时工程	43.00
Ⅰ-2类工	路基基床表层及过渡段的级配碎石、沙砾石	44.00
Ⅱ-1类工	特大桥、大桥、中桥（不含箱梁的预制、运输、架设、现浇、桥面系），通信、信号、信息、电力、电力牵引供电、机务、车辆、动车、工务等的建筑工程	45.00
Ⅱ-2类工	箱梁（预制、运输、架设、现浇）、钢梁、钢管拱架设，桥面系，粒料道床，站房（含站房综合楼），旅客地道、天桥、雨棚	47.00
Ⅲ-1类工	隧道，设备安装工程（不含通信、信号、信息、电力、电力牵引供电的设备安装）	46.00
Ⅲ-2类工	轨道（不含粒料道床），通信、信号、信息、电力、电力牵引供电的设备安装	50.00
Ⅳ类工	计算机设备安装调试	67.00

注　1. 本表中的综合工费标准为基期综合工费标准，不包含特殊地区津贴、补贴。特殊地区津贴、补贴按国务院积极有关部门和省（自治区、直辖市）的规定计算，按人工费价差计列。

2. 独立建设项目的大型旅客站房及地方铁路中的房屋工程，采用工程所在地地区统一定额的，应采用工程所在地的房屋工程综合工费标准。

3. 隧道外一般工程短途接运运输的综合工费采用Ⅰ类工标准。

二、材料费

材料费指按施工过程中耗用的构成工程实体的原材料、辅助材料、构配件、零件和半成品、成品的用量以及周转材料的摊销量和相应预算价格等计算的费用。

1. 材料预算价格的组成

材料预算价格由材料原价、运杂费、采购及保管费组成。

材料预算价格 =（材料原价 + 运杂费）×（1 + 采购及保管费率）

（1）材料原价，是指材料的出厂价或指定交货地点的价格，对同一种材料，因产地、供应渠道不同而出现几种原价时，其综合原价可按其供应量的比例加权平均确定。

（2）运杂费，是指材料自来源地（生产厂或指定交货地点）运至工地所发生的有关费用，包括运输费、装卸费及其他有关运输的费用等。

（3）采购及保管费，是指材料在采购、供应和保管过程中所发生的各项费用。包括采购费、仓储费、工地保管费、运输损耗费、仓储损耗费以及办理托运所发生的费用（如按规定由托运单位负担的包装、捆扎、支垫等的料具耗损费，转向架租用费和托运签条）等。

2. 材料预算价格的确定

（1）水泥、木材、钢材、砖、瓦、砂、石、石灰、黏土、花草苗木、土工材料、钢轨、道岔、轨枕、钢梁、钢管拱、斜拉索、钢筋混凝土梁、铁路桥梁支座、钢筋混凝土预制桩、电杆、铁塔、机柱、接触网支柱、接触网及电力线材、光电缆线、给水排水管材等材料（电算代号见表 5-3）的基期价格采用现行的《铁路工程建设材料基期价格》，编制期价格根据设计单位实地调查分析确定；以上价格均不含来源地至工地的运杂费，来源地至工地的运杂费应单独计列。若调查价格中未含采购及保管费，要计算其按材料原价计取的采购及保管费。编制期价格与基期价格的差额按价差计列。以上材料的编制期价格应随设计文件一并送审。

表 5-3　　采用调查价格材料的品类及电算代号

序号	材料名称	电 算 代 号
1	水泥	1010001～1010100
2	木材	1110001～1110018
3	钢材	1900001～1979999，1980010 1989999，2000001～2009999，2200001～2209999，2220001～2249999，2810023～2810999
4	给水排水管材	1～400001～1403999，2300010～2309999
5	砂	1260022～1260025
6	石	1230001～1240599
7	石灰、黏土	1200013～1200019，1210004～1210016
8	砖、瓦	1300001～1300054，1310001～1310099
9	土工材料、花草苗木	3410010～3412999，1170050～1179999
10	钢轨	2700010～2709999
11	道岔	2720010～2729999
12	轨枕	2741012～2741799
13	钢梁、钢管拱、斜拉索	2624010～2624999
14	钢筋混凝土梁	2600010～2609999
15	铁路桥梁支座	2610010～2612999，2613110～2613499，2625010～2625999

续表

序号	材料名称	电算代号
16	钢筋混凝土预制桩	1405001～1405999
17	电杆、铁塔、机柱	1410001～1413499，4843010～4844999， 7812010～7812999，811 1036～811 1099
18	接触网支柱	5200302～5200799，5300051～5399999
19	接触网及电力线材	2120001～2129999，5800001～5800499，5811016～5866999
20	光电缆线	4710010～4715999，47200100～4734900，7010010～7312999，8010010～8017999

（2）施工机械用汽油、柴油，基期价格采用现行的《铁路工程建设材料基期价格》，编制期价格根据设计单位实地调查分析采用，以上均为含运杂费和采购及保管费的价格。编制期价格与基期价格的差额按价差计列（计入施工机械使用费价差中）。施工机械用汽油、柴油的编制期价格应随设计文件一并送审。

（3）除上述材料以外的其他材料，基期价格采用现行的《铁路工程建设材料基期价格》，其编制期与基期的价差按部颁材料价差系数调整。此类材料的基期价格已包含运杂费和采购及保管费，部颁材料价差系数也已考虑运杂费和采购及保管费因素，编制概（预）算时不应另计运杂费和采购及保管费。

3. 再用轨料价格的计算规定

修建正式工程使用的旧轨料（不包括定额规定使用的废轨、旧轨，如桥梁和平交道的护轮轨，车挡弯轨等），其价格按设计调查的价格分析确定；本工程范围内拆除后利用的，一般只计运杂费；需整修的，按相同规格型号新料价格的10%计算整修管理费。

三、施工机械使用费

施工机械使用费＝∑定额施工机械台班消耗量×施工机械台班单价

1. 施工机械台班费用的组成

（1）折旧费：指机械在规定的使用期限（耐用总台班）内，陆续收回其原值（不含贷款利息）的费用。

（2）大修理费：指机械按规定的大修间隔台班进行必要的大修理，以恢复其正常功能所需的费用。

（3）经常修理费：指机械除大修理以外的各级技术保养、修理及临时故障排除所需的费用；为保障机械正常运行所需的替换设备、随机配备的工具与附具的摊销和维护费用；机械运转与日常保养所需的润滑、擦拭材料费用；机械停置期间的维护保养费用等。

（4）安装拆卸费：指机械在施工现场进行安装、拆卸与搬运所需的人工费、材料费、机具费和试运转费用；辅助设施（基础、底座、固定锚桩、走行轨道、枕木等）的搭拆与折旧费用等。

（5）人工费：指机上司机与相关操作人员的人工费以及上述人员在机械规定的年工作台班以外的人工费。

（6）燃料动力费：指机械在运转施工作业中所耗用的液体燃料（汽油、柴油）、固体燃料（煤）、电和水的费用。

（7）其他费用：指机械按照国家和有关部门规定应交纳的养路费、车船使用税、保险费及年检费用等。

2. 施工机械台班单价的取定

编制设计概（预）算以现行的《铁路工程施工机械台班费用定额》作为计算施工机械台班单价的依据。

以现行《铁路工程建设材料基期价格》中的油燃料价格及本办法规定的基期综合工费标准计算出的台班单价作为基期施工机械台班单价；以编制期的综合工费标准、油燃料价格、水电单价及养路费标准计算出的台班单价作为编制期施工机械台班单价。编制期与基期的施工机械台班单价的差额按价差计列。

四、工程用水、电综合单价

1. 工程用水综合单价

工程用水基期单价为0.38元/t。特殊缺水地区或取水困难的工程，可按施工组织设计确定的供水方案，另行分析工程用水单价，分析水价与基期水价的差额，按价差计列；在大、中城市中施工时，必须使用城市自来水的，可按当地规定的自来水价格作为工程用水单价，与基期水价的差额按价差计列。

2. 工程用电综合单价

工程用电基期单价为0.55元/kWh。

编制设计概（预）算时，可根据施工组织设计所确定的供电方案，按下述工程用电单价分析办法，计算出各种供电方式的单价。

（1）采用地方电源的电价算式。即

$$Y_{地} = Y_{基}(1+c)+f_1$$

式中：$Y_{地}$ 为地方电源的电价，元/kWh；$Y_{基}$ 为基期电源的电价，元/kWh；c 为变配电设备和线路损耗率，7%；f_1 为变配电设备的修理、安装、拆除、设备和线路的运行维修的摊销费等，0.03元/kWh。

（2）采用内燃发电机临时集中发电的电价算式。即

$$Y_{集} = \frac{Y_1+Y_2+Y_3+\cdots+Y_n}{W(1-R-c)}+S+f_1$$

式中：$Y_{集}$为临时内燃集中发电站的电价，元/kWh；Y_1、Y_2、Y_3、…、Y_n 为各型发电机的台班费，元；W 为各型发电机的总发电量，kWh；R 为发电站的用电率，一般取5%；S 为发电机的冷却水费，一般取0.02元/kWh；c 为变配电设备和线路损耗率，一般取7%；f_1 为变配电设备的修理、安装、拆除、设备和线路的运行维修的摊销费等，一般取0.03元/kWh。其值为

$$W=(P_1+P_2+P_3+\cdots+P_n)\times 8\times B\times M$$

式中：P_1、P_2、P_3、…、P_n 为各型发电机的额定功率，kW；B 为台班小时的利用系数，一般取0.8；M 为发电机的出力系数，一般取0.8。

（3）采用分散发电的电价算式。即

$$Y_{分} = \frac{Y_1+Y_2+Y_3+\cdots+Y_n}{(W_1+W_2+W_3+\cdots+W_n)(1-c)}+S+f_1$$

式中：$Y_{分}$为分散发电的电价，元/kWh；Y_1、Y_2、Y_3、…、Y_n 为各型发电机的台班费，元；W_1、W_2、W_3、…、W_n 为各型发电机的台班产量，kWh，其值为 $W_i=8\times B_i\times M\times P_i$；其中

B_i 为某种型号发电机台班小时的利用系数，由设计确定；M 为发电机的出力系数，一般取0.8；P_i 为某种型号发电机的额定功率，kW；S 为发电机的冷却水费，一般取0.02元/kWh；c 为变配电设备和线路损耗率，一般取7%；f_1 为变配电设备的修理、安装、拆除、设备和线路的运行维修的摊销费等，一般取0.03元/kWh。

五、运杂费

运杂费是指水泥、木材、钢材、砖、瓦、砂、石、石灰、黏土、土工材料、花草苗木、钢轨、道岔、轨枕、钢梁、钢管拱、斜拉索、钢筋混凝土梁、铁路桥梁支座、钢筋混凝土预制桩、电杆、铁塔、机柱、接触网支柱、接触网及电力线材、光电缆线、给水排水管材等材料（电算代号见表5-3），自来源地运至工地所发生的有关费用，包括运输费、装卸费、其他有关运输的费用（如火车运输的取送车费等）以及应按运输费、装卸费、其他有关运输的费用之和计取的采购及保管费。运杂费的计算规定如下。

1. 各种运输单价

（1）火车运价。火车运价分营业线火车、临管线火车、工程列车、其他铁路四种。

1）营业线火车。按编制期《铁路货物运价规则》的有关规定计算，计算公式为

$$营业线火车运价(元/t)=K_1\times(基价1+基价2\times运价里程)+附加费运价$$

其中：附加费运价$=K_2\times$(电气化附加费费率×电气化里程＋新路新价均摊运价率×运价里程＋铁路建设基金费率×运价里程)。

各种材料计算货物运价所采用的运价号、综合系数 K_1、K_2 见表5-4。

表5-4　铁路运价号、综合系数

序号	分类名称 项目	运价号（整车）	综合系数 K_1	综合系数 K_2
1	砖、瓦、石灰、砂石料	2	1.00	1.00
2	道砟	2	1.20	1.20
3	钢轨（≤25m）、道岔、轨枕、钢梁、电杆、机柱、钢筋混凝土管桩、接触网圆形支柱	5	1.08	1.08
4	100m长定尺钢轨	5	1.80	1.80
5	钢筋混凝土梁	5	3.48	1.64
6	接触网方形支柱、铁塔、硬横梁	5	2.35	2.35
7	接触网及电力线材、光电缆线	5	2.00	2.00
8	其他材料	5	1.05	1.05

注　1. K_1 包含了游车、超限、限速和不满载等因素；K_2 只包含不满载及游车因素。

2. 火车运土的运价号和综合系数 K_1、K_2，比照“砖、瓦、石灰、砂石料”确定。

3. 爆炸品、一级易燃液体除 K_1、K_2 外的其他组成，按编制期《铁路货物运价规则》的有关规定计算。

4. 电气化附加费按该批货物经由国家铁路正式营业线和实行统一运价的运营临管线电气化区段的运价里程合并计算。

5. 货物运价、电气化附加费费率、新路新价均摊运价率、铁路建设基金费率等按编制期《铁路货物运价规则》及铁道部的有关规定执行。

6. 计算货物运输费用的运价里程，由发料地点起算，至卸料地点止，按编制期《铁路货物运价规则》的有关规定计算。其中，区间（包括区间岔线）装卸材料的运价里程，应由发料地点的后方站起算，至卸料地点的前方站（均系指办理货运业务的营业站）止。

2）临管线火车。临管线火车运价应执行由铁道部批准的运价。运价中包括路基、轨道及有关建筑物和设备（包括临管用的临时工程）的养护、维修、折旧费等。运价里程应按发料地点起算，至卸料地点止，区间卸车算至区间工地。

3）工程列车。工程列车运价包括机车、车辆的使用费、乘务员及有关行车管理人员的工资、津贴和差旅费、线路及有关建筑物和设备的养护维修费、折旧费以及有关运输的管理费用。运价里程应按发料地点起算，至卸料地点止，区间卸车算至区间工地。工程列车运价按营业线火车运价（不包括铁路建设基金、电气化附加费、限速加成费等）的1.4倍计算。

计算公式为

$$工程列车运价(元/t)=1.4\times K_2\times(基价1+基价2\times运价里程)$$

4）其他铁路。其他铁路运价按该铁路主管部门的规定办理。

(2) 汽车运价。汽车运价原则上参照现行的《汽车运价规则》确定。为简化概（预）算编制工作，按下列计算公式分析汽车运价：

$$汽车运价(元/t)=吨次费+公路综合运价率\times公路运距$$
$$+汽车运输便道综合运价率\times汽车运输便道运距$$

计算公式中有关因素说明如下。

1）吨次费：按工程项目所在地的调查价格计列。

2）公路综合运价率：材料运输道路为公路时，考虑过路过桥费等因素，以建设项目所在地的汽车运输单价乘以1.05的系数计算。

3）汽车运输便道综合运价率：材料运输道路为汽车运输便道时，综合地形、道路状况等因素，按当地汽车运输单价乘以1.2的系数计算。

4）公路运距：应按发料地点起算，至卸料地点止所途经的公路长度计算。

5）汽车运输便道运距：应按发料地点起算，至卸料地点止所途经的汽车运输便道长度计算。

(3) 船舶运价及渡口等收费标准按建设项目所在地的标准计列。

(4) 材料运输过程中，因确需短途接运而采用的双（单）轮车、单轨车、大平车、轻轨斗车、轨道平车、机动翻斗车等运输方法的运价，应按有关定额资料分析确定。

2. 各种装卸费单价

(1) 火车、汽车装卸费单价按表5-5所列综合单价计算。

表5-5 火车、汽车装卸费单价 元/t

一般材料	钢轨、道岔、接触网支柱	其他1t以上的构件
3.4	12.5	8.4

注 其中装占60%，卸占40%。

(2) 水运等的装卸费单价，按建设项目所在地的标准计列。

(3) 双（单）轮车、单轨车、大平车、轻轨斗车、轨道平车、机动翻斗车等的装卸费单价，按有关定额资料分析确定。

3. 其他有关运输费用

(1) 取送车费（调车费）。用铁路机车往专用线、货物支线（包括站外出岔）或专用铁路的站外交接地点调送车辆时，核收取送车费。计算取送车费的里程，应自车站中心线起算，到交接地点或专用线最长线路终端止，里程往返合计（以公里计）。取送车费的计费标准原则上按铁道部运输主管部门的规定办理。取送车费按0.10元/(t·km) 计列。

（2）汽车运输的渡船费。汽车运输的渡船费按建设项目所在地的标准计列。

4. 采购及保管费

采购及保管费指按运输费、装卸费及其他有关运输的费用之和为基数计取的，应列入运杂费中的采购及保管费。采购及保管费率见表5-6。

表5-6　采购及保管费率

序号	材料名称	费率（%）	其中运输损耗费率（%）
1	水泥	3.53	1.00
2	碎石（包括道砟及中、小卵石）	3.53	1.00
3	砂	4.55	2.00
4	砖、瓦、石灰	5.06	2.50
5	钢轨、道岔、轨枕、钢梁、钢管拱、斜拉索、钢筋混凝土梁、铁路桥梁支座、电杆、铁塔、钢筋混凝土预制桩、接触网支柱、机柱	1.00	—
6	其他材料	2.50	

5. 运杂费计算的其他规定

（1）单项材料运杂费单价的编制范围，原则上应与单项概（预）算的编制单元相对应。

（2）运输方式和运输距离要经过调查、比选，综合分析确定。以最经济合理的，并且符合工程要求的材料来源地作为计算运杂费的起运点。

（3）分析各单项材料运杂费单价，应按施工组织设计所拟定的材料供应计划，对不同的材料品类及不同的运输方法分别计算平均运距。

（4）各种运输方法的比例，按施工组织设计确定。

（5）旧轨件的运杂费，其重量应按设计轨型计算。如设计轨型未确定，可按代表性轨型的重量，其运距由调拨地点的车站起算。如未明确调拨地点者，则由该铁路局所在地的车站起算。

1）已明确调拨的铁路局，但未明确调拨地点者，则由该铁路局所在地的车站起算；

2）未明确调拨的铁路局者，则按工程所在地区的铁路局所在地的车站起算。

六、填料费

填料费指购买不作为材料对待的土方、石方、渗水料、矿物料等填筑用料所支出的费用。

七、施工措施费

施工措施费包括以下内容。

（1）冬雨季施工增加费。指建设项目的某些工程需在冬季、雨季施工，以致需采取的防寒、保温、防雨、防潮和保护措施，人工与机械的功能降低以及技术作业过程的改变等所增加的有关费用。

（2）夜间施工费。指必须在夜间连续施工或在隧道内铺碴、铺轨，敷设电线、电缆，架设接触网等工程，所发生的工作效率降低、夜班津贴，以及有关照明设施（包括所需照明设施的装拆、摊销、维修及油燃料、电）等增加的有关费用。

（3）小型临时设施费。指施工企业为进行建筑安装工程施工，所必须修建的生产和生活用的一般临时建筑物、构筑物和其他小型临时设施所发生的费用。

小型临时设施包括以下几方面。

1）为施工及施工运输（包括临管）所需修建的临时生活及居住房屋、文化教育及公共房屋（如三用堂、广播室等）和生产、办公房屋（如发电站，变电站，空压机站，成品厂，材料厂、库、堆料棚，停机棚，临时站房，货运室等）。

2）为施工或施工运输而修建的小型临时设施，如通往中小桥、涵洞、牵引变电所等工程和施工队伍驻地以及料库、车库的运输便道引入线（包括汽车、马车、双轮车道），工地内运输便道、轻便轨道、龙门吊走行轨，由干线到工地或施工队伍驻地的地区通信引入线、电力线和达不到给水干管路标准的给水管路等。

3）为施工或维持施工运输（包括临管）而修建的临时建筑物、构筑物。如临时给水（水井、水塔、水池等），临时排水沉淀池，钻孔用泥浆池、沉淀池，临时整备设备（给煤、砂、油、清灰等设备），临时信号，临时通信（指地区线路及引入部分），临时供电，临时站场建筑设备。

4）其他。大型临时设施和过渡工程项目内容以外的临时设施。

小型临时设施费用包括：小型临时设施的搭设、移拆、维修、摊销及拆除恢复等费用，因修建小型临时设施，而发生的租用土地、青苗补偿、拆迁补偿、复垦及其他所有与土地有关的费用等。

（4）工具、用具及仪器、仪表使用费。指施工生产所需不属于固定资产的生产工具、检验用具及仪器、仪表等的购置、摊销和维修费，以及支付给生产工人自备工具的补贴费。

（5）检验试验费。指施工企业按照规范和施工质量验收标准的要求，对建筑安装的设备、材料、构件和建筑物进行一般鉴定、检查所发生的费用，包括自设试验室进行试验所耗用的材料和化学药品费用等，以及技术革新的研究试验费。不包括应由研究试验费和科技三项费用支出的新结构、新材料的试验费；不包括应由建设单位管理费支出的建设单位要求对具有出厂合格证明的材料进行试验，对构件破坏性试验及其他特殊要求检验试验的费用；不包括设计要求的和需委托其他有资质的单位对构筑物进行检验试验的费用。

（6）工程定位复测、工程点交、场地清理费。

（7）安全作业环境及安全施工措施费。是指用于购置施工安全防护用具及设施、宣传落实安全施工措施、改善安全生产环境及条件、确保施工安全等所需的费用。

（8）文明施工及施工环境保护费。指现场文明施工费用及防噪声、防粉尘、防振动干扰、生活垃圾清运排放等费用。

（9）已完工程及设备保护费。是指竣工验收前，对已完工程及设备进行保护所需费用。

施工措施费，以各类工程的基期人工费与基期施工机械使用费之和为计算基数，根据施工措施费地区划分表（见表5-7），按表5-8、表5-9所列费率计列。

表 5-7　**施工措施费地区划分表**

地区编号	地域名称
1	上海，江苏，河南，山东，陕西（不含榆林地区），浙江，安徽，湖北，重庆，云南，贵州（不含毕节地区），四川（不含凉山彝族自治州西昌市以西地区、甘孜藏族自治州）
2	广东，广西，海南，福建，江西，湖南
3	北京，天津，河北（不含张家口市、承德市），山西（不含大同市、朔州市、忻州地区原平以西各县），甘肃，宁夏，贵州毕节地区，四川凉山彝族自治州西昌市以西地区、甘孜藏族自治州（不含石梁县）
4	河北张家口市、承德市，山西大同市、朔州市、忻州地区原平以西各县，陕西榆林地区，辽宁
5	新疆（不含阿勒泰地区）
6	内蒙古（不含呼伦贝尔盟一图里河及以西各旗），吉林，青海（不含玉树藏族自治州曲麻莱县以西地区、海北藏族自治州祁连县、果洛藏族自治州玛多县、海西蒙古族藏族自治州格尔木市辖的唐古拉山区），西藏（不含阿里地区和那曲地区的尼玛、班戈、安多、聂荣县），四川甘孜藏族自治州石梁县
7	黑龙江（不含大兴安岭地区），新疆阿勒泰地区
8	内蒙古（呼伦贝尔盟一图里河及以西各旗），黑龙江大兴安岭地区，青海玉树藏族自治州曲麻莱县以西地区、海北藏族自治州祁连县、果洛藏族自治州玛多县、海西蒙古族藏族自治州格尔木市辖的唐古拉山区，西藏阿里地区和那曲地区的尼玛、班戈、安多、聂荣县

表 5-8　**施工措施费率**　%

类别代号	地区编号 工程类别	1	2	3	4	5	6	7	8	备注
1	人力施工土石方	20.55	21.09	24.70	27.10	27.37	29.90	30.51	31.57	包括人力拆除工程，绿色防护、绿化、各类工程中单独挖填的土石方、爆破工程
2	机械施工土石方	9.42	9.98	13.83	15.22	15.51	18.21	18.86	19.98	包括机械拆除工程，填级配碎石、砂砾石、渗水土，公路路面，各类工程中单独挖填的土石方
3	汽车运输土石方在用定额“增运”部分	5.09	4.99	5.40	6.12	6.29	6.63	6.79	7.35	包括隧道出砟洞外运
4	特大桥、大桥	10.28	9.19	12.30	13.53	14.19	14.24	14.34	14.52	不包括梁部及桥面系
5	预制混凝土梁	27.56	22.14	37.67	41.38	44.65	44.92	45.42	46.31	包括桥面系
6	现浇混凝土梁	17.24	13.89	23.50	25.97	27.99	28.16	28.46	29.02	包括梁的横向连接和湿接缝，包括分段预制后拼接的混凝土梁

续表

类别代号	地区编号 / 工程类别	1	2	3	4	5	6	7	8	备注
7	运架混凝土简支箱梁	4.68	4.68	4.81	5.16	5.25	5.40	5.49	5.73	
8	隧道、明洞、棚洞、自采砂石	13.08	12.74	13.61	14.75	14.90	14.96	15.04	15.09	
9	路基按加固防护工程	16.94	16.25	18.89	20.19	20.35	20.59	20.80	20.94	包括各类挡土墙及抗滑桩
10	框架桥、中桥、小桥、涵洞、轮渡、码头、房屋、给排水、工务，站场、其他建筑物等建筑工程	21.25	20.22	23.50	25.53	26.04	26.27	26.47	26.65	不包括梁式中、小桥梁部及桥面系
11	铺轨、铺岔，架设混凝土梁（简支箱梁除外）、钢梁、钢管拱	27.08	26.96	27.83	29.50	30.17	32.46	34.12	40.96	包括支座安装，轨道附属工程，线路备料
12	铺砟	10.33	9.09	12.38	13.71	13.94	14.52	14.86	15.99	包括线路沉落整修、道床清筛
13	无砟道床	27.66	23.60	35.25	38.90	41.35	41.55	41.93	42.60	包括道床过渡段
14	通信、信号、信息、电力、牵引变电、供电段、机务、车辆、动车，所有安装工程	25.30	25.40	25.80	27.75	28.03	28.30	28.70	29.55	
15	接触网建筑工程	25.12	23.89	27.33	29.26	29.42	29.74	30.20	30.46	

表 5-9　　设计速度≤120km/h的工程施工措施费费率表　　%

地区编号 / 工程类别	1	2	3	4	5	6	7	8
机械施工上石方	9.03	9.59	13.44	14.83	15.12	17.82	18.47	19.59
铺轨、铺岔，架设混凝土梁	25.33	25.21	26.08	27.75	28.42	30.71	32.38	39.21

八、特殊施工增加费

特殊施工增加费包括风沙地区施工增加费、高原地区施工增加费、原始森林地区施工增加费和行车干扰施工增加费。

1. 风沙地区施工增加费

风沙地区施工增加费指在内蒙古及西北地区的非固定沙漠地区施工时，月平均风力在四级以上的风沙季节，进行室外建筑安装工程时，由于受风沙影响应增加的费用，该项费用按下列算法计列，即

风沙地区施工增加费 = 室外建筑安装工程的定额工天 × 编制期综合工费单价 × 3%

2. 高原地区施工增加费

高原地区施工增加费指在海拔2000m以上的高原地区施工时，由于人工和机械受气候、气压的影响而降低工作效率，所增加的费用。

该项费用根据工程所在地的不同海拔高度，不分工程类别。

高原地区施工增加费＝定额工天×编制期综合工费单价
×高原地区工天定额增加幅度＋定额机械台班量
×编制期机械台班单价×高原地区机械台班定额增加幅度

高原地区施工定额增加幅度见表5-10。

表5-10 高原地区施工定额增加幅度

海拔高度（m）	定额增加幅度（%）	
	工天定额	机械台班定额
2000～3000	12	20
3001～4000	22	34
4001～4500	33	54
4501～5000	40	60
5000以上	60	90

3. 原始森林地区施工增加费

原始森林地区施工增加费指在原始森林地区进行新建或增建二线铁路施工，由于受气候影响，其路基土方工程应增加的费用。该项费用按下列算法计列，即

原始森林地区施工增加费＝(路基土方工程的定额工天×编制期综合工费单价
＋路基土方工程的定额机械台班量
×编制期机械台班单价)×30%

4. 行车干扰施工增加费

行车干扰施工增加费指在不封锁的营业线上，在维持通车的情况下，进行建筑安装工程施工时，由于受行车影响造成局部停工或妨碍施工而降低工作效率等所需增加的费用。

(1) 行车干扰施工增加费的计费范围。受行车干扰的范围见表5-11。

表5-11 行车干扰施工增加费计费范围

名称	受行车干扰范围	受行车干扰项目	包 括	不包括
路基	在行车线上或在行车线中心平距5m及以内	填挖土方、填石方	路基抬高落坡全部工程	路基加固防护及附属土石方工程
	在行车线的路堑内	开挖土石方的全部数量以及路堑内的挡土墙、护墙、护坡、侧沟、吊沟的全部砌筑工程数量	以邻近行车线的一股道为限	控制爆破开挖石方，路堤挡土墙、护坡
	平面跨越行车线运土石方	跨越运输的全部数量	隧道弃砟	

续表

名称	受行车干扰范围	受行车干扰项目	包 括	不包括
桥涵	在行车线上或在行车线中心平距5m及以内	涵洞的主体圬工，桥梁工程的下部建筑主体圬工	桥梁的锥体谷坡及桥头填土	桥涵其他附属工程及桥梁架立和桥面系等，框架桥、涵管的挖土、顶进，框架桥内、涵洞内的路面，排水等工程
隧道及明洞	在行车线上的隧道、明洞内施工	改扩建隧道或增设同通风、照明设备的全部工程数量	明洞、棚洞的挖基及衬砌工程	明洞、棚洞拱上的回填及防水层、排水沟等
轨道	在行车线上或在行车线中心距5m及以内在行车线的线间距≤5m的邻线上施工	全部数量	拆铺、改拨线路、更换钢轨、钢枕及线路整修作业	线路备料
电力牵引供电	在行车线上或在行车线两侧中心距5m及以内在行车线的线间距≤5m的邻线上施工	在既有线上非封闭线路作业的全部数量和邻线未封闭而本线封闭线路作业的全部数量		封闭线路作业的项目（邻线未封闭的除外）；牵引变电及供电段的全部工程
其他室外建筑安装及拆除	在行车线上或在行车线两侧中心平距5m及以内	全部数量	靠行车线较近的基本站台、货物站台，天桥、灯桥，地道的上下楼梯，信号工程的室内安装	站台土方不跨线取土者

在封锁的营业线上施工（包括要点施工在内，封锁期间邻线行车的除外），在未移交正式运营的线路上施工和在避难线、安全线、存车线及其他段管线上施工均不计列行车干扰施工增加费。

(2) 行车干扰施工增加费的计算。每次行车的行车干扰施工定额人工和机械台班增加幅度按0.31%计（接触网工程按0.40%计）。行车干扰施工定额增加幅度包含施工期间因行车而应做的调理和养护工作，以及在施工时为防护所需的信号工、电话工、看守工等的人工费用及防护用品的维修、摊销费用在内。

该项费用，根据每昼夜的行车次数（以现行铁路局运输部门的计划运行图为准，所有计划外的小运转、轨道车、补机、加点车的运行等均不计算），接受行车干扰范围内的工程项目的工程数量，以其定额工天和机械台班量，乘以行车干扰施工定额增加幅度计算。

1）土石方施工及跨股道运输的行车干扰施工增加费，不论施工方法如何，均按下列算法计列：

$$
\begin{aligned}
\text{行车干扰施工增加费} = & \text{表 5-12 所列工天} \times \text{编制期综合工费单价} \\
& \times \text{受干土石方数量} \times \text{每昼夜行车次数} \times 0.31\%
\end{aligned}
$$

表 5-12　**土石方施工及跨股道运输计行车干扰的工天**

工日/100m³（天然密实体积）

序号	工作内容	土方	石方
1	仅挖、装（爆破石方仅为装）在行车干扰范围内	20.4	8.0
2	仅卸在行车干扰范围内	4.0	5.4
3	挖、装、卸（爆破石方为装、卸）均在行车干扰范围内	24.4	13.4
4	平面跨越行车线运输土石方，仅跨越一股道或跨越双线、多线股道的第一股道	15.7	23.0
5	平面跨越行车线运输土石方，每增跨一股道	3.1	4.6

2）接触网工程的行车干扰施工增加费算法为

行车干扰施工增加费＝受行车干扰范围内的工程数量×（所对应定额的应计行车干扰的工天×编制期综合工费单价＋所对应定额的应计行车干扰的机械台班量×编制期机械台班单价）×每昼夜行车次数×0.40%

3）其他工程的行车干扰施工增加费算法为

行车干扰施工增加费＝受行车干扰范围内的工程数量×（所对应定额的应计行车干扰的工天×编制期综合工费单价＋所对应定额的应计行车干扰的机械台班量×编制期机械台班单价）×每昼夜行车次数×0.31%

九、大型临时设施和过渡工程费

大型临时设施和过渡工程费指施工企业为进行建筑安装工程施工及维护既有线正常运营，根据施工组织设计确定所需的大型临时建筑物和过渡工程修建及拆除恢复所发生的费用。

1. 项目及费用内容

（1）大型临时设施（简称大临）。

1）铁路岔线、便桥。指通往混凝土成品预制厂、材料厂、道砟场（包括砂、石场）、轨节拼装场、长钢轨焊接基地、钢梁拼装场、制（存）梁场的岔线，机车转向用的三角线和架梁岔线，独立特大桥的吊机走行线，以及重点桥隧等工程专设的运料岔线等。

2）铁路便线、便桥。指混凝土成品预制厂、材料厂、道砟场（包括砂、石场）、轨节拼装场、长钢轨焊接基地、钢梁拼装场、制（存）梁场等场（厂）内为施工运料所需修建的便线、便桥。

3）汽车运输便道。指通行汽车的运输干线及其通往隧道、特大桥、大桥和轨节拼装场、混凝土成品预制厂、材料厂、矿石场、钢梁拼装场、制（存）梁场、混凝土集中拌和站、填料集中拌和站、大型道砟存储场、长钢轨焊接基地、换装站等的引入线，以及机械化施工的重点土石方工点的运输便道。

4）运梁便道。指专为运架大型混凝土成品梁而修进的运输便道。

5）轨节拼装场、混凝土成品预制厂、材料厂、制（存）梁场、钢梁拼装场、混凝土集中拌和站、填料集中拌和站、大型道砟存储场、长钢轨焊接基地、换装站等的场地土石方、圬工及地基处理。

6）通信工程。指困难山区（起伏变化很大或比高>80m 的山地）铁路施工所需的临时通信干线（包括由接轨点最近的交接所为起点所修建的通信干线），不包括由干线到工地或施工地段沿线各施工队伍所在地的引入线、场内配线和地区通信线路。当采用无线通信时，其费用应控制在有线通信临时工程费用水平内。

7）集中发电站、集中变电站（包括升压站和降压站）。

8）临时电力线（供电电压在 6kV 及以上）。包括临时电力干线及通往隧道、特大桥、大桥和混凝土成品预制厂、材料厂、砂石场、钢梁拼装场、制（存）梁场等的引入线。

9）给水干管线。指为解决工程用水而铺设的给水干管线（管径 100mm 及以上或长度 2km 及以上）。

10）为施工运输服务的栈桥、缆索吊。

11）渡口、码头、浮桥、吊桥、天桥、地道。指通行汽车为施工服务者。

12）铁路便线、岔线、便桥和汽车运输便道的养护费。

13）修建“大临”而发生的租用土地、青苗补偿、拆迁补偿、复垦及其他所有与土地有关的费用等。

（2）过渡工程。过渡工程指由于改建既有线、增建第二线等工程施工，需要确保既有线（或车站）运行工作的安全和不间断地运行，同时为了加快建设进度，尽可能地减少运输与施工之间的相互干扰和影响，从而对部分既有工程设施必须采取的施工过渡措施。

过渡工程费包括临时性便线、便桥和其他建筑物及设备，以及由此引起的租用土地、青苗补偿、拆迁补偿、复垦及其他所有与土地有关的费用等。

2. 费用计算规定

（1）大型临时设施和过渡工程，应根据施工组织设计确定的项目、规模及工程量，按本办法规定的各项费用标准，采用定额或分析指标，按单项概（预）算计算程序计算。

（2）大型临时设施和过渡工程，均应结合具体情况，充分考虑借用本建设项目正式工程的材料，以尽可能节约投资，其有关费用的计算规定如下：

1）借用正式工程的材料。钢轨、道岔计划一次铺设的施工损耗，钢轨配件、轨枕、电杆计列铺设和拆除各一次的施工损耗（拆除损耗与铺设同），便桥枕木垛所用的枕木，计列一次搭设的施工损耗。

借用表 5-3 中所列的材料，计列由材料堆存地点至使用地点和使用完毕由材料使用地点运至指定归还地点的运杂费，其余材料不另计运杂费。

借用正式工程的材料，在概（预）算中一律不计折旧费，损耗率均按《铁路工程基本定额》执行。

2）使用施工企业的工程器材。使用施工企业的工程器材，按表 5-13 所列的施工器材年使用费率计算使用费。

表 5-13 **临时工程施工器材年使用费率**

序号	材 料 名 称	年使用费率（%）
1	钢轨、道岔	5
2	钢筋混凝土枕、钢筋混凝土电杆	8
3	钢铁构件、钢轨配件、钢横担、钢管	10
4	油枕、油浸电杆、铸铁管	12.5
5	木制构件	15
6	素枕、素材电杆、木横担	20
7	通信、信号机电力线材（不包括电杆及横担）	30

注 1. 不论按摊销或折旧计算，均一律按表列费率作为编制概（预）算的依据。其中通信、信号机电力线材的使用年限超过 3 年时，超过部分的年使用费率按 10%计。困难山区使用的钢筋混凝土电杆，不论其使用年限多少，均按 100%摊销。

2. 计算单位为季度，不足一季度，按一季度计。

以上材料、构件的运杂费，属表 5-4 所列材料类别的，计列由始发地点至使用地点的往返运杂费，其余不再另计运杂费。

3）例如旧道砟、除计运杂费外，还应计列必要的清筛费用。

4）不能倒用的材料，如圬工用料、道砟（不能道用时），计列全部价值。

（3）铁路便线、岔线、便桥的养护费计费标准。

为使铁路便线、岔线、便桥经常保持完好状态，其养护费按表 5-14 规定的标准计列。

表 5-14 **铁路便线、岔线、便桥养护费**

项目	人工	零星材料费	道砟［m^3/(月·km)］		
			3 个月以内	3～6 个月	6 个月以上
便线岔线	32 工日（月·公里）	—	20	10	5
便桥	11 工日/(月·百换算米)	1.25 元/(月·延长米)	—	—	—

注 1. 人工费概（预）算综合工费标准计算。

2. 便线、岔线长度不满 100m 者，按 100m 计；便线长度不满 1m 者，按 1m 计。计算便线、岔线长度，不扣除道岔及便桥长度。

3. 便桥换算长度的计算：钢梁桥，1m＝1 换算米；木便桥，1m＝1.5 换算米；圬工及钢筋混凝土梁桥，1m＝0.3 换算米。

4. 养护的期限，根据施工组织设计确定，按月计算，不足一个月者，按一个月计。

5. 道砟数量采用累计法计算。例：1km 便线当其试用期为年时，所需道砟数量＝3×20＋3×10＋6×5＝120（m^3）。

6. 表内费用包括冬季积雪清除和雨季养护等一切有关养护费用。

7. 架梁及存梁岔线等，均不计列养护费。

8. 便线、岔线、便桥，如通行工程列车或临管列车，并按有关规定计列运费者，因运价中已包括了养护费用，不应另列养护费；如修建的临时岔线（如运土、运料岔线等）只计取送车费和机车、车辆租用者，可计列养护费。

9. 营业线上施工，为保证不间断行车而修建通行正式运营列车的便线、便桥，在未办理交接前，其养护费按照表列规定加倍计算。

（4）汽车便道养护费计费标准。

为使通行汽车运输便道经常保持完好的状态，其养护费按表 5-15 规定的标准计算。

表 5-15　　汽车运输便道养护费

项目		人工	碎石或粒料
		工日/(月·km)	m^3/(月·km)
土路		15	—
粒料路（包括泥结碎石路面）	干线	25	2.5
	引入线	15	1.5

注　1. 人工费按概（预）算综合工费标准计算。
2. 计算便道长度，不扣除便桥长度。不足 1km 者，按 1km 计。
3. 养护的期限，根据施工组织设计确定，按月计算，不足一个月者，按一个月计。
4. 费用内包括冬季积雪清除和雨季养护等一切有关养护费用。
5. 便道中的便桥不另计养护费。

十、间接费

间接费包括企业管理费、规费和利润。

1. 费用内容

（1）企业管理费。企业管理费是指建筑安装企业组织施工生产和经营管理所需的费用，包括以下内容。

1）管理人员工资，是指管理人员的基本工资、津贴和补贴、辅助工资、职工福利费、劳动保护费等。

2）办公费，指管理办公用的文具、纸张、账表、印刷、邮电、书报、宣传、会议、水、电、烧水和集体取暖用煤等费用。

3）差旅交通费，是指职工因公出差、调动工作的差旅费，住勤补助费，市内交通费和误餐补助费，职工探亲路费，劳动力招募费，职工退休、退职一次性路费，工伤人员就医路费以及管理部门使用的交通工具的油料、燃料、养路费及牌照费。

4）固定资产使用费，是指管理和试验部门及附属生产单位使用的属于固定资产的房屋、车辆、设备仪器等的折旧、大修、维修或租赁费。

5）工具用具使用费，是指管理使用的不属于固定资产的生产工具、器具、家具、交通工具和检验、试验、测绘、消防用具等的购置、维修和摊销费。

6）财产保险费，是指施工管理用财产、车辆保险。

7）税金，是指企业按规定交纳的房产税、车船使用税、土地使用税、印花税等各项税费。

8）施工单位进退场及工地转移费，是指施工单位根据建设任务需要，派遣人员和机具设备从基地迁往工程所在地或从一个项目迁至另一个项目所发生的往返搬迁费用及施工队伍在同一建设项目内，因工程进展需要，在本建设项目内往返转移以及民工上、下路所发生的费用。包括：承担任务职工的调遣差旅费，调遣期间的工资，施工机械、工具、用具、周转性材料及其他施工装备的搬运费用。施工队伍在转移期间所需支付的职工工资、差旅费、交通费、转移津贴等；民工的上、下路所需车船费、途中食宿补贴及行李运费等。

9）劳动保险费，是指由企业支付离退休职工的异地安家补助费、职工退职金、6 个月以上病假人员的工资、职工死亡丧葬补助费、抚恤费以及按规定支付给离休干部的各项经费等。

10）工会经费，是指企业按照职工工资总额计提的工会经费。

11）职工教育经费，是指企业为职工学习先进技术和提高文化水平，按职工工资总额计提的费用。

12）财务费用，是指企业为筹集资金而发生的各种费用，包括企业经营期间发生的短期贷款利息净支出，金融机构手续费，以及其他财务费用。

13）其他。包括技术转让费、技术开发费、业务招待费、绿化费、广告费、公证费、法律顾问费、审计费、咨询费、无形资产摊销费、投标费、企业定额测定费等。

（2）规费。规费是指政府和有关部门规定必须缴纳的费用（简称规费），包括以下内容。

1）社会保障费，是指企业按规定缴纳的基本养老保险费、失业保险费、基本医疗保险费、工伤保险费、生育保险费。

2）住房公积金，是指企业按规定缴纳的住房公积金。

3）工程排污费，是指施工现场按规定缴纳的工程排污费用。

（3）利润。利润指施工企业完成所承包的工程获得的盈利。

2. 费用计算

该项费用以基期人工费和基期施工机械使用费之和为计算基数，按不同工程类别，采用表 5-16 所规定费率计列。

表 5-16　　间　接　费　率

类别代号	工程类别	费率（%）	备　注
1	人力施工土石方	59.7	包括人力拆除工程，绿色防护、绿化，各类工程中单独挖填的土石方，爆破工程
2	机械施工土石方	19.5	包括机械拆除工程，填级配碎石、砂砾石、渗水土，公路路面，各类工程中单独挖填的土石方
3	汽车运输土石方采用定额“增运”部分	9.8	包括隧道出砟洞外运输
4	特大桥、大桥	23.8	不包括梁部及桥面系
5	预制混凝土梁	67.6	包括桥面系
6	现浇混凝土梁	38.7	包括梁的横向连接和湿接缝，包括分段预制后拼接的混凝土梁
7	运架混凝土简支箱梁	24.5	
8	隧道、明洞、棚洞，自采砂石	29.6	
9	路基加固防护工程	36.5	包括各类挡土墙及抗滑桩
10	框架桥、中桥、小桥，涵洞，轮渡、码头，房屋、给排水、工务、站场、其他建筑物等建筑工程	52.1	不包括梁式中、小桥梁部及桥面系

续表

类别代号	工程类别	费率（%）	备注
11	铺轨、铺岔、架设混凝土梁（简支箱梁除外）、钢梁、钢管拱	97.4	包括支座安装，轨道附属工程，线路备料
12	铺砟	32.5	包括线路沉落整修、道床清筛
13	无砟道床	73.5	包括道床过渡段
14	通信、信号、信息、电力、牵引变电、供电段、机务、车辆、动车、所有安装工程	78.9	
15	接触网建筑工程	69.5	

注 大型临时设施和过渡工程按表列同类正式工程的费率乘以0.8的系数计列。

十一、税金

国家税法规定应计入建筑安装工程造价内的营业税，城市维护建设税及教育费附加。

（1）根据国家规定，税金计列标准如下。

1）营业税按营业额的3%计列。

2）城市维护建设税以营业税税额作为其计税基数，其税率随纳税人所在地不同而异，即市区按7%；县城、镇按5%；不在市区、县城或镇者按1%计列。

3）教育费附加按营业税的3%计列。

（2）为简化概（预）算编制，税金统一按建筑安装工程费（不含税金）的3.35%计列。

十二、设备购置费

设备购置费指构成固定资产标准的设备购置和虽低于固定资产标准，但属于设计明确列入设备清单的设备，按设计确定的规格、型号、数量，以设备原价加设备运杂费计算的购置费用。工程竣工验交时，设备（包括备品备件）应移交运营部门。

购买计算机硬件设备时所附带的软件若不单独列价，其费用应随设备硬件一起列入设备购置费中。

1. 设备购置费的内容

（1）设备原价。设备原价指设计单位根据生产厂家的出厂价及国家机电产品市场价格目录和设备信息价等资料综合确定的设备原价。内容包括按专业标准规定的保证在运输过程中不受损失的一般包装费，及按产品设计规定佩戴的工具、附件和易损失的费用。非标准设备的原价（包括材料费、加工费及加工厂的管理费等），可按厂家加工订货等价格资料，并结合设备信息价格，经分析论证后确定。

（2）设备运杂费。设备运杂费指设备自生产厂家（来源地）运至施工工地料库（或安装地点）所发生的运输费、装卸费、供销部门手续费、采购及保管费等统称为设备运杂费。

2. 设备购置费的计算规定

（1）编制设计概（预）算时，采用现行的《铁路工程建设设备预算价格》中的设备原价，作为基期设备原价。编制期设备原价由设计单位根据调查资料确定。编制期与基期设备原价的差额按价差处理，直接列入设备购置费中。缺项设备由设计单位进行补偿。

（2）设备运杂费。为简化概（预）算编制工作，设备运杂费以基期设备原价为计算基数，一般地区按6.1%计列，新疆、西藏按7.8%计列。

十三、其他费

其他费指根据有关规定，应由基本建设投资支付列入建设项目总概（预）算内，除建筑安装工程费、设备购置费以外的有关费用。

1. 土地征用及拆迁补偿费

（1）土地征用补偿费包括：土地补偿费，安置补助费，被征用土地地上、地下附着物及青苗补偿费，征用城市郊区菜地缴纳的菜地开发建设基金，征用耕地缴纳的耕地开垦费，耕地占用税等。

（2）拆迁补偿费包括：被征用土地上的房屋及附属构筑物、城市公共设施等迁建补偿费等。

（3）土地征用、拆迁建筑物手续费指在办理征地拆迁过程中，所发生的相关人员的工作经费及土地登记管理费等。

（4）用地勘界费指委托有资质的土地勘界机构对铁路建设用地界进行勘定所发生的费用。

土地征用补偿费、拆迁补偿费应根据设计提出的建设用地面积和补偿动迁工程数量，按工程所在地区的省（自治区、直辖市）人民政府颁发的各项规定和标准计列。

土地征用、拆迁建筑物手续费按土地补偿费与征用土地安置补助费的0.4%计列。

用地勘界费按国家和工程所在地区的省（自治区、直辖市）人民政府的有关规定计列。

2. 建设项目管理费

（1）建设项目管理费。建设项目管理费指建设单位从筹建之日起至办理竣工财务决算之日止发生的管理性质开支。

内容包括：工作人员工资、基本养老保险费、基本医疗保险费、失业保险费、工伤保险费、生育保险费、住房公积金，办公费、差旅交通费、劳动保护费、工具用具使用费、固定资产使用费、零星购置费、招募生产工人费、技术图书资料费、印花税、业务招待费、施工现场津贴、竣工验收费和其他管理性质开支。

该项费用以第二～第十章费用总额为计算基数，按表5-17所规定的费率采用累进法计列。

表5-17　　　　建设单位管理费率

第二～第十章费用总额（万元）	费率（%）	算例（万元）	
		基数	建设单位管理费
500及以内	1.74	500	500×1.74%=8.7
501～1000	1.64	1000	8.7+500×1.64%=16.9
1001～5000	1.35	5000	16.9+4000×1.35%=70.9
5001～10 000	1.10	10 000	70.9+5000×1.10%=125.9
10 001～50 000	0.87	50 000	125.9+40 000×0.87%=473.9
50 001～100 000	0.48	100 000	473.9+50 000×0.48%=713.9
100 001～200 000	0.20	200 000	713.9+100 000×0.2%=913.9
200 000以上	0.10	300 000	913.9+100 000×0.10%=1013.9

（2）建设管理其他费。建设管理其他费包括：建设期交通工具购置费，建设单位前期工作费，建设单位招标工作费，审计（查）费，合同公证费，经济合同仲裁费，法律顾问费，

工程总结费，宣传费，按规定应缴纳的税费，以及要求施工单位对具有出厂合格证明的材料进行试验、对构件破坏性试验及其他特殊要求检验试验的费用等。

建设期交通工具购置费按表5-18所列的标准计列，其他费用按第二～第十章费用总额的0.05%计列。

表5-18 建设期交通工具购置标准

线路长度（正线千米）	交通工具配制情况		
	数量（台）		价格（万形台）
	平原丘陵区	山区	
100及以内	3	4	20～40
101～300	4	5	
301～700	6	7	
700以上	8	9	

注 1. 平原丘陵区指起伏小或比高≤80m的地区；山区指起伏大或比高>80m的山地。
2. 工期2年及以上的工程，在计算建设期交通工具购置费时，均按100%摊销；工期小于4年的工程，在计算建设期交通工具购置费时，按每年25%计算。
3. 海拔4000m以上的工程，交通工具价格另行分析确定。

(3) 建设项目管理信息系统构建费。建设项目管理信息系统构建费指为利用现代信息技术，实现建设项目管理信息化需构建项目管理信息系统所发生的费用，包括有关设备购置与安装、软件购置与开发等。

(4) 工程监理与咨询服务费。工程监理与咨询服务费是指由建设单位委托具有相应资质的单位，在铁路建设项目的招投标、勘察、设计、施工、设备采购监造（包括设备联合调试）等阶段实施监理与咨询的费用［设计概（预）算中每项监理与咨询服务费应列出详细条目］。

1）招投标咨询服务费，该项费用按国家和铁道部有关规定计列。

2）勘察监理与咨询费，该项费用按国家和铁道部有关规定计列。

3）设计咨询服务费，该项费用按国家和铁道部有关规定计列。

4）施工监理与咨询费，其中施工监理费以第二～第九章建筑安装工程费用总额为基数，按表5-19所列费率采用内插法计列，施工咨询费按国家和铁道部有关规定计列。

表5-19 施工监理费率

第二～第九章建筑安装工程费用总额 M（万元）	费率 b（%）	
	新建单线、独立工程、增建二线、电气化改造工程	新建双线
$M \leqslant 500$	2.5	0.7
$500 < M \leqslant 1000$	$2.5 > b \geqslant 2.0$	
$1000 < M \leqslant 5000$	$2.0 > b \geqslant 1.7$	
$5000 < M \leqslant 10\ 000$	$1.7 > b \geqslant 1.4$	
$10\ 000 < M \leqslant 50\ 000$	$1.4 > b \geqslant 1.1$	
$50\ 000 < M \leqslant 100\ 000$	$1.1 > b \geqslant 0.8$	
$M > 100\ 000$	0.8	

5）设备采购监造监理与咨询费，该项费用按国家和铁道部有关规定计列。

（5）工程质量检测费，是指为保证工程质量，根据铁道部规定由建设单位委托具有相应资质单位对工程进行检测所需的费用。

该项费用按国家和铁道部有关规定计列。

（6）工程质量安全监督费，是指按国家有关规定实行工程质量安全监督所发生的费用。

该项费用按第二～第十章费用总额的0.02%～0.07%计列。

（7）工程定额测定费，是指为制定铁路工程定额和计价标准，实现对铁路工程造价的动态管理而发生的费用。

该项费用按第二～第九章建筑安装工程费用总额的0.01%～0.05%计列。

（8）施工图审查费，是指建设主管部门认定的施工图审查机构按照有关法律、法规，对施工图涉及公共利益、公共安全和工程建设强制性标准的内容进行审查所需的费用。

该项费用按国家和铁道部有关规定计列。

（9）环境保护专项管理费，是指为保证铁路施工对环境及水土保持不造成破坏，而从环保的角度对铁路施工进行专项检测、监督、检查所发生的费用。

该项费用按国家有关部委及建设项目所经地区省（自治区、直辖市）环保监理部门的有关规定计列。

（10）营业线施工配合费，是指施工单位在营业线上进行建筑安装工程施工时，需要运营单位在施工期间参加配合工作所发生的费用（含安全监督检查费用）。该项费用按不同工程类别的计算范围，以编制期人工费与编制期施工机械使用费之和为基数，乘以表5-20所列费率计列。

表5-20　　营业线施工配合费费率表

工程类别	费率（%）	计算范围	说明
一、路基			
1. 石方爆破开挖	0.5	既有线改建、既有线增建二线需要封锁线路作业的爆破	不含石方装、运、卸及压实、码砌
2. 路基基床加固	0.9	挤密桩等既有基床加固及基床换填	仅限于行车线路基，不含土石方装、运、卸
二、架梁			
1. 架梁	9.1	既有有线改建、增建二线拆除和架设成品梁	增建二线限于线间距10m以内
2. 既有桥涵改建	2.7	既有桥梁墩台、基础的改建、加固、既有桥梁部加固；既有涵洞接长、加固、改建	
3. 顶进框架桥、顶进涵洞	1.4	行车线加固及防护，行车线范围内主体的开挖及顶进	不包括主体预制、工作坑、引道、土方外运及框架桥、涵洞内的路面、排水等工程
三、隧道及明洞	4.1	需要封锁线路作业的既有隧道及明、棚洞的改建、加固、整修	

续表

工程类别	费率（%）	计 算 范 围	说 明
四、轨道			
1. 正线铺轨	3.5	既有轨道拆除、起落、重铺及拔移；换铺无缝线路	仅限于行车线
2. 铺岔	5.5	既有道岔拆除、起落、重铺及拔移	仅限于行车线
3. 道床	2.4	既有道床扒除、清筛、回填或换铺、补砟及沉落整修	仅限于行车线
五、通信、信息	2.0	通信、信息改建建安工程	
六、信号	24.4	信号改建建安工程	
七、电力	1.1	电力改建建安工程	
八、接触网	2.0	既有线增建电气化接触网建安工程和既有电气化改造接触网建安工程	已含牵引变电所，供电段等工程的施工配合费
九、给排水	0.5	全部建安工程	

3. 建设项目前期工作费

（1）项目筹融资费，是指为筹措项目建设资金而支付的各项费用。主要包括向银行借款的手续费以及为发行股票、债券而支付的各项发行费用等。

该项费用根据项目融资情况，按国家和铁道部的有关规定计列。

（2）可行性研究费，是指编制和评估项目建议书（或预可行性研究报告）、可行性研究报告所需的费用。

该项费用按国家和铁道部有关规定计列。

（3）环境影响报告编制与评估费，是指按照有关规定编制与评估建设项目环境影响报告所发生的费用。

该项费用按国家和铁道部有关规定计列。

（4）水土保持方案报告编制与评估费，是指按照有关规定编制与评估建设项目水土保持方案报告所发生的费用。

该项费用按国家和铁道部有关规定计列。

（5）地质灾害危险性评估费，是指按照有关规定对建设项目所在地区的地质灾害危险性进行评估所需的费用。

该项费用按国家有关规定计列。

（6）地震安全性评估费，是指按照有关规定对建设项目进行地震安全性评估所需费用。

该项费用按国家有关规定计列。

（7）洪水影响评价报告编制费，是指按照有关规定就洪水对建设项目可能产生的影响和建设项目对防洪可能产生的影响做出评估，并编制洪水影响评价报告所需的费用。

该项费用按国家有关规定计列。

（8）压覆矿藏评估费，是指按照有关规定对建设项目压覆矿藏情况进行评估所需的费用。

该项费用按国家有关规定计列。

（9）文物保护费，是指按照有关规定对受建设项目影响的文物进行原址保护、迁移、拆除所需的费用。

该项费用按国家有关规定计列。

（10）森林植被恢复费，是指按照有关规定缴纳的所征用林地的植被恢复费用。

该项费用按国家有关规定计列。

（11）勘察设计费，包括勘察费、设计费和标准设计费。

1）勘察费。指勘察单位根据国家有关规定，按承担任务的工作量应收取的勘察费用。

该项费用按国家主管部门颁发的工程勘察收费标准和铁道部有关规定计列。

2）设计费。指设计单位根据国家有关规定，按承担任务的工作量应收取的设计费用。

该项费用按国家主管部门颁发的工程设计收费标准和铁道部有关规定计列。

3）标准设计费。指采用铁路工程建设标准设计图所需支付的费用。

该项费用按国家主管部门颁发的工程设计收费标准和铁道部有关规定计列。

4. 研究试验费

研究试验费指为建设项目提供或验证设计数据、资料等所进行的必要的研究试验，以及按照设计规定在施工中必须进行的试验、验证所需的费用。不包括以下所列项目。

（1）应由科技三项费用（即新产品试制费、中间试验费和重要科学研究补助费）开支的项目；

（2）应由检验试验费开支的施工企业对建筑材料、设备、构件和建筑物等进行一般鉴定、检查所发生的费用及技术革新的研究试验费；

（3）应由勘察设计费开支的项目。

该项费用应根据设计提出的研究试验内容和要求，经建设主管单位批准后按有关规定计列。

5. 计算机软件开发与购置费

计算机软件开发与购置费指购买计算机硬件所附带的单独计价的软件，或需另行开发与购置的软件所需的费用。不包括项目建设、设计、施工、监理、咨询工作所需软件。

该项费用应根据设计提出的开发与购置计划，经建设主管单位批准后按有关规定计列。

6. 配合辅助工程费

配合辅助工程费指在该建设项目中，凡全部或部分投资由铁路基本建设投资支付修建的工程，而修建后的产权不属铁路部门所有者，其费用应按协议额或具体设计工程量，按本办法的有关规定计算完整的第一～第十一章概（预）算费用。

7. 联合试运转及工程动态检测费

联合试运转及工程动态检测费指铁路建设项目在施工全面完成后至运营部门全面接受前，对整个系统进行负荷或无负荷联合试运转或进行工程动态检测所发生的费用。包括所需的人工、原料、燃料、油料和动力的费用，机械及仪器、仪表使用费用，低值易耗品及其他物品的购置费用等。

该项费用的计算方法如下所列。

（1）需要临管运营的，按0.15万元/正线公里计列。

（2）不需临管运营而直接交付运营部门接受的，新建单线铁路指标为：3.0万元/正线公里；新建双线铁路指标为：5.0万元/正线公里。

（3）时速200km及以上客运专线铁路联合试运转费另行分析确定。

8. 生产准备费

（1）生产职工培训费，是指新建和改扩建铁路工程，在交验投产以前对运营部门生产职工培训所必需的费用。包括：培训人员的工资、津贴和补贴、职工福利费、差旅交通费、劳动保护费、培训及教学学习费等。该项费用按表5-21所规定的标准计列。

表5-21 **生产职工培训费标准** 元/正线公里

线路类别 铁路类别	非电气化铁路	电气化铁路
新建单线	7500	11 200
新建双线	11 300	16 000
增建第二线	5000	6400
既有线增建电气化	—	3200

注 时速200km及以上客运专线铁路的生产职工培训费另行分析确定。

（2）办公和生活家具购置费，是指为保证新建、改扩建项目初期正常生产、使用和管理，所必需购置的办公和生活家具、用具的费用。

范围包括：行政、生产部门的办公室、会议室、资料档案室、文娱室、食堂、浴室、单身宿舍、行车公寓等的家具用具。

不包括应由企业管理费、奖励基金或行政开支的改扩建项目所需的办公和生活家具购置费。该项费用按表5-22所规定的标准计列。

表5-22 **办公和生活家具购置费标准** 元/正线公里

线路类别 铁路类别	非电气化铁路	电气化铁路
新建单线	6000	7000
新建双线	9000	10 000
增建第二线	3500	4000
既有线增建电气化	—	2000

注 时速200km及以上客运专线铁路的办公和生活家具购置费另行分析确定。

（3）工器具及生产家具购置费，是指新建、改扩建项目和扩建项目的新建车间，验交后为满足初期正常运营必须购置的第一套不构成固定资产的设备、仪器、仪表、工卡模具、器具、工作台（框、架、柜）等的费用。不包括：构成固定资产的设备、工器具和备品、备件；已列入设备购置费中的专用工具和备品、备件。该项费用按表5-23所规定的标准计列。

表5-23 **生产工器具购置费标准** 元/正线公里

线路类别 铁路类别	非电气化铁路	电气化铁路
新建单线	12 000	14 000
新建双线	18 000	20 000
增建第二线	7000	8000
既有线增建电气化	—	4000

注 时速200km及以上客运专线铁路的工器具及生产家具购置费标准另行分析确定。

9. 其他

指以上费用之外的，经铁道部批准或国家和部委及工程所在省（自治区、直辖市）规定应纳入设计概（预）算的费用。

十四、基本预备费

1. 基本预备费主要内容

（1）在进行设计和施工过程中，在批准的设计范围内，必须增加的工程和按规定需要增加的费用。该项费用不含Ⅰ类变更设计增加的费用。

（2）在建设过程中，未投保工程遭受一般自然灾害所造成的损失和为预防自然灾害所采取的措施费用，及为了规避风险而投保全部或部分工程的建筑、安装工程一切险和第三者责任险的费用。

（3）验收委员会（或小组）为鉴定工程质量，必须开挖和修复隐蔽工程的费用。

（4）由于设计变更所引起的废弃工程，但不包括施工质量不符合设计要求而造成的返工费用和废弃工程。

（5）征地、拆迁的价差。

2. 基本预备费的计费标准

该项费用以第一～第十一章费用总额为基数，初步设计概算按5%计列，施工图预算、投资检算按3%计列。

十五、工程造价增涨预留费

（1）该项费用指为正确反映铁路基本建设工程项目的概（预）算总额，在设计概（预）算编制年度到项目建设竣工的整个期限内，因形成工程造价诸因素的正常变动（如材料、设备价格的上涨，人工费及其他有关费用标准的调整等），导致必须对该建设项目所需的总投资额进行合理的核定和调整而需预留的费用。

（2）该项费用应根据建设项目施工组织设计安排，以其分年度投资额及不同年限，按国家及铁道部公布的工程造价年上涨指数计算。计算公式为

$$E = \sum_{n=1}^{N} F_n [(1+p)^{c+n} - 1]$$

式中　E——工程造价增涨预留费；

N——施工总工期，年；

F_n——施工期第n年的分年度投资额；

c——编制年至开工年年限，年；

n——开工年至结（决）算年年限，年；

p——工程造价年增长率。

十六、建设期投资贷款利息

（1）该项费用指建设项目中分年度使用国内贷款，在建设期应归还的贷款利息。

（2）计算公式。建设期投资贷款利息＝Σ（年初付息贷款本金累计＋本年度付息贷款额÷2）×年利率，即

$$S = \sum_{n-1}^{N} \left(\sum_{m=1}^{n} F_m \times b_m - F_n \times b_n \div 2 \right) \times i$$

式中　S——建设期投资贷款利息；

N——建设总工期；

n——施工年度；

m——还息年度；

F_n、F_m——在建设的第 n、m 年的分年度资金供应量；

b_n、b_m——在建设的第 n、m 年份还息贷款占当年投资比例；

i——建设期贷款年利率。

十七、机车车辆购置费

（1）根据铁道部铁路机车、客车投资有偿占用有关办法的规定，在新建铁路、增建二线和电气化改造等基建大中型项目总概（预）算中计列按初期运量所需新增机车车辆的购置费。

（2）该项费用按设计确定的初期运量所需新增机车车辆的型号、数量及编制期机车车辆购置价格计算。

十八、铺底流动资金

（1）为保证新建铁路项目投产初期正常运营所需流动资金有可靠来源，而计列本项费用。主要用于购买原材料、燃料、动力，支付职工工资和其他有关费用。

（2）该项费用按下列指标计列：

1）地方铁路。新建Ⅰ级地方铁路，6.0万元/正线公里；新建Ⅱ级地方铁路，4.5万元/正线公里。

既有地方铁路改扩建、增建二线以及电气化改造工程不计列铺底流动资金。

2）其他铁路。新建单线Ⅰ级铁路，8.0万元/正线公里；新建单线Ⅱ级铁路，6.0万元/正线公里；新建双线，12.0万元/正线公里。

如初级运量较小，上述指标可酌情核减。

既有线改扩建、增建二线以及电气化改造工程不计列铺底流动资金。

第三节 铁路工程设计概（预）算其他编制规定

一、价差调整的规定

（1）价差调整是指基期至概（预）算编制期、概（预）算编制期至工程结（决）算期对价格所做的合理调整。

（2）价差调整的阶段划分。

铁路工程造价价差调整的阶段，分为基期至设计概（预）算编制期和设计概（预）算编制期至工程结（决）算期两个阶段。

1）基期至设计概（预）算编制期所发生的各项价差，由设计单位在编制概（预）算时，按本办法规定的价差调整方法计算，列入单项概（预）算。

2）设计概（预）算编制期至工程结（决）算期所发生的各项价差调整，应符合国家有关政策，充分体现市场价格机制，按合同约定办理。

（3）人工费、材料费、施工机械使用费、设备费等主要项目基期至设计概（预）算编制期价差调整方法。

1）人工费价差调整方法。按定额统计的人工消耗量（不包括施工机械台班中的人工）

乘以编制期综合工费单价与基期综合工费单价的差额计算。

2）材料费价差调整方法。

水泥、木材、钢材、砖、瓦、砂、石、石灰、黏土、土工材料、花草苗木、钢轨、道岔、轨枕、钢梁、钢管拱、斜拉索、钢筋混凝土梁、铁路桥梁支座、钢筋混凝土预制桩、电杆、铁塔、机柱、接触网支柱、接触网及电力线材、光电缆线、给水排水管材等材料的价差，按定额统计的消耗量乘以编制期价格与基期价格之间的差额计算。

水、电价差（不包括施工机械台班消耗的水、电），按定额统计的消耗量乘以编制期价格与基期价格之间的差额计算。

其他材料的价差以定额消耗材料的基期价格为基数，按部颁材料价差系数调整，系数中不含机械台班中的油燃料价差。

3）施工机械使用费价差调整方法。按定额统计的机械台班消耗量，乘以编制期施工机械台班单价（按编制期综合工费标准、油燃料价格、水电单价及养路费标准计算）与基期施工机械台班单价的差额计算。

4）设备费的价差调整方法。编制设计概（预）算时，以现行的《铁路工程建设设备预算价格》中的设备原价作为基期设备原价。编制期设备原价由设计单位按照国家或主管部门发布的信息价和生产厂家的现行出厂价分析确定。基期至编制期设备原价的差额，按价差处理，不计取运杂费。

二、编制概（预）算小数点后位数取定

（1）人工、材料、机械台班单价。单价的单位为元，取2位小数，第3位四舍五入。

（2）定额（补充）单价分析。单价和合价的单位为元，取2位小数，第3位四舍五入；单重和合重的单位为t，单重取6位小数，第7位四舍五入，合重取3位小数，第4位四舍五入。

（3）运杂费单价分析。汽车运价率的单位为元/(t·km)，取3位小数，第4位四舍五入；火车运价率的单位及运价率按现行《铁路货物运价规则》执行；装卸费单价单位为元，取2位小数，第3位四舍五入；综合运价单位为元/t，取2位小数，第3位四舍五入。

（4）单项概（预）算。单项概（预）算单价和合价的单位为元，单价取2位小数，第3位四舍五入，合价取整数。

（5）材料重量。材料单重和合重的单位为t，均取3位小数，第4位四舍五入。

（6）人工、材料、机械台班数量统计。人工、材料、机械台班数量统计按定额中的单位，均取2位小数，第3位四舍五入。

（7）综合概（预）算。概（预）算价值和指标的单位为元，概（预）算价值取整，指标取2位小数，第3位四舍五入。

（8）总概（预）算。概（预）算价值和指标的单位为万元，均取2位小数，第3位四舍五入。

（9）工程数量。

1）计量单位为m^3、m^2、m的取2位小数，第3位四舍五入。

2）计量单位为千米的，轨道工程取5位小数，第6位四舍五入；其他工程取3位，第4位四舍五入。

3）计量单位为t的取3位小数，第4位四舍五入。

4）计量单位为“个、处、组、座或其他可以明示的自然计量单位”取整。

三、概（预）算表格

概（预）算编制应采用统一的表格，如表5-24所示。

表5-24 **综合概（预）算章节表**

章别	节号	工程及费用名称	单位	备注
		第一部分：静态投资	正线公里	
一	1	拆迁及征地费用	正线公里	
二		路基	正线公里	
	2	区间路基土石方	正线公里	
	3	站场土石方	正线公里	
	4	路基附属工程	正线公里	
三		桥涵	正线公里	
	5	特大桥（××座）	正线公里	
	6	大桥（××座）	正线公里	
	7	中桥（××座）	正线公里	
	8	小桥（××座）	正线公里	
	9	涵洞（××座）	正线公里	
四		隧道及明洞	正线公里	
	10	隧道（××座）	正线公里	
	11	明洞（××座）	正线公里	
五		轨道	正线公里	
	12	正线	正线公里	
	13	站线	正线公里	
	14	线路有关工程	正线公里	
六		通信、信号及信息	正线公里	
	15	通信	正线公里	
	16	信号	正线公里	
	17	信息	正线公里	
七		电力及电力牵引供电	正线公里	
	18	电力	正线公里	
	19	电力牵引供电	正线公里	
		一、接触网	正线公里	
		Ⅰ.建筑工程费	正线公里	
		（一）接触导线	条公里	
		（二）供电线	条公里	
		1.供电线	条公里	
		2.独立架空供电线路	条公里	
		3.高压电缆供电线路	条公里	

续表

章 别	节 号	工程及费用名称	单 位	备 注
七	19	（三）回流线	条公里	
		（四）正馈线	条公里	
		（五）保护线（架空地线）	条公里	
		（六）其他（接地极、标牌、限界门等）	元	
		（七）拆除	元	
		1. 支柱	个	
		2. 接触导线	条公里	
		3. 附加导线	条公里	
		4. 设备	元	
		Ⅱ. 安装工程费	正线公里	
		Ⅲ. 设备购置费	正线公里	
		二、牵引变电	正线公里	
		（一）牵引变电所	处	
		Ⅰ. 建筑工程费	处	
		Ⅱ. 安装工程费	处	
		Ⅲ. 设备购置费	处	
		（二）分区亭	处	
		Ⅰ. 建筑工程费	处	
		Ⅱ. 安装工程费	处	
		Ⅲ. 设备购置费	处	
		（三）开闭所	处	
		Ⅰ. 建筑工程费	处	
		Ⅱ. 安装工程费	处	
		Ⅲ. 设备购置费	处	
		（四）自耦所	处	
		Ⅰ. 建筑工程费	处	
		Ⅱ. 安装工程费	处	
		Ⅲ. 设备购置费	处	
		（五）电力调度所	处	
		Ⅰ. 建筑工程费	处	
		Ⅱ. 安装工程费	处	
		Ⅲ. 设备购置费	处	
		（六）网上开关站	处	
		Ⅰ. 建筑工程费	处	
		Ⅱ. 安装工程费	处	
		Ⅲ. 设备购置费	处	

续表

章　别	节　号	工程及费用名称	单　位	备　注
七	19	三、供电段	处	
		Ⅰ. 建筑工程费	处	
		Ⅱ. 安装工程费	处	
		Ⅲ. 设备购置费	处	
		四、地基处理	元	
		细目同18节地基处理		
八	20	房屋	正线公里	
九		其他运营生产设备及建筑物	正线公里	
	21	给排水	正线公里	
	22	机务	正线公里	
	23	车辆	正线公里	
	24	动车	正线公里	
	25	站场	正线公里	
	26	工务	正线公里	
	27	其他建筑及设备	正线公里	
十	28	大型临时设施和过渡工程	正线公里	
十一	29	其他费用	正线公里	
十二	30	基本预备费	正线公里	
以上总计			正线公里	
第二部分：动态投资			正线公里	
十三	31	工程造价增涨预留费	正线公里	
十四	32	建设期投资贷款利息	正线公里	
第三部分：机车车辆购置费			正线公里	
十五	33	机车车辆购置费	正线公里	
第四部分：铺底流动资金			正线公里	
十六	34	铺底流动资金	正线公里	
概（预）算总额			正线公里	第一、二、三、四部分之和

第四节　铁路电力牵引供电工程预算定额综合说明

本篇采用的《铁路电力牵引供电工程预算定额》，自2011年1月1日起已开始实行。

一、适用说明

(1)《铁路电力牵引供电工程预算定额》(以下简称本定额)适用于新建铁路电气化工程、既有线(包括增建第二线)电气化改建及既有电气化铁路改、扩建工程。

(2) 控制电缆、电力电缆敷设采用《铁路工程预算定额　电力工程》。

（3）机械设备安装除采用本定额外，其余部分采用《铁路机务、车辆、机械工程预算定额》。

二、拆除工程

（1）接触网、牵引变电工程中拆除既有设备、建筑物，按相应定额子目的工天、机械台班消耗量分别乘以下列系数，不计材料费。拆除的设备、材料应充分利用。

1）拆除设备、器材系数为0.4。

2）拆除接触网支柱及基础：拆除基础执行本定额有关子目；拆除接触网混凝土支柱系数为1.25，拆除钢柱系数为0.90。

3）拆除接触悬挂及附加导线系数为0.8。

4）拆除架空电缆及电力线路系数为0.6。

5）拆除地下电缆线路系数为0.7。

（2）拆除的设备、材料如需利用，其整修费用另计。

（3）开挖基坑的余土、凿除基础的废料如需远运，采用相应定额另计。

三、本定额基价中采用的人工、材料、机械使用费计费标准

（1）人工费：执行部颁《铁路基本建设工程设计概（预）算编制办法》（铁建设【2006】113号，以下简称　113号文），综合工费标准25.82元/工日。

（2）材料费：执行部颁《铁路工程建设材料基期价格（2005年度）》（铁建设【2006】129号）。缺项材料基期价格按2005年度的价格水平予以补充。

（3）机械使用费：执行部颁《铁路工程施工机械台班费用定额（2005年度）》（铁建【2006】129号）。其中柴油单价为3.67元/kg、汽油单价为3.98元/kg。

（4）水、电单价：执行113号文，水价为0.38元/t、电价为0.55元/kWh。

第六章　接触网工程预算

第一节　接触网工程分项预算

一、基坑开挖工程预算

（一）基坑工程概况

基础是指用于安装支柱并埋入地下的部分。

强度和稳定性：在长期受力的情况下支柱基础不得发生倾斜和偏移，这可通过基础工作荷重校验得到保障。

基础类型取决于支柱类型、土壤特性、支柱受力。

高速线路的接触网基础还应考虑施工对线路路堤土壤或土壤层的破坏程度。

几种常见的基础如图 6 - 1 所示。

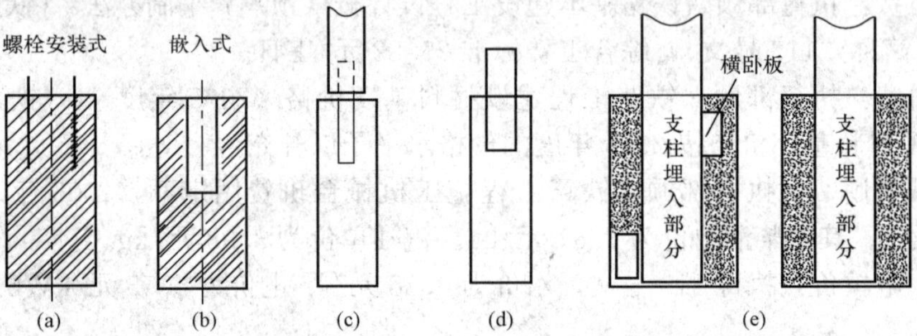

图 6 - 1　基础

(a)、(b) 整体基础；(c) 打入桩基础；(d) 打入管基础；(e) 混凝土支柱直埋式基础

（二）基坑开挖工程的主要内容

（1）土坑开挖工程的工作内容。

1）土坑：测量、确定坑位，开挖、倒土、清坑、支撑、防护板、挡砟板制作安装、道床防污染处理。吸上线包括回填、夯实。

2）流砂坑：开挖、矫正防护圈、清理。

3）电缆防护：木线槽制作安装。

4）电缆移设：挖沟、移设电缆、回填。

5）项目区分：人工开挖硬土坑、钢筋混凝土柱坑、基础坑、改移侧沟、水平吸上线、电缆防护、电缆移设、流沙坑。

6）以支柱类型、容量、功能区分子目。

（2）软石坑开挖工程的工作内容。包括测量、确定炮位，人力或机械打眼开挖，警戒，爆破、防护，清坑，局部支撑防护、挡砟板的制作安装，道床防污染处理。

（3）次坚石坑开挖工程的工作内容。包括测量、确定炮位，人力或机械打眼，警戒，爆破及防护，清坑，挡砟板的制作安装，道床防污染处理。

（4）坚石坑开挖工程的工作内容。包括测量、确定炮位、机械打眼、爆破开挖、警戒及防护、清坑，挡砟板的制作安装，道床防污染处理。

(5) 基坑开挖中“埋深增减 0.6m”子目适用于 H38～H93 型支柱埋深 3.6m 或埋深小于 3.0 的情况。

(三) 基坑开挖工程量计算方法

(1) 工程量计算规则。

1) 基坑开挖按设计的不同基坑类型以“个”计算。

2) 基坑开挖的土质划分为硬土（个别流沙坑）、软石、次坚石和坚石。一个基坑的土质应以大部分土质确定。如：一个基坑大部分为软石，少部分为次坚石时，则该坑应按软石计算。

(2) 基坑开挖定额不适用于连续机械排水的涌水基坑。当遇到水坑时，按下列规定计算。

1) 人工一次将水淘干后，当天不需要再淘水即可正常施工的弱水流坑，人工乘以系数 1.10；

2) 用水泵抽水及人工将水淘干后，施工中仍需继续淘水的中水流坑，人工乘以系数 1.10，抽水机械选用单级离心清水泵（≤12.5m^3/h 20m）（电算代号 9105301），按每坑 0.2 台班计算；

3) 必须用水泵不间断抽水才能保证施工的强水流坑，人工乘以系数 1.2，抽水机械单级离心清水泵（电算代号 9105301）按每坑 0.35 台班计算。

二、基础浇制工程预算

(一) 基础浇制工程的主要内容

(1) 工作内容。

1) 混凝土柱基础加固：选修片石，砂浆拌制，砌筑，养护。

2) 基础：清理场地，搭搅拌台，模板安拆，预埋件制安，稳固螺栓，选修片石、埋设，混凝土拌制、浇筑、捣固及养护，回填，培土，夯实。

3) 基础帽：模板安拆，砂浆拌制，填碎石，灌注，抹面，养护。

项目区分混凝土柱基础加固、基础、基础帽、防护圈制作、桥钢柱底座基础面、改移侧沟（衬砌）；基础体积增减 1m^3.

(2) 项目区分不同基础类型区分子目。以支柱类型、容量、功能区分子目（13 目），如：H38，H78，H93，锚柱，圆柱，拉线坑，J13-4，5（K-10），J15-4，5（Π-3）。

(3) 支柱基础片石含量为 20%。当设计的支柱基础体积（不含垫层）与本定额不符时，可采用本定额“基础体积增减 1m^3”子目调整。

(二) 基础浇制工程量计算方法

(1) 基础浇制按设计的不同基础类型以“个”计算。

(2) 基础体积增减 1m^3 子目以“m^3”为单位计算。

三、立杆工程预算

(一) 支柱分类

(1) 按材质分类：有钢筋混凝土支柱和钢柱两种。其中，钢筋混凝土支柱有 H 形预应力钢筋混凝土支柱实心式、圆柱形预应力钢筋混凝土支柱离心式等类型。

钢柱又分为圆钢柱、H 形钢柱、角钢柱。

（2）按用途分类。

1）中间柱：只承受一组接触悬挂。

2）转换柱：锚段关节处工作支与非工作支在此转换。

3）中心柱：锚段关节处同时承受两工作支。

4）锚柱：接触悬挂在此支柱下锚。

5）定位柱：只起定位作用，一般使用中间柱代替。

6）软横跨柱：承受软横跨。

7）硬横跨柱：承受硬横跨。

（二）立杆工程的主要内容

（1）工作内容。

1）机械安装包括倒道、往返运行、起吊、就位。

2）人工安装包括打地锚、挖马道、搬运、立杆。

项目区分预应力混凝土支柱、预应力混凝土支柱绝缘支柱、钢筋混凝土等径支柱、限界门柱、预应力混凝土电杆、镀锌普通钢柱、硬横梁、桥钢柱（镀锌普通钢柱）、镀锌桥钢柱支架、镀锌桥钢柱接腿、大限界底座框架、DY型硬横梁吊柱、DT型硬横梁吊柱、限界门（预应力混凝土支柱）、防护桩（预应力混凝土支柱）、镀锌硬横梁底座。

以支柱类型、容量、功能区分子目。如：H38、H78、H93；G200/13；硬横梁L_p＝24m。

（2）定额中按占用线路机械作业编制的立杆施工项目，按照封锁线路作业考虑。

（3）钢柱（包括桥钢柱）按照整体镀锌钢柱考虑。桥支架、桥接腿节数按3、4节考虑。立杆定额中包括大限界支柱腕臂底座框架安装。

（三）立杆工程量计算方法

（1）立杆（包括硬横梁架设）按设计采用的杆型以“根”计算。

（2）本定额中的硬横梁为简支梁，当设计采用刚性连接的硬横梁时应选用补充定额第四册。

四、支柱整正、回填工程预算

（一）支柱整正、回填工程的主要内容

（1）工作内容。

1）混凝土柱、圆柱整正回填包括量限界、量埋深、看杆面整正、回填、培土、夯实、恢复路肩、拆除挡土板、打地锚及拆除。

2）钢柱、大容量支柱整正包括整正、看正、垫垫片、紧固基础螺母。

3）安装横卧板、底板、锚板包括倒运、修坑、就位、安装、紧固。

4）安装桥支撑包括测量、制作、安装。

5）培土。

6）浆砌片石：片石选修、砂浆拌制、砌筑、养护。

（2）工程项目区分。整正回填工程项目区分混凝土柱、圆柱；钢柱、大容量支柱；吸流变台（双杆）；限界门柱；桥支撑；桥支架、桥接腿、直腿桥钢柱；横卧板（Ⅰ型、Ⅱ型）；底板；锚板带拉杆、拉线盘。

（二）支柱整正、回填工程量计算方法

支柱以“根”计算，横卧板、锚板、底板以“块”计算，培土、砌石以“m^3”计算。

五、桥隧打孔浇注工程预算

（一）桥隧打孔浇注工程的主要内容

（1）工作内容。测量、倒道，运行，打眼，清洗眼，拌和浇注砂浆，预埋配件，抹面，养护，返回。

（2）工程项目区分。

1）桥梁打孔浇注侧面、顶面打孔浇注；

2）隧道内打孔浇注区分水平悬挂、锚段关节；

3）单线隧道打孔浇注区分中心锚结、AF 对向连、无补偿下锚、全补偿下锚、地线上中下、水平架空地线（10m）、隔离开关、加强线中心锚结处悬挂点、单肩架回流线保护线、附加导线下锚、吸上线；

4）双线隧道（含地线）内打孔浇注区分中间立柱、中心锚结、全补偿下锚；

5）双线隧道内打孔浇注区分 AF 悬挂点、PW 肩架；

6）隧道口打孔浇注区分链悬全补偿下锚、链形悬挂无补偿下锚、回流线单支换边；

7）双线隧道口下锚转换打孔浇注区分 AF 悬挂点、PW 肩架；

8）上挡墙打孔浇注区分拉线下锚、拉杆腕臂底座（含脚蹬）、单肩架回流线单支下锚。

（二）桥隧打孔浇注工程量计算方法

（1）桥隧打孔、浇筑按设计的桥支柱类型及隧道内悬挂类型，以“处”计算。

（2）双线隧道“1 处”包括上、下行线，不得重复计算。

六、支柱接触悬挂安装工程预算

（一）支柱接触悬挂安装工程概况

支持装置承受定位装置和接触悬挂的全部机械负荷并传递给支柱和基础。

支持装置有腕臂支持、软横跨、硬横跨、桥隧支持装置等形式。

腕臂支持是接触网应用最多的支持形式，它有柔性支持和刚性支持两类结构。

刚性支持装置与柔性支持装置相比，具有结构简洁、零件数少、稳定性高，受流特性好的优点。

定位装置：将接触线固定在受电弓取流所必要的空间位置的装置为定位装置。

定位装置的机械特性（空间姿态与位置、振动特性、稳定性）对弓网运营安全和受流质量有决定性影响，其结构应简洁、稳定，安全可靠，零件少而轻、无集中载荷，防腐性能好，便于装配和调整。

支柱装配包括腕臂安装、锚柱装配、拉线安装。支柱装配的安装形式取决于接触悬挂形式、接触线高度、结构高度以及拉杆底座至腕臂底座之间的距离。

直线中间柱安装如图 6-2 所示（虚线部分为反定位）。

（二）支柱接触悬挂安装工程的主要内容

（1）拉杆、腕臂形式支柱接触悬挂安装工作内容。

1）零件检验、选配、组装，标写号码、杆上安装，调整、紧固。绝缘转换柱还包括导线、承力索绝缘制作。

2）工程项目区分直线中间柱正定位和反定位、桥钢柱防风支撑中间柱直线正定位及曲外和直线反定位及曲内、曲外中间柱、曲内中间柱、直线非绝缘转换柱、曲外非绝缘转化

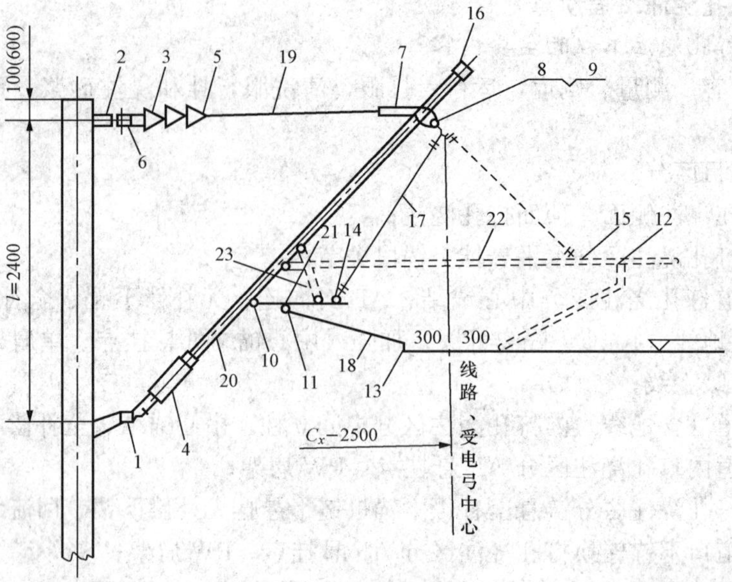

图 6-2 直线中间柱安装

1—底座；2—旋转腕臂底座水平拉杆底座；3—耳环悬式绝缘子；4—棒式绝缘子；
5—杵头悬式绝缘子；6—双耳连接器；7—调节板；8—套管绞环；9—钩头鞍子；
10—定位环（11/2″）；11—定位环（1/2″）；12—长定位环；13—定位线夹；
14—定位管卡子（1/2″）；15—定位管卡子（1″）；16—管帽；17—ϕ4.0 拉线；
18—定位器（1/2″）；19—杵环杆；20—腕臂；21—定位管（1/2″）；
22—定位管（1″）；23—定位管支撑

柱、曲内非绝缘转换柱、直线绝缘转换柱、曲外绝缘转换柱、曲内绝缘转换柱、曲外中心柱、曲内中心柱、道岔柱、道岔定位柱、定位柱、混凝土柱悬挂底座、圆柱悬挂底座、双线路腕臂安装、悬挂点安装。

（2）平、斜腕臂形式支柱接触悬挂安装工作内容。

零件检验，选配，组装，标写号码，杆上安装，调整，紧固。绝缘转换柱还包括导线，承力索绝缘制作。

（3）支柱接触悬挂安装（桥钢柱接触悬挂安装除外）定额，腕臂底座和支持装置（腕臂、定位管等）分别编列，使用时应配套使用。“斜腕臂”孔外安装指腕臂底座和拉杆底座至少有一个在预留孔外。

（4）接触悬挂采用全补偿简单链形悬挂。支柱接触悬挂安装（包括腕臂底座安装）、双线隧道内接触悬挂安装中，支持装置分为“拉杆、腕臂形式”和“平、斜腕臂形式”，单线隧道接触悬挂按“水平悬挂”考虑。应按照设计选用相应定额。

（三）支柱接触悬挂装配工程量计算方法

（1）支柱接触悬挂装配以“处”计算。

（2）支柱装配和底座安装应配套使用。

七、隧道接触悬挂安装工程预算

（一）隧道接触悬挂安装工程概况

隧道接触悬挂安装示意图如图 6-3 所示。

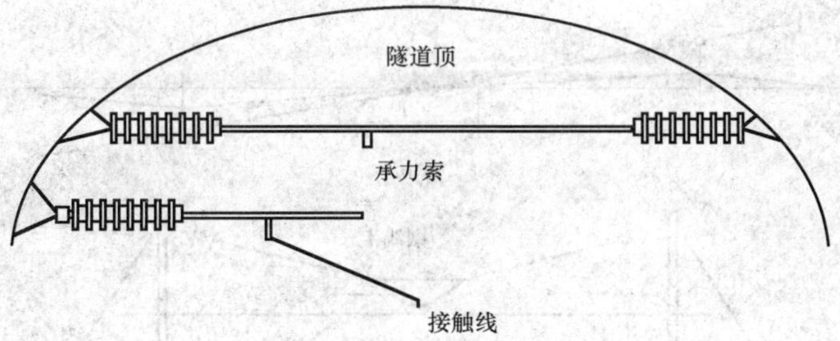

图 6-3　隧道接触悬挂安装示意图

（二）隧道接触悬挂安装工程的主要内容

（1）工作内容。测量，预配、绝缘子防污包扎，倒道，运行，安装，调整。

（2）工程项目区分。

1）按隧道类型分：单线隧道、双线隧道、单线棚洞。

2）按悬挂方式和部位分：水平悬挂、锚段关节、斜腕臂、平腕臂。

3）根据直线、曲线及半径区分：$R<1500$、$R<1500$ 双压管、$R\geqslant1500$。

（3）隧道内及隧道口施工项目中，有关双线隧道定额包括上、下行。

（三）隧道接触悬挂安装工程量计算方法

（1）隧道接触悬挂安装按单、双线隧道及接触网悬挂类型、支持结构形式，以“处”计算。

（2）双线隧道接触悬挂安装定额均包括上、下行线的安装，不得重复计算。

（3）定额未含双线隧道绝缘锚段关节，当实际发生时应另行计算。

（4）定额中已含绝缘子安装，不得重复计算。

八、下锚装配及拉线安装工程预算

（一）下锚装配及拉线安装工程概况

（1）中心锚结。

1）中心锚结的作用：为防止接触悬挂在温度变化或其他因素作用下发生来回窜动或断线，缩小事故范围、减少温度变化引起的线索张力差、增加悬挂弹性均匀性，应在锚段中部适当位置安设中心锚结。

2）中心锚结的分类。

悬挂形式不同，中心锚结的结构也不相同。

根据悬挂形式中心锚结可分为简单悬挂中心锚结、半补偿链形悬挂中心锚结、全补偿链形悬挂中心锚结。

根据安装位置可分为跨中式和支柱两跨式。

直线区段简单悬挂的中心锚结示意图如图 6-4 所示。

在曲线区段，由于曲线引起接触悬挂横向偏移，造成线索张力差，若将中心锚结仍放置在跨距中间，中心锚结绳两端会因曲线偏移产生较大张力差，此时，应将中心锚结放置在支柱上形成一个八字形结构。

曲线区段简单悬挂中心锚结示意图如图 6-5 所示。

（2）补偿装置。补偿装置又称补偿器，它处在锚段两端，能自动补偿接触线或承力索内

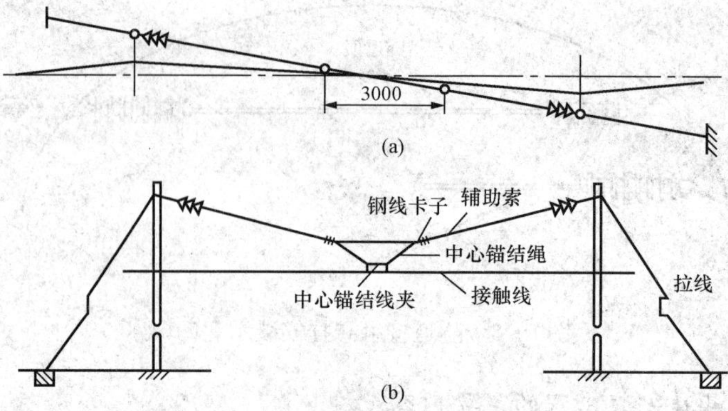

图 6-4　直线区段简单悬挂的中心锚结示意图
（a）平面图；（b）立面图

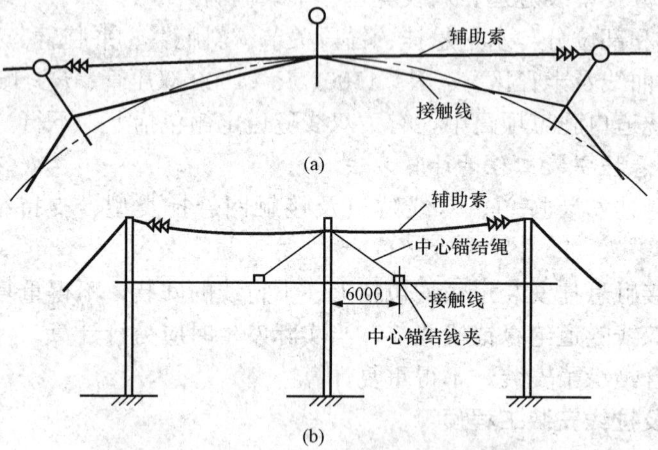

图 6-5　曲线区段简单悬挂中心锚结示意图
（a）平面图；（b）立面图

的张力，它是自动调整接触线或承力索张力的补偿器及其制动装置的总称，由滑轮和坠砣组成。其作用是温度变化时，线索受温度影响而伸长或缩短，由于补偿器坠砣的重量作用，可使线索沿线路方向移动而自动调整线索张力，使张力恒定不变，并借以保持线索的弛度满足要求。

补偿装置（补偿器）由补偿滑轮、补偿绳、杠杆、坠砣杆和坠砣组成。

补偿装置根据悬挂形式分为半补偿链形悬挂、全补偿链形悬挂。

补偿装置根据结构分为滑轮补偿装置、棘轮式补偿装置、鼓轮并联补偿装置、弹簧补偿装置、液压补偿装置。

滑轮补偿装置如图 6-6 所示。

（二）下锚装配及拉线安装工程的主要内容

（1）工作内容。

1）拉线安装包括：预配、写号、安装、调整。

2）下锚装配包括：预配，安装，补偿下锚包括补偿装置，限制架安装，临时绑扎固定。

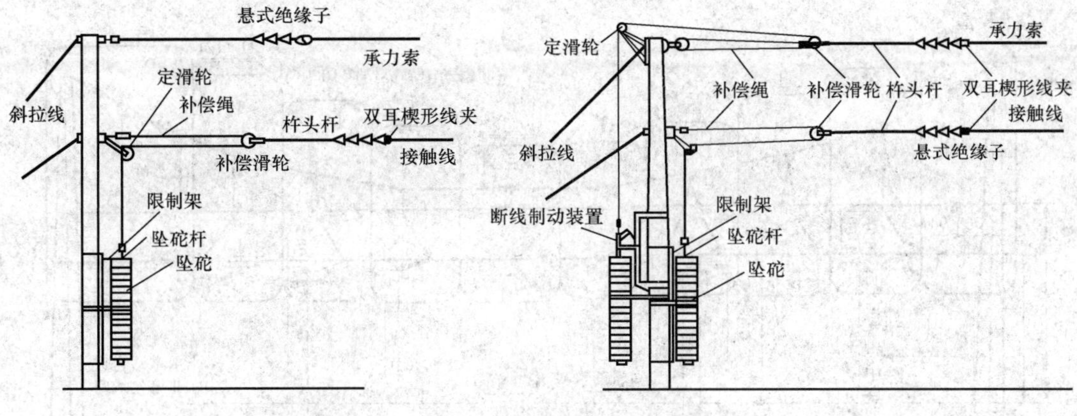

图 6-6　滑轮补偿装置

(a) 半补偿链形悬挂；(b) 全补偿链形悬挂

支柱拉线安装项目区分单拉线、双拉线；

下锚装配安装项目分为中心锚结安装、无补偿下锚、全补偿下锚、隧道口下锚装配、单线隧道下锚、双线隧道下锚、正线全补偿下锚、车库前下锚。还区分混凝土柱、钢柱、圆柱下锚。

(2) 拉线安装定额不包括锚板拉杆、承力索下锚角钢及接触线下锚角钢安装。

(3) 车库前下锚定额，适用于中检库、定修库的装配。新线按有预埋件考虑；既有线车库前下锚打孔、浇注可采用隧道内打孔浇注有关定额。

(4) 接触网下锚补偿装置按成套滑轮组考虑。

(5) 隧道内及隧道口施工项目中，有关双线隧道定额包括上、下行。

(6) 隧道外接触悬挂下锚安装定额中的材料不包括绝缘子。使用时应根据具体工程设计，选用“第十节隧道外接触悬挂绝缘子预配”中的相应定额。

(三) 下锚装配及拉线安装工程量计算

(1) 下锚装配及拉线安装以“处”计算。

(2) 双线隧道下锚装配定额均已含上、下行线的安装，不得重复计算。

(3) 隧道外补偿器按成套装置考虑。

九、软横跨、硬横跨节点安装工程预算

(一) 软横跨、硬横跨概况

接触网的支持方式分为：腕臂支持方式、软横跨支持方式（见图 6-7）、硬横跨支持方式（见图 6-8）、桥隧支持方式。

(二) 软横跨、硬横跨节点安装工程的主要内容

(1) 工作内容。软横跨、硬横跨节点安装工程、测量计算、检查、预配、写号、安装、调整。

(2) 工程项目区分。链形悬挂软横跨单横承力索、双横承力索、定位软横跨节点；节点 1、节点 2、节点 3、节点 4、节点 5、节点 6、节点 7、节点 8、节点 9、节点 11、节点 12、节点 13。

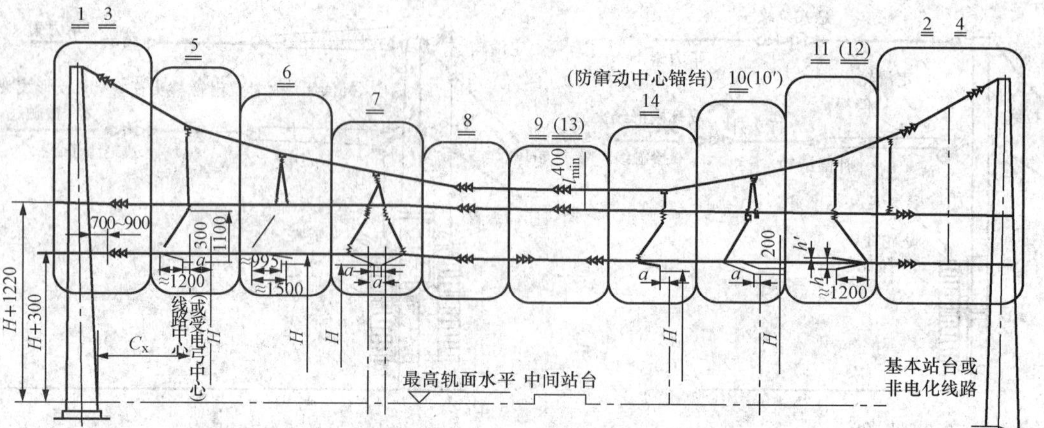

图 6-7　软横跨支持方式

图 6-8　硬横跨支持方式

链形悬挂钢柱硬横跨节点 Y1、Y2、Y3、Y4、Y5、Y6、Y7、Y8。

（3）隧道外软横跨及硬横梁节点安装定额中的材料不包括绝缘子。使用时应根据具体工程设计，选用“十、隧道外接触悬挂绝缘子预配工程预算”中的相应定额。

（三）软横跨、硬横跨节点安装工程量计算

（1）软、硬横跨节点安装，按单、双承力索和节点型号以“组”计算。

（2）定额中硬横跨节点安装为简支梁、定位绳形式安装。当设计采用刚性硬横梁、中间立柱安装形式时应选用补充定额第四册。

（3）定额中已考虑定位绳弹簧补偿器和悬吊滑轮防磨条，不得重复计算。

十、隧道外接触悬挂绝缘子预配工程预算

（一）隧道外接触悬挂绝缘子预配安装工程的主要内容

（1）支柱装配（拉杆、腕臂形式）。支柱装配（拉杆、腕臂形）包括：绝缘子防尘、防污包扎、预配。安装项目区分如下。

1）重污和双重。

2）直线、曲外、曲内 $R1200\sim4000$ 中间柱；曲内中间柱 $R300\sim1000$；曲内中间柱 $R300\sim1000$ 双压管；ZF、QNF $R1200\sim4000$；QWF、曲外中心柱；QNF $R900\sim1000$、曲内中心柱；QNF $R300\sim800$；ZJ、QNJ $R1200\sim4000$；QWJ；QNJ $R900\sim1000$；QNJ $R300\sim800$；Y、LY 型道岔柱、道岔定位柱；双线路腕臂［SX-04、SX（Y）-04；SX-05、SX（Y）-05；SX-43、SX（Y）-43］。

（2）支柱装配（平、斜腕臂形式）。平、斜腕臂形式支柱装配包括绝缘子防尘、防污包扎、预配。安装项目区分如下。

1）重污和双重。

2）直线、曲外、曲内 R300～1000 中间柱；曲内中间柱 R300～1000 双压管；ZF、QNF R1200～4000；QWF、曲外中心柱、中心柱；QNF R900～1000、曲内中心柱；QNF R300～800；ZJ、QNJ R1200～4000；QWJ；QNJ R900～1000；QNJ R300～800；Y、LY 型道岔柱、道岔定位柱；双线路腕臂［SX-04、SX(Y)-04；SX-05、SX(Y)-05；SX-43、SX(Y)-43］。

（3）下锚及软、硬横跨节点。下锚及软、硬横跨节点工作内容包括绝缘子防尘、防污包扎、预配。安装项目区分如下。

1）中心锚结下锚区分重污、双重；

2）全补偿下锚区分重污、双重；

3）软横跨节点区分节点（1、2、3、4）分为重污、双重；节点 13、节点 9、节点 8、D8、重污；

4）硬横梁节点分为 Y1；Y8；（Y3、Y4、Y6）；Y5；（Y2、Y7）。

（二）安装工程量计算

隧道外接触悬挂绝缘子预配安装工程量按设计选型，以“处”计算。

十一、架线安装工程预算

（一）架线安装工程概况

（1）架空式接触网的悬挂类型大致为三种：简单悬挂、链形悬挂、刚体悬挂。不同的类型其电线粗细、条数、张力都是不一样的。架空线的悬挂方式，要根据架线区的列车速度、电流容量等输送条件以及架设环境进行综合勘察来决定要采取什么方式。

（2）地面架空式接触网组成。

1）接触悬挂：由承力索、吊弦、接触导线组成，直接与受电弓接触，并能保持良好接触性能。

2）支持系统：由腕臂、拉杆和绝缘子组成，支持接触悬挂。

3）定位装置：由定位器和定位管组成，保证接触导线与受电弓的相对位置在规定范围内。

4）支柱和基础：承受接触悬挂和支持定位装置的负荷，固定接触悬挂高度。

（3）架设导线的种类，包括：承力索、接触线、附加导线。

（二）架线安装工程的主要内容

（1）架线安装工程工作内容。

1）机械架线：起锚、放线、紧线、接头、终锚、倒鞍子。

2）人工架线：配线盘、安置线盘、挂滑轮、放线、紧线、接头、固定。

（2）架线安装项目区分为机械架线和人工架线。按架设导线种类区分：

1）承力索，LXGJ-80、LXGJ-200、THJ-50、THJ-70、THJ-95、TJ-95、TJ-127。

2）接触线，CTHA-120、CTHA-110、CTHA-85、TCG110、TCG85；接触线断面形状如图 6-9 所示。

3）附加导线：LGJ-70、LGJ-95、LGJ-120、LGJ-185、LGJ-240。

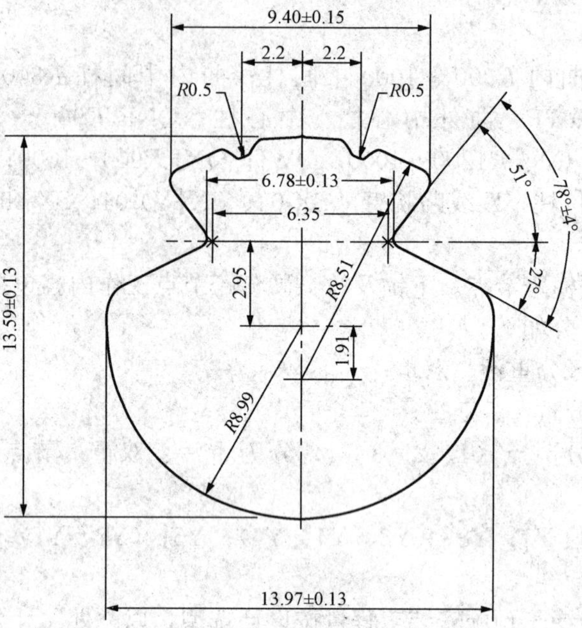

图 6-9　接触线断面形状

（三）架线安装工程量计算

（1）架线按设计的长度，以“条公里”计算。

（2）接触线设计长度应考虑工艺要求的预留长度。预留长度按锚段长度的 3%计算。

（3）承力索、附加导线长度按锚段长度和预留长度之和计算。

1）转角下锚时预留长度为 2.5m/根。

2）终端下锚时预留长度为 2.0m/根。

十二、悬挂调整工程预算

（一）悬挂调整工程的主要内容

（1）悬挂调整工作内容。

1）接触悬挂调整：吊弦预配、安装，调整锚段关节，补偿装置，调整承力索，调整接触线高度，弛度，拉出值，导线面的平整及消除硬点。

2）中心锚结、线岔、电连接：预制，安装，调整。

3）分段、分相绝缘器：预配，包扎绝缘件，安装，调试，绝缘制作。

（2）悬挂调整工程项目区分。

1）定位器调整、中心锚结调整、隧道内锚段关节调整、接触线及承力索调整；

2）中心锚结区分站场 14 节点、隧道外、隧道内单线和双线；

3）安装、调整环节吊弦区分隧道外、隧道内；

4）整体吊弦安装区分隧道外、隧道内；

5）悬挂调整区分线岔、分段绝缘器、分相绝缘器；

6）电连接区分铜接触线（关节线岔、三股道、四股道、五股道、六股道、避雷器、横向、单极开关、双极开关、分段处开关），加绝缘（承力索，导线，承力索、导线）。

（二）悬挂调整安装工程量计算

接触线及承力索调整、吊弦安装调整按设计长度，以“条公里”计算，其他均以“处”计算。

十三、设备安装工程预算

（一）设备安装工程的主要内容

(1) 设备安装工作内容。

1）隔离开关、避雷器：开箱、清扫、打扫、调整、涂油、预配、安装、调试、绝缘子包扎。

2）吸流变压器：托架安装、调正、固定、安装避雷器及绝缘子，吸流变压器吊装、固定。

(2) 安装项目区分。

1）单极隔离开关区分 GW4-10、GW4-25、630T、1250T、630TD 型；区分隧道内、钢柱、圆柱上安装；

2）双极隔离开关区分 GW4-25、630T、1250T 型钢柱上安装；

3）双极隔离开关区分 GW4-27、630T、1250T 型圆柱上安装；

4）隔离开关处跳线肩架安装；

5）吸流变压器台安装区分Ⅰ型、Ⅱ型；

6）吸流变压器调试；

7）氧化锌避雷器安装。

(3) 隔离开关跳线肩架定额已含电连接线安装。

（二）设备安装工程量计算

设备安装以“台（处）”计算。

十四、接地安装工程预算

（一）接地安装工程的主要内容

(1) 接地安装工程工作内容。

1）接地线：测量、预制、涂油漆、安装接地线夹。

2）接地极：制作、敷设、焊接、涂油，接地极沟开挖、回填、夯实。

3）接地跳线：测量、预制、涂油，安装跳线肩架及连线。

(2) 安装项目区分。

1）接地线安装区分下部地线接钢轨分无火花间隙、有火花间隙；区分混凝土柱、钢柱；还有地线穿过一股道。

2）接地连线区分上部连线腕臂柱上；中部连线包括有设备、无设备；混凝土软横跨柱。

3）接地线区分隧道口、上挡墙安装。

4）隧道内接地线区分一般悬挂包括上部引线和锚段关节各节点；一般悬挂的下部引线接钢轨；火花间隙安装。

5）双线隧道内接地线区分全补偿悬挂、中心锚结、全补偿下锚。

6）接地极安装区分土方、石方；还区分本体、坑深 10m。

7）加盐降阻。

8）接地跳线区分中间柱、转换柱、软横跨柱、锚柱。

（二）接地安装工程量计算

接地安装以“处”计算。

十五、回流线安装工程预算

（一）回流线安装工程的主要内容

（1）工作内容。回流线安装工程包括预配、安装、绑扎绝缘子、调整。

（2）项目区分。

1）肩架安装：柱顶单支；单支肩架、双支肩架、单支长肩架、双支长肩架、单支转角、双支转角、单支跨越有接头、单支跨越无接头、双支跨越有接头、单支下锚转换、双支下锚转换、单支终端下锚、双支终端下锚、隧道内单肩架、隧道内双肩架、单支终端下锚、单支对向连接、上挡墙肩架、挡墙终端下锚、隧道口单支下锚、隧道口换边、下承桥单肩架、下承桥双肩架。

2）附加导线调整。

3）吸上线安装（或 CPW 线）区分水平吸上线、隧道外垂直吸上线接钢轨、隧道外垂直吸上线接扼流圈、隧道内吸上线。

（二）回流线安装工程量计算

回流线安装分为单支和双支回流线安装，以“处”计算。

回流线安装定额中的附加导线悬挂调整，也适用于供电线、正馈线、保护线(N 线)、加强线及架空地线。

十六、供电线安装工程预算

（一）供电线安装工程的主要内容

（1）供电线安装工程的工作内容：预配、绑临时升高吊架及拆除，吊装、安装，绝缘子除尘、包扎。

供电线安装工程项目区分为以下项目：

1）单肩架；

2）双肩架；

3）单支增高肩架、双支增高肩架；

4）双重绝缘增加零件区分单支、双支；

5）单支转角下锚区分转角≥90°、转角＜90°；

6）单支对向下锚区分无转角、有转角；

7）单支下锚连网区分无肩架、有肩架；

8）双支对向下锚区分无转角、有转角；

9）双支下锚区分并转角、两侧转角、一支转角、一支连网、一支对向连、并连网。

（2）供电线与正馈线、N 线、保护线合架工作内容：预配，绑临时升高吊架及拆除，吊装，安装，绝缘子除尘，包扎。

供电线与正馈线、N 线、保护线合架工程项目区分为：

1）AF、F 下锚并转角；

2）AF、F 下锚、AF 转角、F 连网；

3）AF、F（PW）跨网；

4）AF、F、N 跨网；

5）AF、F 转角、N 连 PW；

6）AF 转角、F 连网、N 连 PW；

7）AF、F 下锚并转角；

8）AF、F 下锚、AF 转角、F 连网；

9）AF、F（PW）跨网；

10）AF、F、N 跨网；

11）AF、F 转角、N 连 PW；

12）AF 转角、F 连网、N 连 PW；

13）F 连网，AF、N 连既有 AF、PW；

14）AF 贯通 AF，N 连 PW，F 连网；

15）接地跳线区分合架供电线支柱分为钢芯铝绞线、电缆。

（二）供电线安装工程量计算

（1）供电线安装以“处”计算。

（2）供电线安装包括单支和双支供电线安装。

（3）当设计采用的形式与本定额中供电线与正馈线、N 线、保护线合架的形式不符时，应另行计算。

十七、加强线安装工程预算

（一）加强线安装工程的主要内容

（1）工作内容。加强线安装工程包括：预配、安装、调整、绝缘子除尘、包扎。

（2）项目区分。

1）同侧与网合架、下承桥与网合架；

2）隧道内肩架安装区分：一般悬挂与网合架、锚段关节与网合架、单独悬挂中心锚结处、单独悬挂悬挂点、单独悬挂定位点。

（二）加强线安装工程量计算

（1）加强线安装以“处”计算。

（2）当加强线在隧道外单独架设时，选用按本定额有关子目另计。

十八、正馈线、保护线安装工程预算

（一）正馈线、保护线安装工程的主要内容

（1）工作内容。正馈线、保护线安装工程包括预配、安装、调整、固定、绝缘子除尘、包扎。

（2）项目区分。

1）AF，PW 肩架区分混 PW 不绝缘和 PW 绝缘凝土柱、钢柱、圆柱；

2）AF，PW 长肩架区分 PW 不绝缘和 PW 绝缘混凝土柱、钢柱；

3）AF，PW 平头肩架区分 PW 不绝缘和 PW 绝缘混凝土柱；

4）AF，PW 对向下锚区分混凝土柱、圆柱；

5）AF，PW 下锚转向跨越区分 A 型（混凝土柱；圆柱）、B 型（混凝土柱；圆柱）；

6）PW 肩架区分混凝土柱、钢柱、圆柱；

7）PW 下锚跨越区分混凝土柱、圆柱；

8）PW 终端下锚区分混凝土柱、圆柱；

9）双线隧道内区分悬挂（AF；PF）、AF对向下锚、PW对向下锚；

10）双线隧道口区分AF下锚转换、PW下锚转换。

（二）正馈线、保护线安装工程量计算

正馈线、保护线以“处”计算。

十九、架空地线安装工程预算

（一）架空地线安装工程的主要内容

（1）工作内容。架空地线安装工程包括领料、预配、小运、安装、调整。

（2）项目区分。

1）柱顶安装区分混凝土柱、钢柱、圆柱；

2）肩架安装区分混凝土柱、钢柱；

3）终端下锚区分混凝土柱、钢柱、圆柱；

4）对向下锚区分混凝土柱、钢柱；

5）保安器安装。

（二）架空地线安装工程量计算

架空地线安装以“处”计算，定额中含保安器安装。

二十、其他安装工程预算

（一）防护工程

（1）工作内容。

1）支柱防护：拌制砂浆、砌筑片石、养护，回填。

2）防护栅：下料、焊接、涂漆，安装。

3）绝缘子包扎拆除清洗：拆除绝缘子包扎物，清洗污秽物。

4）作业台：下料、焊接、刷漆，吊装及拆除。

（2）项目区分。

1）混凝土柱支柱防护、钢柱支柱防护；

2）立交桥防护栅制作安装、腕臂柱防护栅制作安装；

3）绝缘子包扎拆除清洗；

4）作业台制作吊装拆除。

（二）标志牌、号码牌安装工程的主要内容

（1）工作内容。

1）号码牌：编排支柱号码，轨面红线标记、号码牌安装。

2）高压危险牌：确定位置、安装。

3）限界门、安全作业、终端警告标志牌：确定位置、安装。

4）断合、禁止双弓标志牌：确定位置，挖坑，拌制砂浆，标志牌柱体及标志牌安装、回填夯实。

（2）项目区分。

1）混凝土柱、圆柱、钢柱标志牌号码牌。

2）混凝土柱、吸流变钢柱、隧道内开关高压危险牌。

3）限界门标志牌、安全作业牌、终端警告牌。

4）断合标志牌、禁止双弓标志牌（区分单线、双线）。

（三）冷、热滑试验工作内容

(1) 冷（热）滑试验：冷（热）滑列车按低速、常速、设计速度运行，观察、测试、记录。

(2) 冷（热）滑后调整：调整、处理各次冷（热）滑中发现的问题，达到开通送电程度。开通前测试，值班巡回，正常情况下故障处理，抢修待命。

项目区分接触悬挂冷滑试验、冷滑后调整、热滑试验、热滑后调整。

（四）其他安装工程量计算

(1) 支柱防护以“处”计算。本定额按浆砌片石考虑，当采用其他材料时应另行计算。

(2) 防护栅制作安装以“处”计算。本定额中立交桥和腕臂柱防护栅分别按 $6m^2$ 处和 $2m^2$ 处考虑，当实际尺寸与本定额不符时应另行计算。

(3) 绝缘子包扎拆除、清洗以“串”计算。

(4) 号码牌、高压危险牌安装以“块”计算。其中号码牌已包括与支柱连接的肩架，使用时不得重复计算。

(5) 限界门标志牌以“处”计算，每处包括 8 块限界门标志板。

(6) 断合、禁止双弓以“组”计算，每处电分相为 1 组。应按单、双线及行车速度分别选用。

(7) 冷、热滑试验以“条公里”计算。

二十一、拆除工程预算

（一）拆除工程主要内容

(1) 凿除混凝土、钢筋混凝土基础。

1) 工作内容：凿除、人力打眼、爆破、清理等。

2) 项目区分人力凿除混凝土基础、爆破凿除混凝土基础、人力凿除钢筋混凝土基础、爆破凿除钢筋混凝土基础。

(2) 拆除砌石。

1) 工作内容：凿眼、撬动、运出、堆放、搭拆跳板。

2) 项目区分人力拆除干砌片石；人力拆除浆砌片石。

（二）拆除工程量计算

(1) 拆除工程应严格按照施工方案计算拆除工程量。

(2) 拆除混凝土、钢筋混凝土基础或砌石按设计的拆除体积计算。

(3) 其他拆除工程按本说明第一部分综合说明执行。

第二节 接触网工程定额使用说明

一、接触网工程定额使用说明

(1) 基坑开挖中“埋深增减 0.6m”子目适用于 H38～H93 型支柱埋深 3.6m 或埋深小于 3.0 的情况。

(2) 支柱基础片石含量为 20%。当设计的支柱基础体积（不含垫层）与本定额不符时，可采用本定额“基础体积增减 $1m^3$”子目调整。

(3) 定额中按占用线路机械作业编制的立杆、桥隧打孔浇注、支柱接触悬挂安装、软横跨硬横跨节点安装、下锚安装、隧道内安装、架线、悬挂调整及冷（热）滑试验（系统检测）等施工项目，按照封锁线路作业考虑。当封锁线路作业的项目（即人工电算代号为10的子目）用于营业线接触网工程时，工天、机械台班消耗见表6-1。

表6-1　　　　接触网封闭线路施工工天、机械台班调整系数表

工程项目	出车2次/日	出车1次/日
既有线增建接触网（不含架线）	1.240	2.170
既有线接触网改造（不含架线）	1.900	3.325
导线架设	1.500	3.00

（4）除定额所列工作内容外，既有线接触网改造工作内容还包括停电、验电接地，恢复开通。

（5）当营业线封锁线路作业时，有轨道车的子目，其轨道车台班另增45%，没有轨道车的子目，按电气化作业车台班数量的45%另计210kW轨道车台班数量。

（6）接触悬挂采用全补偿简单链形悬挂。支柱接触悬挂安装（包括腕臂底座安装）、双线隧道内接触悬挂安装中，支持装置分为“拉杆、腕臂形式”和“平、斜腕臂形式”，单线隧道接触悬挂按“水平悬挂”考虑。应按照设计选用相应定额。

（7）隧道外接触悬挂下锚、软横跨及硬横梁节点安装定额中的材料不包括绝缘子。使用时应根据具体工程设计，选用“第十节隧道外接触悬挂绝缘子预配”中的相应定额。

（8）隧道内及隧道口施工项目中，有关双线隧道定额包括上、下行。

（9）其他。

1）基坑开挖定额不适用于连续机械排水的涌水基坑。当遇到水坑时，按下列规定计算。①人工一次将水淘干后，当天不需要再淘水即可正常施工的弱水流坑，人工乘以系数1.10；②用水泵抽水及人工将水淘干后，施工中仍需继续淘水的中水流坑，人工乘以系数1.10，抽水机械选用单级离心清水泵（≤12.5m^3/h　20m）（电算代号9105301），按每坑0.2台班计算；③必须用水泵不间断抽水才能保证施工的强水流坑，人工乘以系数1.2，抽水机械单级离心清水泵（电算代号9105301）按每坑0.35台班计算。

2）钢柱（包括桥钢柱）按照整体镀锌钢柱考虑。桥支架、桥接腿节数按3、4节考虑。立杆定额中包括大限界支柱腕臂底座框架安装。

3）支柱接触悬挂安装（桥钢柱接触悬挂安装除外）定额，腕臂底座和支持装置（腕臂、定位管等）分别编列，使用时应配套使用。“斜腕臂”孔外安装指腕臂底座和拉杆底座至少有一个在预留孔外。

4）拉线安装定额不包括锚板拉杆、承力索下锚角钢及接触线下锚角钢安装。

5）回流线安装定额中的附加导线悬挂调整，也适用于供电线、正馈线、保护线（N线）、加强线及架空地线。

6）不再考虑接触悬挂涂油工艺。

7）车库前下锚定额，适用于中检库、定修库的装配。新线按有预埋件考虑；既有线车库前下锚打孔、浇注可采用隧道内打孔浇注有关定额。

8）接触网下锚补偿装置按成套滑轮组考虑。

9）隔离开关跳线肩架定额已含电连接线安装。

10）定额项目名称中的符号表示意义见表6-2。

表6-2 定额项目名称中符号意义表

项 目	符 号	表 示 意 义
基坑开挖	J13-、J15-	分别为13、15m钢柱基坑
	HJ13-、HJ15-	分别为13、15m混凝土柱基坑
基础浇制	J13-（K）、J15-（Π）	分别为13、15m钢柱基础
	HJ13-、HJ15-	分别为13、15m大容量柱基础
立杆	H	横腹杆式预应力钢筋混凝土接触网支柱，简称“混凝土柱”
	GQ	环形等径预应力钢筋混凝土接触网支柱，简称“圆杆”
隧道内锚段关节	3K、4K、ZS3K	单线三跨、四跨，双线三跨锚段关节
非绝缘锚段关节	ZF、QWF、QNF	直线、曲外、曲内非绝缘转换柱
绝缘锚段关节	ZJ、QWJ、QNJ	直线、曲外、曲内绝缘转换柱
架线	TCG、CTHA	铜、铜银合金电车线
	TJ、LJ、LXGJ、THJ	分别为硬铜绞线、硬铝绞线、镀铝锌钢绞线和铜合金绞线
附加导线安装	F、AF、PW、N、GW	分别为供电线、正馈线、保护线、中性线和架空地线

二、工程量计算规则

（1）基坑开挖。

1）基坑开挖按设计的不同基坑类型以“个”计算。

2）基坑开挖的土质划分为硬土（个别流沙坑）、软石、次坚石和坚石。一个基坑的土质应以大部分土质确定。如：一个基坑大部分为软石，少部分为次坚石时，则该坑应按软石计算。

（2）基础浇制按设计的不同基础类型以“个”计算。

（3）立杆。

1）立杆（包括硬横梁架设）按设计采用的杆型以“根”计算。

2）本定额中的硬横梁为简支梁，当设计采用刚性连接的硬横梁时应选用补充定额第四册。

（4）支柱整正、回填。支柱以“根”计算，横卧板、锚板、底板以“块”计算，培土、砌石以“m^3”计算。

（5）桥隧打孔、浇筑。

1）桥隧打孔、浇筑按设计的桥支柱类型及隧道内悬挂类型，以“处”计算。

2）双线隧道“1处”包括上、下行线，不得重复计算。

（6）支柱接触悬挂装配。

1）支柱接触悬挂装配以“处”计算。

2）支柱装配和底座安装应配套使用。

（7）隧道接触悬挂安装。

1）隧道接触悬挂安装按单、双线隧道及接触网悬挂类型、支持结构形式，以“处”计算。

2）双线隧道接触悬挂安装定额均包括上、下行线的安装，不得重复计算。

3）定额未含双线隧道绝缘锚段关节，当实际发生时应另行计算。

4）定额中已含绝缘子安装，不得重复计算。

（8）下锚装配及拉线安装。

1）下锚装配及拉线安装以“处”计算。

2）双线隧道下锚装配定额均已含上、下行线的安装，不得重复计算。

3）隧道外补偿器按成套装置考虑。

（9）软、硬横跨节点安装。

1）软、硬横跨节点安装，按单、双承力索和节点型号以“组”计算。

2）定额中硬横跨节点安装为包括简定位绳形式和中间立柱形式。

3）定额中已考虑定位绳弹簧补偿器和悬吊滑轮防磨条，不得重复计算。

（10）隧道外接触悬挂绝缘子预配按设计选型，以“处”计算。

（11）架线。

接触线、承力索架设包括机械架线和恒张力架线，应按设计选用。

1）架线按设计的长度，以“条公里”计算。

2）承力索、附加导线长度按锚段长度和预留长度之和计算。①转角下锚时预留长度为2.5m/根；②终端下锚时预留长度为2.0m/根。

（12）悬挂调整。接触线及承力索调整、吊弦安装调整按设计长度，以“条公里”计算，其他均以“处”计算。

（13）设备安装以“台（处）”计算。

（14）接地安装以“处”计算。

（15）回流线安装分为单支和双支回流线安装，以“处”计算。

（16）供电线安装。

1）供电线安装以“处”计算。

2）供电线安装包括单支和双支供电线安装。

3）当设计采用的形式与本定额中供电线与正馈线、N线、保护线合架的形式不符时，应另行计算。

（17）加强线安装。

1）加强线安装以“处”计算。

2）当加强线在隧道外单独架设时，选用按本定额有关子目另计。

（18）正馈线、保护线以“处”计算位。

（19）架空地线安装以“处”计算，定额中含保安器安装。

（20）其他。

1）支柱防护以“处”计算。本定额按浆砌片石考虑，当采用其他材料时应另行计算。

2）防护栅制作安装以“处”计算。本定额中立交桥和腕臂柱防护栅分别按 $6m^2$/处和 $2m^2$/处考虑，当实际尺寸与本定额不符时应另行计算。

3）绝缘子包扎拆除、清洗以“串”计算。

4）号码牌、高压危险牌安装以“块”计算。其中号码牌已包括与支柱连接的肩架，使用时不得重复计算。

5）限界门标志牌以“处”计算，每处包括8块限界门标志板。

6）断合、禁止双弓以“组”计算，每处电分相为1组。应按单、双线及行车速度分别选用。

7）冷、热滑试验以“条公里”计算。

(21）拆除工程。

1）拆除工程应严格按照施工方案计算拆除工程量。

2）拆除混凝土、钢筋混凝土基础或砌石按设计的拆除体积计算。

3）其他拆除工程按本说明第一部分综合说明执行。

第七章　牵引变电工程预算

第一节　牵引变电工程分项预算

一、基础、架构及母线安装工程预算

（一）基础、架构及母线安装工程概况

（1）牵引变电所：牵引供电系统的主要用电对象是电力机车或电动车组，即牵引用电。为确保牵引供电的质量，牵引变电所的设置（数量、位置）和容量应该按远期列车编组，运行密度进行牵引供电计算后确定。

（2）牵引变电所主要电气设备：包括变压器、断路器、隔离开关、母线、熔断器、电压互感器、电流互感器、避雷器、整流器等。

（3）母线：一种汇合和分配电能的导线。室外常用软质母线，如钢芯铝绞线；室内则采用硬质母线，如铝排。

母线常用颜色标记识别，在三相交流系统中：黄色——A 相，绿色——B 相，红色——C 相。在直流系统中：红色——正极，蓝色——负极，黑色——零线及接地线。

（4）电气主接线：由变压器、断路器、隔离开关、母线等电气设备及连接导线组成的接受分配电能的电路。

电气主接线反映变电所的基本结构和功能，在运行中，表达电能输送的分配的关系，成为实际运行操作的依据。

主接线型式分为单母线型主接线、双母线型主接线和桥型主接线。

（二）基础、架构及母线安装工程的主要内容

1. 基坑开挖

（1）基坑开挖工作内容。

1）土坑：开挖、抛土、修正，装、拆挡土板，清理坑底、排水。

2）石坑：打眼、放炮、清理。

（2）项目区分。

1）基坑类型：普通土坑、硬土坑、软石坑、次坚石坑、坚石坑、普通水坑。

2）基坑深度分为：深≤2.0m、深＞2.0m。

3）水坑：指在开挖中有水涌出，需要用机械连续排水才能施工的基坑。不包括经排除后不再出水的情况。

2. 基坑处理

（1）工作内容。

1）钢筋混凝土垫板安装：清理坑底、放垫板、找平。

2）夯填 3∶7 灰土：拌和、夯填、整平。

3）混凝土垫层：平整、夯实，混凝土拌制、浇筑、捣固及养护。

4）浆砌片石垫层：平整、夯实，砂浆拌制、砌片石、养护。

5）架构散水浇制：打灰土垫层、夯实、混凝土搅拌、浇制、抹面、养护。

（2）项目区分。

1）钢筋混凝土垫板安装，单位：10块。

2）夯填3∶7灰土，单位：$10m^3$。

3）混凝土垫层C15，单位：m^3。

4）浆砌片石垫层砌筑，单位：m^3。

5）架构散水浇制，单位：个。

3. 基础浇制

（1）工作内容。

1）混凝土基础浇制：模板安装及拆除，混凝土搅拌、浇制、捣固、养护及基面抹平，安装地脚螺栓及预埋件。

2）钢筋混凝土基础浇制：模板安装及拆除，钢筋下料、绑扎、安装，混凝土搅拌、浇制、捣固、养护及基面抹平，安装地脚螺栓及预埋件。

3）排油坑砌筑：砂浆拌制、砌砖、抹面、集油井盖板安装、刷油，投放卵石、堆码平整。

（2）项目区分。

1）单杆基础：J-1、J-2、J-3、J-4。

2）双杆基础杆距0.5m：J-14、J-15、J-16、J-17。

3）双杆基础：J-18。

4）双杆基础杆距1.0m：J-19、J-20、J-21。

5）支架基础。

6）转角架构基础。

7）110kV架构人字柱基础。

8）220kV架构人字柱基础。

9）避雷针基础按高度区分：20、25、30m。

10）110kV主变压器基础（含排油坑）按容量区分：10 000～15 000、20 000～25 000、31 500～50 000、63 000、75 000kVA。

11）自耦变压器基础（含排油坑）按容量区分：2 000～10 000kVA。

12）动力变压器基础（含排油坑）按容量区分：1 000kVA。

13）所用电变压器基础（含排油坑）按容量区分：55kV 100kVA、110kV DJ-50。

14）220kV主变压器基础（含排油坑）按容量区分：20 000～25 000、31 500～50 000、63 000、75 000kVA。

15）电抗器基础（含排油坑）区分：铁心式电抗器、空心式电抗器。

16）110kV断路器基础区分：少油断路器、SF_6罐式断路器、SF_6立式断路器。

17）55kV断路器基础区分：SF_6立式断路器、真空断路器。

18）220kV设备基础区分：SF_6立式断路器、互感器、隔离开关。

19）避雷器基础按电压等级区分：110、220kV。

4. 事故油井

（1）工作内容：钢筋制作、绑扎、定位，混凝土拌制、浇制、捣固及养护，砂浆拌制、抹面、养护，爬梯、井盖板安装、刷油。

（2）项目区分。

1）事故油井；

2）检查井。

5. 母线架构安装

（1）工作内容：排杆、焊接、坑底找平、立杆找正、混凝土搅拌、二次灌浆，安装、拆除临时拉线，杆顶铁件材料固定、安装横梁、爬梯、地线架、回填土、刷漆、接地。

220kV 牵引变电所架构定额按照水泥杆安装方式。

（2）项目区分。

1）12m ϕ400 进线架构钢横梁长度（12.0m）区分：H 形、Π 形、人字 H 形、人字 Π 形。

2）10m ϕ400 进线架构钢横梁长度（8.0m）区分：H 形、Π 形。

3）10m ϕ400 进线架构钢横梁长度（6.0m）Π 形架构。

4）10m ϕ300 区分：人字 H 形进线架构钢横梁长度（8.0m）、人字 Π 形架构钢横梁长度（10.0m）、Π 形架构钢横梁长度（8.0m）。

5）7.3m ϕ400Π 形架构按钢横梁长度区分：6.0、6.5、7.0、8.0、8.7、10.0m。

6）7.3m ϕ300Π 形架构按钢横梁长度区分：6.0、7.0、8.0、8.7m。

7）ϕ300Π 形架构钢横梁长度（5.5m）。

8）单杆架构按长度区分：10、7.3、5.5m；按直径区分：ϕ400、ϕ300mm。

6. 母线架构配件安装

（1）工作内容：组装、调整、焊接、刷漆。

（2）项目区分。

1）托架安装区分：单极隔离开关（27.5、55kV）托架、27.5kV 避雷器托架、35（60）kV绝缘子托架、保安器托架。

2）27.5kV 终端双线横担安装。

7. 设备支架安装

（1）工作内容：立杆、杆顶焊接、料具准备、安装调试、二次灌注、回填、刷漆、接地。

（2）项目区分。

1）隔离开关支架安装区分：220kV（三极、双极、单极）、110kV（三极、单极）、55kV（双极、单极）、55kV/27.5kV（双极、单极）、27.5kV（三极、单极）。

2）支架安装区分：互感器（110kV YH；110kV LH；JD-63YH；JD-35YH）支架、FZ-110J 避雷器（单台）支架；FZ-35 避雷器（单台、双台）支架、FZ-220J 单台避雷器支架、氧化锌避雷器支架、KLQ-35 抗雷圈及 FZ-35 避雷器支架、保安器支架、接地保护放电装置支架、主变压器中性点支架、支持绝缘子 110kV 三相支架。

8. 避雷针安装

（1）工作内容。

1）钢结构独立避雷针安装：组装、焊接、补漆、吊装、调整、避雷器加固，避雷引下线敷设、接地，回填土、夯实。

2）避雷针在烟囱上安装：打孔、埋设保护角钢，吊装、焊接、补漆、调整、避雷器加固，避雷引下线敷设、接地，基础抹面。

（2）项目区分。

1）钢结构独立避雷针安装按针高区分子目：20、25、30m。

2）避雷针在烟囱上安装。

9. 软母线安装

（1）工作内容：擦洗绝缘子、放线下料、金具绝缘子组合，架线、弛度测量、调整。

（2）项目区分。

1）220kV 软母线区分：LGJ-240、LGJ-400；单位：（跨/2 相）。

2）110kV 软母线区分：LGJ-120、LGJ-150、LGJ-185、LGJ-240；单位：（跨/3 相）。

3）55kV 软母线区分：LGJ-185、LGJ-240、LGJQ-300、LGJQ-400、2×LGJ-185；单位：（跨/2 相）。

4）27.5kV 软母线区分：2×LGJ-400；单位：（跨/单相）。

5）27.5kV 软母线区分：LGJ-185、LGJ-240、LGJQ-300、LGJQ-400、2×LGJ-185、2×LGJ-240；单位：（跨/2 相）。

6）10kV 软母线区分：LGJ-185、LGJ-240、LGJQ-300、LGJQ-400、2×LGJ-185、2×LGJ-240；单位：（跨/单相）。

10. 引下线、连接线及跳线安装

（1）工作内容：测量下料、线夹打眼、锉平、压接线夹、除锈、刷漆、安装、弛度调整。

（2）项目区分。

1）软母线引下线区分：LGJ-120、LGJ-150、LGJ-185、LGJ-240、LGJQ-300、LGJQ-400、2×LGJ-185、2×LGJ-240；单位：（处/3 相）。

2）设备连接线 LGJ-120；单位：（处/2 相）。

3）设备连接线区分：LGJ-150、LGJ-185、LGJ-240、LGJQ-300、LGJQ-400、2×LGJ-4185、2×LGJ-240、40×4 扁钢；单位：（处/3 相）。

4）跳线区分：LGJ-185、LGJ-240、LGJQ-300、LGJQ-400、2×LGJ-185、2×LGJ-240；单位：（处/2 相）。

（三）基础、架构及母线安装工程量计算

（1）基坑开挖根据上质，按设计开挖体积计算。

（2）基础浇制以“个”计算，其中变压器、自耦变压器及电抗器基础均包括排油坑砌制。

（3）母线架构、母线架构配件、设备支架安装数量均以“组”计算。

（4）避雷针安装以“个”计算。

（5）软母线及绝缘子。

1）软母线安装按软母线截面大小分别以“跨/3 相”计算。

2）引下线、跳线及设备连接线安装，按相应导线截面大小分别以“跨/3 相”计算。

3）软母线安装预留长度按表 7-1 所列长度计算。

表 7-1　软母线安装预留长度　m/根

项目	耐张	跳线	引下线、设备连接线
预留长度	2.50	0.60	0.80

4）软母线的安装定额按照单串绝缘子考虑，如设计为双串绝缘子时，定额中人工乘以系数1.08。

二、变压器安装工程预算

（一）变压器安装工程的主要内容

1. 变压器安装

（1）工作内容。开箱检查、本体就位、器身检查、油枕、散热器清洗、套管安装、附件安装，温度计、电风扇安装，补油、接地、补漆、渗油处理，基础螺栓安装，回填土，清理结尾。

（2）项目区分。

1）220/27.5kV电力变压器安装按容量区分：25 000、31 500、40 000、50 000、63 000、75 000kVA。

2）110/55kV、110/27.5kV电力变压器安装按容量区分：10 000、15 000、20 000、25 000、31 500、40 000、50 000、63 000、75 000kVA。

3）55/27.5kV自耦变压器安装按容量区分：2000、3150、4000、5000、6300、10 000kVA。

4）55/10kV、27.5/10kV动力变压器安装按容量区分：1000kVA。

5）所用电变压器室外安装区分：55/0.4kV100kVA、27.5/0.23kV50kVA杆上。

6）50kVA所用电变压器安装区分：室外安装（10/0.4kV杆上；110/0.23kV）、室内安装（27.5/0.4、27.5/0.23、10/0.4kV）。

7）电抗器安装。

2. 变压器干燥

（1）工作内容：准备、干燥及维护、检查、记录整理，清扫收尾及注油。

（2）项目区分。

1）110/55kV、110/27.5kV电力变压器干燥按容量区分：10 000、15 000、20 000、25 000、31 500、40 000、50 000、63 000、75 000kVA。

2）220/27.5kV电力变压器干燥按容量区分：25 000、31 500、40 000、50 000、63 000、75 000kVA。

3）55/27.5kV自耦变压器干燥按容量区分：2000、3150、4000、5000、6300、10000kVA。

4）55/10kV、27.5/10kV动力变压器干燥按容量区分：1000kVA。

5）55/0.4kV所用电变压器干燥按容量区分：100kVA。

6）电抗器干燥。

3. 变压器油过滤

（1）工作内容。接拆电源，滤油机、油罐、油盆准备，管路连接，裁纸、打眼、滤油纸烘干，滤油，取油样、耐压试验，清理收尾。

（2）项目区分：变压器油过滤。

（二）变压器安装工程量计算

（1）变压器安装，按不同容量以“台”计算。

（2）变压器通过试验，判定绝缘受潮时才需进行干燥，故只有需要干燥的变压器才能取此项费用，以“台”计算。

(3) 变压器油过滤不论过滤多少次，直到过滤合格为止，以“t”计算，具体计算方法如下。

1) 变压器安装定额未包括绝缘油的过滤，需要过滤时，可按制造厂提供的油量计算。

2) 断路器及其他充油设备的绝缘油过滤，可按制造厂规定的充油量计算。

计算公式：油过滤数量（t）＝设备油重（t）×［1＋损耗率（1.8%）］。

三、室内外设备安装工程预算

(一) 断路器安装

1. 户外断路器安装

(1) 工作内容：预埋螺栓、开箱检查、解体检查，清洗，搭、拆脚手架，本体安装、调整、配线，操动机构及传动装置安装、调整，注油、充气、接地、安装均压电容器，基础抹面、回填土，清理结尾。

(2) 断路器安装区分：110kV 少油、110kV SF_6 罐式、110kV SF_6 立式、220kV SF_6 双极立式、55kV SF_6 立式、55kV 真空。

2. 液压机构漏油处理

(1) 工作内容：解体检查、更换零件、组装、调试。

(2) 项目区分：液压机构漏油处理。

3. 户内断路器安装

(1) 工作内容。

1) 安装：导轨、接地极安装，开箱检查、本体安装、调整，检漏解体、充气、涂漆、真空度检查。

2) 机构配接线：制作土电缆，插销安装、焊接、配线、接地。

(2) 项目区分。27.5kV 断路器安装区分：LN_1-27.5kV SF_6 安装、SF_6 备用断路器配线调整、真空断路器安装；真空备用断路器配线调整、断路器机构配接线。

(二) 隔离开关安装

(1) 工作内容。开箱检查、安装、调整、固定，拉杆、传动杆配置、安装，操动机构、联锁装置、信号装置触点的检查、安装，接地、回填土、补漆。

(2) 项目区分。

1) 220kV 隔离开关安装区分：GW_7-220 三极 CS14（G）DSW、GW_7-220 二极 CS14（G）DSW、GW_7-220D 三极 CS14（G）DSW、GW_7-220D 二极 CS14（G）DSW。

2) 110kV 隔离开关安装区分：GW_4-110 三极 CS14（G）DSW_3、GW_4-110DCS14（G）DSW_3；GW_4-110 单极 CS14（G）、GW_4-110 三极 CJ。

3) 55kV 隔离开关安装区分：GW-55 双极 CS14（G）、GW-55 双极 CJ、GW-55 单极 CS14（G）、GW-55 单极 CJ 托架上、GW-55 单极 CJ 支架上。

4) 27.5kV 隔离开关安装区分：GW-27.5 单极 CS11G DSW_3 支架上、GW-27.5 单极 CS11G DSW_3 托架上、GW-27.5 单极 CJ 支架上、GW_4-35D 单极 CS8-6D DSW_3 支架上；GW_4-35D 单极 CS8-6D DSW_3 托架上、GW-27.5（三极）CS11G、GN_2-35T（单极）CS6-2T、GN_2-35T（单极）CJ-Ⅲ、GN_2-35T（双极）CS6-2T、GN_2-35T 单双极改制、GN_6-10（三极）。

（三）互感器安装

（1）工作内容：开箱检查、吊装就位、安装、固定，补油、接地、回填土、补漆。

（2）项目区分。

1）电压互感器安装区分：110kV 线绕式、220kV 线绕式、110kV 电容式、220kV 电容式、JD-63、JD-35、JDJ-27.5。

2）电流互感器安装区分：110、220、55、35、10kV LJW1-10。

（四）避雷器、放电装置、保安器、消雷器安装

（1）工作内容。

1）避雷器、放电装置、保安器安装：外箱检查、搭拆架子、吊装就位、固定，放电汇录器安装、引线制作、预埋螺栓、基础抹面、抹腻子、接地、回填土、补漆。

2）消雷器安装：组装、焊接、补漆、吊装、调整、避雷器加固，避雷引下线敷设、接地，回填土、基础抹面。

（2）项目区分。

1）FZ-110J 支柱上。

2）FZ-220J 支柱上。

3）FZ-110J 基础上。

4）FZ-35 支柱上。

5）FZ-35 室内地面上。

6）氧化锌避雷器 100（84）kV 支柱上。

7）氧化锌避雷器：42kV（支柱上）、14kV（支柱上）、42kV（室内地面上）。

8）接地保护放电装置支柱上。

9）保安器支柱上。

10）消雷器安装。

（五）绝缘子、穿墙套管安装

1. 支持绝缘子安装

（1）工作内容：开箱检查、清扫、安装、固定、接地、补漆。

（2）项目区分。

1）户外支持绝缘子安装区分：220kV 单线、110kV 单线、60kV 单线、60kV 双线、35kV 单线、35kV 双线。

2）户内支持绝缘子安装区分：35kV（ZA-35T）、10kV（ZA-10T）。

2. 悬垂绝缘子安装

（1）工作内容：开箱检查、清扫、绝缘测试、组合安装。

（2）项目区分。悬垂绝缘子安装区分：220、110、60、35kV。

3. 耐张绝缘子串安装

（1）工作内容：开箱检查、清扫、绝缘测试、组合安装。

（2）项目区分。

耐张绝缘子串安装区分：220、110、60、35kV。

4. 穿墙套管安装

（1）工作内容：开箱检查、清扫、安装、固定、接地、补漆。

(2) 项目区分：穿墙套管安装。

(六) 熔断器安装

(1) 工作内容：开箱检查、清洗、安装固定、接地、补漆。

(2) 项目区分。

1) 户外熔断器安装区分：110、60、35kV。

2) 熔断器安装区分：35kV 户内、10kV 户外、10kV 户内。

(七) 抗雷圈安装

(1) 工作内容：开箱检查、清扫、安装绝缘子、吊装固定。

(2) 安装项目：座式抗雷圈安装。

(八) 电容器安装

(1) 工作内容：画线、找平、焊螺丝、支持绝缘子安装、支架组装、母线绝缘子安装、电容器安装、母线安装、熔断器安装。

(2) 项目区分。

1) 耦合电容器 CHY-1 抽压装置安装，单位：台。

2) 电容器室内安装 27.5kV 区分：2240、3200、4480kvar；单位：组。

3) 电容器室外安装 55kV 区分：4000、5000kvar；单位：组。

(九) 硬母线安装

(1) 工作内容：测量下料、平直摵弯、锉平、钻孔、接头、敷设固定、刷相色漆。

(2) 项目区分。

1) 硬铜母线安装区分：50×5、60×6、60×8、60×10、80×8、80×10；

2) 硬铝母线安装区分：40×5、50×5、60×6、80×8。

(十) 高压开关柜安装

(1) 工作内容：槽钢除锈、焊螺栓、开箱检查、本体安装，断路器的解体检查、调整、放油、注油，刀闸、互感器、避雷器检查、调整，隔离开关及平车的导线接触面调整检查，附件的拆装、改配线，接地、涂漆，小母线下料、平直、安装。

(2) 项目区分。

1) 断路器柜区分：10、27.5kV。

2) 电压互感器、避雷器柜。

3) 所用电变压器柜。

4) 母线桥（隔离开关）柜。

(十一) 配电盘安装

(1) 工作内容：槽钢除锈、焊螺栓、开箱检查、本体安装，小母线下料、平直、安装、刷漆。

(2) 项目区分。

1) 控制保护盘安装。

2) 交流盘安装，直流盘安装。

3) 边盘安装。

4) 劈相机盘安装。

5) 改盘配线。

6）综合自动化成套保护盘。

7）故障判别装置安装 XL-1。

（十二）盘上配件安装

（1）工作内容：测量画线、开孔、钻眼、修正、卡具制作、安装固定、配线、接线。

（2）项目区分。盘上配件安装区分：故障测试仪、成套保护、硅整流板、稳压器、仪表继电器、控制开关、隔离变压器、遥测变送器。

（十三）端子箱安装

（1）工作内容：开箱检查、安装、固定，电流互感器、转换开关、熔断器安装，回流线敷设，刀开关、端子箱安装，附件安装，电缆整理、缆芯编号、端子排改线、校配线、焊接、刷漆、封堵地板。

（2）项目区分。

1）户外端子箱安装区分：主变压器 XW-1 户外端子箱、其他 XW-2 户外端子箱。

2）户内端子箱安装区分：断路器 XN_1；电压互感器 XN_2。

3）XW_4 端子箱。

（十四）劈相机安装

（1）工作内容：开箱检查、电气性能检查及校线、安装、接线、试运转。

（2）安装项目：劈相机安装。

（十五）高压室预埋件

（1）工作内容：

1）打眼：定位、打眼。

2）埋设螺栓：埋设螺栓，混凝土拌制、封堵，清理。

3）托架安装：托架安装，墙壁修复。

（2）项目区分。

1）混凝土结构打眼。

2）砖结构打眼。

3）预埋螺栓深 200mm 以下。

4）绝缘子托架安装按长度区分：L＝1800mm、L＝1450mm、L＝950mm。

（十六）远动装置安装

（1）工作内容：开箱检查、本体安装、配线、内部导通、补漆、接地。

（2）项目区分。

1）远动盘、中继盘安装，单位：面。

2）频监控盘安装，单位：面。

3）度台安装，单位：台。

4）度模拟盘安装，单位：列/8 单元。

5）房设备安装，单位：套。

6）停电电源装置安装，单位：组。

7）围设备安装，单位：件。

（十七）室内外设备安装工程量计算

（1）断路器、互感器、电力电容器及电容器柜安装以“台”计算。

(2) 隔离开关的安装以“台”计算，除单相接地开关安装为“单相”外，其余均为“三相”。

(3) 避雷器、放电装置、保安器、抗雷圈安装数量以“台”计算，包括预埋螺栓、基础抹面等。

(4) 配电装置安装的支架、抱箍及延长轴、轴套、间隔板等，按设计需要量计算，执行铁构件制作安装定额。

(5) 绝缘油、六氟化硫气体、液压油等均按设备带油考虑；电气设备以外的加压设备和附属管道的安装应按相应定额另行计算。

(6) 配电设备的端子板外部接线，应按相应定额另行计算。

(7) 设备安装的地脚螺栓按土建预埋考虑，不包括二次灌浆。

(8) 绝缘子安装。

1) 支持绝缘子安装以“10 个”计算。

2) 悬垂绝缘子、耐张绝缘子安装均以“串”计算。

3) 穿墙套管安装以“个”计算。

(9) 电容器安装按不同的电压等级、容量，以“台(组)”计算。

(10) 硬母线安装。

1) 硬母线安装按不同截面和每相片数分别以“10m”计算。

2) 硬母线安装不包括支持绝缘子安装和钢构件配置安装，其工程量应分别按设计成品量执行相应定额。

3) 硬母线安装预留长度按表 7-2 所列长度计算。

表 7-2　　硬母线安装预留长度　　m/根

序号	项目	预留长度	说明
1	硬母线终端	0.30	从最后一个支持点算起
2	硬母线与分支线连接	0.50	分支线预留
3	硬母线与设备连接	0.50	从设备端子接口算起

(11) 高压室预埋件。

1) 打眼和预埋螺栓以“10 个”计算。

2) 绝缘子托架安装按托架长度不同选用，以“个”计算。

(12) 远动装置安装中，远动盘、中继盘、视频监控盘安装包括电力电缆、高频电缆及信号电缆的安装，不得重复计算。

四、蓄电池安装工程预算

(一) 蓄电池安装工程的主要内容

(1) 工作内容。

1) 蓄电池安装：开箱、清扫、检查、清洗、安装、配注电解液、测数据、清理结尾。

2) 抗震架安装：厂料、制作、电焊、刷漆、安装、找正。

3) 蓄电池充放电：直流回路检查、初充、放电、再充电、清理结尾。

4) 蓄电池维护：巡视、测试、记录、清扫、浮充、补液。

(2) 项目区分。

1) 蓄电池安装区分：铅酸蓄电池安装 150A·h、铅酸蓄电池安装 300A·h、碱性蓄电池安装 150A・h（110V）、铅酸免维护蓄电池安装；

2）铅酸蓄电池抗震架安装区分：100A・h（110V）、200A・h（220V）；

3）酸性蓄电池充放电；

4）碱性蓄电池充放电；

5）酸性蓄电池维护；

6）碱性蓄电池维护。

（二）蓄电池安装工程量计算

（1）铅酸蓄电池抗震架安装按容量、电压不同，以“组”计算。

（2）穿通板组合安装按不同孔数，以“块”计算。

（3）铅酸蓄电池和碱性蓄电池安装，分别按容量大小以“个”计算。定额内已含电解液的数量。

（4）母线安装采用本定额相应子目。

（5）蓄电池充放电、蓄电池维护按酸性、碱性，以“组”计算。

五、牵引变电其他安装工程预算

（一）牵引变电其他安装工程的主要内容

1. 防护网栅安装

（1）工作内容：测量、画线、挖坑、浇筑立柱基础及地面、焊接立柱及附件、网栅调整、安装，除锈、刷漆、接地。

（2）项目区分。

1）110kV 少油断路器网栅安装。

2）110kV 避雷器网栅安装。

3）5000kvar 户外电容器网栅安装。

4）4000kvar 户外电容器网栅安装。

5）高压室网栅安装（24 间隔）。

6）高压室网栅安装（±1 间隔）。

7）室内电容器网栅安装按容量区分：4480、3200、2240kvar。

2. 高压室绝缘挡板制作

（1）工作内容：测量画线、切割、钻孔、制作。

（2）项目区分：绝缘挡板制作。

3. 接地装置及回流轨焊接

（1）工作内容。

1）接地极安装：挖、填坑，接地极打入土与接地母线焊接。

2）接地引下线安装：打洞、埋卡子、引下线敷设、涂沥青、与接地网焊接。

3）户外接地母线敷设：挖填沟、母线敷设、焊接。

4）户内接地母线敷设：测量、下料、平直、搣弯、打洞、固定、焊接、刷漆。

5）回流轨焊接：下料、除锈、加工、焊接、刷漆。

（2）项目区分。

1）接地极安装，单位：10 根。

2）接地引下线安装，单位：10m。

3）户外接地母线敷设埋0.6～0.8，单位：10m。

4）户内及电缆沟内接地母线敷设，单位：10m。

5）回流轨焊接，单位：hm。

6）接地电阻降阻处理，单位：t。

4. 设备编号、牌类制作、涂漆

（1）工作内容。

1）设备编号：室内、外各种设备编号、字模制作、喷漆、喷字。

2）牌类制作（警告牌、相序牌、模拟牌制作）：下料、加工、刷漆、画图。

3）设备涂漆：全所设备补漆、涂漆。

（2）项目区分。

1）设备编号、牌类制作区分：BT或直供变电所、BT或直供开闭所或分区所、AT变电所、AT开闭所或分区所、AT所。

2）设备涂漆区分：BT或直供变电所、BT或直供开闭所或分区所、AT变电所、AT开闭所或分区所、AT所。

5. 受电前试验

（1）工作内容：测接地电阻、查对二次线、电气设备校验、检查。

（2）项目区分。

1）BT或直供变电所、BT或直供开闭所或分区所。

2）AT变电所、AT开闭所、AT分区所、AT所。

6. 照明灯安装

（1）工作内容：开箱检查、底板打孔、固定、吊装灯具、配接线、安装附件、调试。

（2）项目区分：

1）高压水银灯在架构上安装；

2）投光灯在避雷针上安装；

3）弯灯安装；

4）圆球形工厂灯安装；

5）分线盒制安。

（二）牵引变电其他安装工程量计算

（1）防护网栅安装以“套”计算。定额中已含网栅立柱基础及接地材料。

（2）高压室绝缘挡板制作以“块”计算。

（3）接地装置及回流轨焊接。

1）接地极安装以“10根”计算，包括挖、填坑及接地极与接地母线焊接。

2）接地引下线安装、户外接地母线敷设、户内及电缆沟内接地母线敷设以“10m”计算。

3）回流轨焊接以“hm”计算。

4）接地电阻降阻处理以“t”计算。

（4）设备编号、牌类制作、涂漆以“所”计算。

（5）受电前试验以“所”计算。

（6）照明灯安装以“个”计算。定额中已含连线、开关、熔断器、接线盒。

六、电气调试工程预算

(一)电气调试工程的主要内容

1. 变压器系统调试

(1)工作内容:变压器、断路器、互感器、隔离开关、风冷及油循环装置等一、二次回路的调试及空投试验。

(2)项目区分。

1)单相变压器系统调试 20 000kVA。

2)三相变压器系统调试区分:20 000、40 000、75 000kVA。

3)动力变压器调试 1000kVA。

4)自耦变压器 1000kVA 及以下。

2. 所用变压器系统调试

(1)工作内容:变压器、隔离开关、熔断器等一、二次回路的调试及空投试验。

(2)项目区分:所用电变压器调试区分:三相 100kVA、三相 50kVA 及以下、单相(50kVA 及以下)。

3. 进线、馈线系统调试

(1)工作内容:断路器、隔离开关、电流互感器、控制设备及一、二次回路的调试。

(2)项目区分。

1)进线 220kV、进线 110kV。

2)馈线 55kV、馈线 27.5kV。

4. 特殊保护装置调试

(1)工作内容。

1)继电器本体及二次回路的调整试验。

2)保护装置调试:继电器本体及二次回路的调整试验。

3)故测仪调试:故测仪本体、二次回路主与远动接口的调整试验。

(2)项目区分。

1)主变压器差动保护装置。

2)线路距离保护装置区分:220、110kV。

3)振荡闭锁装置。

4)三段以上零序保护装置。

5)馈线距离保护装置。

6)差压保护装置。

7)故测仪。

5. 所内公用装置调试

(1)工作内容:装置本体及二次回路的调整试验。

(2)项目区分。

1)蓄电池及直流装置。

2)中央信号装置。

3)220V 以下硅整流设备。

6. 自动装置调试

(1) 工作内容：自动装置、继电器、二次回路的调整试验。

(2) 项目区分。

1) 线路自动重合闸装置。

2) 综合自动化。

3) 备用电源自投装置。

4) 事故照明切换装置。

7. 母线系统调试

(1) 工作内容：母线耐压试验、接触电阻测试、电压互感器、绝缘监视装置的调试。

(2) 项目区分。

母线系统调试区分：220、110、55、27.5kV。

8. 避雷器、耦合电容器调试

(1) 工作内容：避雷器及耦合电容器、接地保护放电装置等的调试。

(2) 项目区分。

1) 避雷器调试区分：220、110、55、27.5kV。

2) 接地保护放电装置调试。

3) 保安器调试。

4) 110kV 耦合电容器调试。

9. 接地装置调试

(1) 工作内容：接地电阻试验。

(2) 项目区分。

1) 接地网调试，单位：系统。

2) 独立接地极调试，单位：个。

10. 电容补偿装置调试

(1) 工作内容：电抗器、电容器及二次回路的试验。

(2) 项目区分。

1) 27.5kV 电容补偿装置调试区分：3200、4480kvar。

2) 55kV 电容补偿装置调试区分：4000、5000kvar。

11. 远动设备及系统调试

(1) 调度所设备及系统调试工作内容：设备本体及二次回路调整试验。项目区分如下。

1) UPS 电源系统调试。

2) 工程师终端设备调试。

3) 维护工作站设备调试。

4) 维护工作站数据库安装及功能测试。

5) GPS 系统调试。

6) 模拟屏调试，单位：面。

7) 网络主机柜内设备调试，单位：面。

8) 图形工作站与模拟屏对位调试，单位：套。

9）调度所系统功能测试，单位：套。

10）通信处理机调试，单位：台。

（2）被控站设备及系统调试工作内容：二次回路及与远动接口的调整试验，项目区分，如下。

1）微机监控盘与远动通信接口，单位：套。

2）变电所本体调试，单位：套。

3）RTU带变电所二次设备单体调试，单位：套。

4）故障判别功能测试，单位：套。

5）系统联调，单位：系统。

（二）电气调试工程量计算

（1）电气调试系统的划分以电气原理系统图为依据。电气设备元件的本体试验均包括在相应定额的系统调试之内，不得重复计算。绝缘子和电缆等单体试验，只在单独试验时使用。

（2）变压器系统调试以“系统”计算。包括变压器、断路器、隔离开关、风冷及油循环装置等一、二次回路的调试及空投试验。

（3）进线、馈线系统调试按每个电压侧为一个“系统”。包括断路器、隔离开关、电流互感器、控制设备及一、二次回路的调试。

（4）特殊保护装置调试以“套”计算。包括继电器本体及二次回路的调试。

（5）所内公用装置调试以“套”计算。包括装置（蓄电池及直流装置、中央信号装置、220V以下硅整流设备）本体及二次回路的调试。

（6）自动装置调试以“系统”计算。包括自动装置本体、继电器及二次回路的调试。

（7）母线系统调试按母线电压，以“系统”计算。包括母线耐压试验、接地电阻测试、电压互感器、绝缘监视装置的调试。

（8）避雷器、电容器调试。

1）避雷器、耦合电容器调试按每三相为一“组”计算，单个装设的按“台”计算，上述设备如设置在发电机、变压器、输、配电线路系统或回路内，仍按相应定额另外计算调试费用。

2）保安器调试以“组”计算。

3）电容补偿装置按馈线电压、容量，以“组”计算。

（9）接地装置的调试。

1）接地网接地电阻的测定。变电所、开闭所、分区所等连为一体的网按一个“系统”计算。

2）独立的接地极按“个”计算。如一台杆上式变压器有一个独立的接地装置，即按一组计算。

（10）远动设备及系统调试以“系统”计算。包括远动设备本体及二次回路的调试、二次回路及远动接口的调试。

第二节　牵引变电工程定额使用说明

一、牵引变电工程定额使用说明

（1）户外110、220kV少油断路器安装定额应与液压机构漏油处理定额同时使用。

（2）备用电源自投装置定额应按进线电源自动投入与自用电电源自动投入分别计列。

（3）事故照明切换装置，全所为一个系统。

（4）变压器系统调试定额，包括主变压器及其两侧的断路器、电流互感器、隔离开关、风冷及油循环等一、二次回路的调试及空载投入试验。

（5）特殊保护装置调试，均以一个保护回路为1“套”。

（6）母线系统调试定额，以“系统”计算，每一母线系统内含1组电压互感器及相应的母线。

（7）凡充氮运输的变压器不考虑干燥。

（8）远动调试定额包括所内本体调试及系统联调。

（9）220kV牵引变电所架构支柱分为钢筋混凝土杆和钢柱。

（10）水坑：指在开挖中有水涌出，需要用机械连续排水才能施工的基坑。不包括经排除后不再出水的情况。

二、工程量计算规则

（一）基础、架构及母线

（1）基坑开挖根据土质，按设计开挖体积计算。

（2）基础浇制以“个”计算，其中变压器、自耦变压器及电抗器基础均包括排油坑砌制。

（3）母线架构、母线架构配件、设备支架安装数量均以“组”计算。

（4）避雷针安装以“个”计算。

（5）软母线及绝缘子。

1）软母线安装按软母线截面大小分别以“跨/3相”计算。

2）引下线、跳线及设备连接线安装，按相应导线截面大小分别以“跨/3相”计算。

3）软母线安装预留长度按表7-1所列长度计算。

4）软母线的安装定额按照单串绝缘子考虑，如设计为双串绝缘子时，定额中人工乘以系数1.08。

（二）变压器安装

（1）变压器安装，按不同容量以“台”计算。

（2）变压器通过试验，判定绝缘受潮时才需进行干燥，故只有需要干燥的变压器才能取此项费用，以“台”计算。

（3）变压器油过滤不论过滤多少次，直到过滤合格为止，以“t”为单位计算，具体计算方法如下。

1）变压器安装定额未包括绝缘油的过滤，需要过滤时，可按制造厂提供的油量计算。

2）断路器及其他充油设备的绝缘油过滤，可按制造厂规定的充油量计算。

计算公式：油过滤数量＝设备油重×[1＋损耗率(1.8%)]。

（三）室内外设备安装

（1）断路器、互感器、电力电容器及电容器柜安装以“台”计算。

（2）隔离开关的安装分为单极、双极和三极，均以“组”计算。

（3）避雷器、放电装置、保安器、抗雷圈安装数量以“台”计算，包括预埋螺栓、基础抹面等。

(4) 配电装置安装的支架、抱箍及延长轴、轴套、间隔板等，按设计需要量计算，执行铁构件制作安装定额。

(5) 绝缘油、六氟化硫气体、液压油等均按设备带有考虑；电气设备以外的加压设备和附属管道的安装应按相应定额另行计算。

(6) 配电设备的端子板外部接线，应按相应定额另行计算。

(7) 设备安装的地脚螺栓按土建预埋考虑，不包括二次灌浆。

(8) 绝缘子安装。

1) 支持绝缘子安装以“10个”计算。

2) 悬垂绝缘子、耐张绝缘子安装均以“串”计算。

3) 穿墙套管安装以“个”计算。

(9) 电容器安装按不同的电压等级、容量，以“台(组)”计算。

(10) 硬母线安装。

1) 硬母线安装按不同截面和每相片数分别以“10m”计算。

2) 硬母线安装不包括支持绝缘子安装和钢构件配置安装，其工程量应分别按设计成品量执行相应定额。

硬母线配置预留长度按表7-2所列长度计算。

(11) 高压室预埋件。

1) 打眼和预埋螺栓以“10个”计算。

2) 绝缘子托架安装按托架长度不同选用，以“个”计算。

(12) 远动装置安装中，远动盘、中继盘、视频监控盘安装包括电力电缆、高频电缆及信号电缆的安装，不得重复计算。

(四) 蓄电池

(1) 铅酸蓄电池抗震架安装按容量、电压不同，以“组”计算。

(2) 穿通板组合安装按不同孔数，以“块”计算。

(3) 铅酸蓄电池和碱性蓄电池安装，分别按容量大小以“个”计算。定额内已含电解液的数量。

(4) 母线安装采用本定额相应子目。

(5) 蓄电池充放电、蓄电池维护按酸性、碱性，以“组”计算。

(五) 其他

(1) 防护网栅安装以“套”计算。定额中已含网栅立柱基础及接地材料。

(2) 高压室绝缘挡板制作以“块”计算。

(3) 接地装置及回流轨焊接。

1) 接地极安装以“10根”计算，包括挖、填坑及接地极与接地母线焊接。

2) 接地引下线安装、户外接地母线敷设、户内及电缆沟内接地母线敷设以“10m”计算。

3) 回流轨焊接以“hm”计算。

4) 接地电阻降阻处理以“t”计算。

(4) 设备编号、牌类制作、涂漆以“所”计算。

(5) 受电前试验以“所”计算。

(6) 照明灯安装以“个”计算。定额中已含连线、开关、熔断器、接线盒。

(六) 电气调试

(1) 电气调试系统的划分以电气原理系统图为依据。电气设备元件的本体试验均包括在相应定额的系统调试之内，不得重复计算。绝缘子和电缆等单体试验，只在单独试验时使用。

(2) 变压器系统调试以“系统”计算，包括变压器、断路器、隔离开关、风冷及油循环装置等一、二次回路的调试及空投试验。

(3) 进线、馈线系统调试按每个电压侧为一个“系统”，包括断路器、隔离开关、电流互感器、控制设备及一、二次回路的调试。

(4) 特殊保护装置调试以“套”计算，包括继电器本体及二次回路的调试。

(5) 所内公用装置调试以“套”计算，包括装置（蓄电池及直流装置、中央信号装置、220V 以下硅整流设备）本体及二次回路的调试。

(6) 自动装置调试以“系统”计算，包括自动装置本体、继电器及二次回路的调试。

(7) 母线系统调试按母线电压，以“系统”计算，包括母线耐压试验、接地电阻测试、电压互感器、绝缘监视装置的调试。

(8) 避雷器、电容器调试。

1) 避雷器、耦合电容器调试按每三相为一“组”计算，单个装设的按“台”计算，上述设备如设置在发电机、变压器、输、配电线路系统或回路内，仍按相应定额另外计算调试费用。

2) 保安器调试以“组”计算。

3) 电容补偿装置按馈线电压、容量，以“组”计算。

(9) 接地装置的调试。

1) 接地网接地电阻的测定。变电所、开闭所、分区所等连为一体的网按一个“系统”计算。

2) 独立的接地极按“个”计算。如一台杆上式变压器有一个独立的接地装置，即按一组计算。

(10) 调度所调试分别以“系统”、“面”、“套”、“台”计算；被控站调试分别以“套”、“站”计算。

第八章 供电段工程预算

供电段工程中的机械设备安装定额，除包括全部安装内容外，也包括电气调试的工作内容。

一、机械设备安装工程预算

（一）机械设备安装工程的主要内容

1. 砂轮机安装

工作内容：开箱检查、清洗、安装就位、放置垫铁及地脚螺栓、灌浆、抹面、精度测试、电气调试。

安装项目：砂轮机安装（1.0t）。

2. 单轨小车安装

工作内容：开箱检查、组装、调整、电气调试。

安装项目：单轨小车安装（5.0t 及以下）。

3. 通用设备安装

（1）工作内容：开箱检查、安装就位、放置垫铁及地脚螺栓、灌浆、抹面、调试。

（2）项目区分。

1）柴油发电机安装（3.5t）。

2）绕线机安装区分：0.5、2.0t。

3）绕线架安装（0.5t）以下。

4）电焊机、对焊机、碰焊机安装。

4. 滤油设备安装

（1）工作内容：开箱检查、搬运、调整、调试。

（2）安装项目：滤纸烘箱、远红外干燥箱、电热干燥箱安装。

（二）机械设备安装工程量计算

（1）设备安装除另有说明者外，均以"台（套）"计算。

（2）设备基础预埋件按设备带考虑，不另计列。

二、试验、检修设备安装工程预算

（一）试验、检修设备安装工程的主要内容

1. 试验设备安装

（1）工作内容。

1）试验变压器装置（包括高压试验变压器、调压器、球隙、控制台、水电阻）：开箱、点件、搬运、外观检查、本体及附件的安装、清扫、检查、调整、试验。

2）感应调压器、直流高压试验器、耐压试验台、油耐压试验器、接触器及继电试验台：开箱、点件、搬运、外观检查、内部配线核对、调整、试验。

（2）项目区分。

1）试验变压器装置区分：25kVA/150kVA、10kVA/100kVA、5kVA/50kVA；串接式

2—4—6kVA/50kVA。

2）感应调压器（75～100kVA/0.5kVA）安装。

3）直流高压试验器、油耐压试验器安装。

4）3kV耐压试验台、接触器及继电器试验台安装。

2. 高压母线安装

（1）工作内容：开箱检查、清扫、绝缘测试、安装调整、刷漆。

（2）安装项目：悬挂式高压母线安装、悬臂式高压母线安装。

3. 检修设备安装

（1）工作内容：开箱点检、清擦、搬运、组装、调整、试验。

（2）项目区分。

1）高压水冲洗机、电动高压无气喷枪安装。

2）SF_6气体回收装置安装。

3）SF_6检漏仪、卤素检漏仪、微量水分测试仪安装。

4）真空度检测仪、转鼓测速仪安装。

5）绝缘油介损试验杯安装。

6）硅整流装置、低电压变压器安装。

4. 化验设备安装

（1）工作内容：开箱、清点、擦净、安装、调试。

（2）项目区分。

1）气相层析仪安装，单位：套。

2）酸度计、恒温水浴、薄膜式脱气装置安装，单位：台。

3）分析天平安装，单位：台。

4）离子交换纯水器安装，单位：台。

5）电热蒸馏水、氢氮气发生器安装，单位：台。

6）闪电测定器、凝固点测定器、黏度测定器安装，单位：台。

5. 仪器、仪表安装

（1）工作内容：开箱、清点、擦净、安装、调试。

（2）项目区分。

1）电桥安装。

2）数字指示仪安装。

3）单、双针指示仪安装。

4）色带指示仪安装。

5）记录仪计数器安装。感应移相器、稳压器、交直流电源安装。

6）信号发生器安装。

7）偏频仪、变频器安装。

（二）试验、检修设备安装工程量计算

（1）设备安装除另有说明者外，均以“台（套）”计算。

（2）设备基础预埋件按设备带考虑，不另计列。

三、非标设备安装工程预算

(一) 非标设备安装工程的主要内容

(1) 工作内容。

1) 真空感应干燥装置：开箱、清点、检查、设备及管子清洗、就位，线卷和保护层的制作，各部件组装及整套设备安装、放置垫铁及地脚螺栓、灌浆、抹面，刷漆、接地、烘烤，各表计检验、调试、整套装置试验调整。

2) 真空浸漆装置、绝缘梯车远红外烘箱：开箱、清点、检查、安装、固定、灌浆、抹面、调整、试验。

3) 仪表校验台、变压器试验台：开箱、清点、安装、固定、检验调整仪器仪表、测绝缘、接电源线、调试。

4) 绝缘台、绝缘靴手套耐压装置：开箱、清点、安装、固定、电气装置及线路检查、校对、测绝缘、调试。

(2) 项目区分。

1) Ⅰ型真空感应干燥装置安装，单位：套。

2) Ⅱ型真空感应干燥装置安装，单位：套。

3) 真空浸漆装置安装，单位：套。

4) 仪表校验台、变压器试验台安装，单位：台。

5) 绝缘梯车、远红外烘箱安装，单位：套。

6) 绝缘台安装，单位：台。

7) 绝缘靴手套耐压装置安装，单位：台。

(二) 非标设备安装工程量计算

(1) 设备安装除另有说明者外，均以“台（套）”计算。

(2) 设备基础预埋件按设备带考虑，不另计列。

四、设备基础工程预算

(一) 设备基础工程的主要内容

1. 砂轮机基础

(1) 工作内容：挖坑、灌浆、留螺栓孔、回填。

(2) 工程项目：砂轮机基础（1.0t)。单位：座。

2. 绕线机基础

(1) 工作内容：挖坑、灌浆、留螺栓孔、回填。

(2) 工程项目：绕线机基础（2.0t)。单位：座。

3. 非标设备基础

(1) 工作内容：挖坑、灌浆、留螺栓孔、回填。

(2) 工程项目。

1) Ⅰ型真空感应干燥装置基础，单位：套。

2) Ⅱ型真空感应干燥装置基础，单位：套。

3) 绝缘梯车远红外烘箱基础，单位：座。

4) 真空浸漆装置基础，单位：座。

（二）设备基础工程量计算

（1）设备安装除另有说明者外，均以“台（套）”计算。

（2）设备基础预埋件按设备带考虑，不另计列。

第九章　牵引供电预算实例

天津至沈阳铁路电气化改造铁路工程中，山海关——沈阳区间接触网工程工程量统计：混凝土柱拉线坑（土坑）143处，混凝土柱拉线坑（石坑）143处，钢柱基础［J13-4，5（K-10）］800个，电杆方土坑2000个，供电线增高肩架单支悬挂（双重绝缘）150处，供电线双肩架悬挂（双重绝缘）2465处，供电线双支下锚并转角100处，供电线双支下锚并连网85处，立水泥单杆（13m）2000根，立杆（G250/15）800根，田野侧附加导线架设（LGJ-70）140条公里，线路侧附加导线（LBGLJ-240）140条公里，试列出概预算表。

解　本概（预）算表中只涉及供电线部分概预算，区间接触网工程包括：

（1）接触导线安装工程1277条公里，合价361 611 397元；

（2）供电线安装工程140条公里，合价18 978 572元；

（3）回流线安装工程827条公里，合价19 667 452元；

（4）保护线安装工程67条公里，合价1 038 115元；

（5）其他安装工程合价11 001 153元。

山海关——沈阳区间接触网工程个别概（预）算见表9-1～表9-3。

表9-1　　山海关——沈阳区间接触网工程个别概（预）算表

建设名称	天津至沈阳铁路电气化改造铁路工程			概（预）算编号			
工程名称	接触网工程			工程总量			
工程地点	山海关——沈阳区间			概（预）算价值	412 296 689		
所属章节	第七章第18节			概（预）算指标			
单价编号	工作项目或费用名称	单位	数量	费用（元）		重量（t）	
				单价	合价	单重	合重
一	山海关——沈阳区间				412 296 689		
	一、接触网	正线公里			412 296 689		
	Ⅰ、建筑工程	正线公里			412 296 689		
	（二）供电线	条公里	140	135 561.23	18 978 572		
HG-5	混凝土柱下部工程人挖土（混凝土柱拉线坑）	处	143	426.66	61 012	0.305	43.615
HG-12	混凝土柱下部工程人挖石（混凝土柱拉线坑）	处	143	676.54	96 745	0.29	41.47
HG-20	钢柱基础人挖土J13-4，5（K-10）	个	800	2086	1 668 800	14.498	11 598.4
DY-1065	挖电杆方坑综合土坑深3m以内有底盘	个	2000	73.18	146 360		
HG-243	供电线增高肩架单支悬挂安装（双重绝缘）	处	150	711.06	106 659	0.061	9.15

续表

单价编号	工作项目或费用名称	单　位	数　量	费　用（元）		重量（t）	
				单　价	合　价	单　重	合　重
HG-242	供电线双肩架悬挂安装（双重绝缘）	处	2465	964.09	2 376 482	0.098	241.57
HG-248	供电线双支下锚并转角	处	100	2831.43	283 143	0.342	34.2
HG-253	供电线双支下锚并连网	处	85	1505.66	127 981	0.138	11.73
DY-1095	立水泥单杆 13m	根	2000	1329.41	2 658 820	0.87	1740
HG-58	机械立杆（G250/15）	根	800	5898.3	4 718 640	0.671	536.8
HG-195	田野侧附加导线架设调整 LGJ-70	条公里	140	5635.3	788 942	0.309	43.26
BHG-4	线路侧附加导线架设调整 LBGLJ-240	条公里	140	16 767.55	2 347 457	0.903	126.42
	以上合计				15 381 041		14 426.62
	一、直接费	元			16 009 296		
	人工费	元			1 248 715		
	材料费	元			13 961 231		
	机械费	元			171 095		
	运杂费	元	13 961 231	4.50%	628 255		
	二、其他直接费	元			1 794 101		
	冬季施工增加费	元	15 381 041	1.41%	216 873		17 607
	雨季施工增加费	元	15 381 041	0.04%	6152		499
	夜间施工增加费	元	15 381 041	0.22%	33 838		2747
	行车干扰增加费	元			1 383 428		
	用具检验、清理费	元	15 381 041	1%	153 810		12 487
	三、现场经费	元			681 848		
	小临	元	17 175 142	2.71%	465 446		
	现场管理费	元	1 248 715	17.33%	216 402		
	四、直接工程费合计	元			18 485 245		
	五、间接费	元			669 856		
	企业管理费	元	1 248 715	9.63%	120 251		
	劳动保险费	元	17 175 142	3.20%	549 605		
	六、价差	元			−1 266 718		
	其中：人工价差	元	59 741.61	2.98	178 030		
	材料调差	元			19 498		
	外来料差	元	13 961 231	−0.105	−1 465 929		
	机械差	元			1683		
	机械工日差	工日	571.96	2.98	1704		
	机械汽油差	元	1059.46	−0.02	−21		
	七、计划利润	元	18 061 400	2.63%	475 015		
	八、税金	元	18 363 398	3.35%	615 174		
	九、个别概（预）算价值	元			18 978 572		

表 9-2　　天津至沈阳铁路电气化改造铁路工程中山海关——沈阳牵引变电工程个别概（预）算表

建设名称	天津至沈阳铁路电气化改造工程						概算编号				
工程名称	第一部分：静态投资		所属章节		第七章第 18 节		概算价值		22 416 285 元		
工程地点			编制依据				概算指标				
单价编号	设备及安装工程名称	单位	数量	设备费（元）		安装工程（元）				重量（t）	
						费　用		其中工费			
				单价	合价	单价	合价	单价	合价	单重	合重
	二、牵引变电						22 300 137				
	（一）牵引变电所	处	11			1 398 416	15 382 576				
	Ⅱ、安装工程（山海关）	处	1			85 829	85 829				
HG-360	隔离开关托架上安装（27.5kV 单极）	组	2			1994.92	3990	347.65	348	0.152	0.304
HG-328	27.5kV 7.3m ϕ400 单杆 LGJ-240 安装	组	2			5085.49	10171	1226.65	1227	13.102	26.204
HY-1173	悬垂绝缘子安装（35kV X-4.5）	串	2			195.55	391	10.52	11	0.025	0.05
HG-392	真空断路器安装（27.5kV）	间隔	2			10 498.51	20 997	2251.15	2251	0.702	1.404
HG-410	控制保护盘安调（标准变电所）	处	0.1			36 164.42	3616	21 012.77	21 013	0.297	0.0297
HG-418	电缆敷设（BT 直供标准变电所）	处	0.1			331 891.0	33189	60 856.27	60 856	61.868	6.1868
HG-456	附属工程（BT、直供变电所）	处	0.1			4958.80	496	3726.74	3727	0.155	0.0155
	以上合计						72 850		89 433		34.19
	一、直接费	元					75 141				
	人工费	元					16 232				
	材料费	元					50 911				
	机械费	元					5707				
	运杂费	元	50 911			4.50%	2291				
	二、其他直接费	元					1093				
	冬季施工增加费	元	72 850			0.18%	131		29		
	雨季施工增加费	元	72 850			0.10%	73		16		

续表

单价编号	设备及安装工程名称	单位	数量	设备费（元）		安装工程（元）				重量（t）	
						费用		其中工费			
				单价	合价	单价	合价	单价	合价	单重	合重
	夜间施工增加费	元	72 850			0.22%	160		36		
	用具检验清理费	元	72 850			1%	729		162		
	三、现场经费	元					4817				
	小临	元	73 943			2.71%	2004				
	现场管理费	元	16 232			17.33%	2813				
	四、直接工程费合计	元					81051				
	五、间接费	元					3929				
	企业管理费	元	16 232			9.63%	1563				
	劳动保险费	元	73 943			3.20%	2366				
	六、价差	元					−3999				
	其中：人工价差	元	767.71			2.98	2288				
	材料调差	元					2				
	外来料差	元	50 911			−0.126	−6415				
	机械差	元					126				
	机械工日差	工日	42.59			2.98	127				
	机械汽油差	元	29.96			−0.02	−1				
	七、计划利润	元	80 685			2.56%	2066				
	八、税金	元	83 047			3.35%	2782				
	九、个别概（预）算价值	元					85 829				

表 9-3 山海关——沈阳电力及电力牵引供电综合概算表

建设名称		天津至沈阳铁路电气化改造铁路工程（沈局管段）		编制范围		山海关枢纽——沈阳枢纽			概算总额	459 325 309	
章别	节号	概算编号（预）	工程及费用名称	单位	数量	概（预）算价值（元）					指标（元）
						Ⅰ 建筑工程	Ⅱ 安装工程	Ⅲ 设备工器具	Ⅳ 其他费	合计	
七			电力及电力牵引供电	正线公里		412 296 689	20 985 353			433 282 042	
	18		电力牵引供电	正线公里		412 296 689	20 985 353			433 282 042	
			一、接触网	正线公里		412 296 689				412 296 689	
			Ⅰ、建筑工程	正线公里		412 296 689				412 296 689	
			（一）接触导线	条公里	1277	361 611 397				361 611 397	
			（二）供电线	条公里	140	18 978 572				18 978 572	
			（三）回流线	条公里	827	19 667 452				19 667 452	
			（五）保护线	条公里	67	1 038 115				1 038 115	
			（六）其他	元		11 001 153				11 001 153	
			二、牵引变电	正线公里			20 873 265			20 873 265	
			（一）牵引变电所	处	9		15 254 502			15 254 502	
			Ⅱ、安装工程	处	9		15 254 502			15 254 502	
			（二）分区亭	处	10		2 312 895			2 312 895	
			Ⅱ、安装工程	处	10		2 312 895			2 312 895	
			（三）开闭所	处	1		434 728			434 728	
			Ⅱ、安装工程	处	1		434 728			434 728	
			（五）电力调度所	处	1		9013			9013	
			Ⅱ、安装工程	处	1		9013			9013	
			（六）“V”停控制	处	11		2 862 127			2 862 127	
			Ⅱ、安装工程	处	11		2 862 127			2 862 127	
			三、供电段	处	1		112 088			112 088	
			Ⅱ、安装工程	处	1		112 088			112 088	

第三篇　电气安装工程概预算

电气工程计价包括清单计价和定额计价两种形式。清单计价按照《建设工程工程量清单计价规范》的规定计算；关于定额计价，因为地域差别，各省、市、自治区分别依据2000年建设部颁发的《全国统一安装工程预算定额》和《全国统一安装工程预算定额工程量计算规则》制定了各行政区域的定额标准。本篇仅以河北省的为例，探讨电气安装工程预算的定额编制办法。依据为2008年《全国统一安装工程预算定额河北省消耗量定额》、《全国统一安装工程预算定额　河北省消耗量定额工程量计算规则》、《河北省建筑、安装、市政、装饰装修工程费用标准》、《河北省建设工程材料价格》，在其他行政区域施工可套用所在行政区的相关定额标准和文件。

电气安装工程指的是工业与民用新建、扩建工程中10kV以下变配电设备及线路安装工程、车间动力电气设备及电气照明器具、防雷及接地装置安装、配管配线、电梯电气装置、电气调整试验等的安装工程。10kV以上及专业专用项目的电气安装以及电气设备（如电动机等）配合机械设备进行单体试运转和联合试运转工作则不包含在电气安装工程定额内。

定额的内容除正常主要工序外，还包括施工准备，设备器材、工器具的场内搬运，开箱检查，安装，调整试验，收尾，清理，配合质量检验，工种间交叉配合，临时移动水、电源的停歇时间等内容。

河北省电气安装工程预算编制除依据2008年《全国统一安装工程预算定额　河北省消耗量定额》、《河北省建设工程材料价格》、《河北省建筑、安装、市政、装饰装修工程费用标准》外，还应依据以下文件：

（1）经审定的施工设计图纸及其说明；

（2）经审定的施工组织设计或施工技术措施方案；

（3）经审定的其他有关技术经济文件。

编制预算时关于定额使用说明如下。

（1）定额分为实体项目、措施项目。其中措施项目分为可竞争措施项目和不可竞争措施项目。实体项目及不可竞争措施项目消耗量不得调整；可竞争措施项目消耗量在投标报价时投标人可以合理调整。

（2）定额适用于工料单价法，也可用于综合单价法。

（3）工程应用工料单价法计价方式时，在不同的计价阶段使用定额应符合以下规定。

1）在编制最高限价或标底时人工、材料、机械台班单价根据市场行情或造价信息调整，可竞争措施项目按照常规、科学、合理的施工方法计算。

2）在报价时投标人可将人工、材料、机械台班单价根据市场行情或造价信息进行调整；可竞争措施项目按照施工方案计算，消耗量可以合理调整。

3）在价款调整、结算时，依据省建设行政主管部门的规定、合同约定进行调整。

（4）工程应用综合单价法计价方式时，在不同的计价阶段使用本定额应符合以下规定：

1）在编制最高限价或标底时人工、材料、机械台班单价根据市场行情或造价信息调整，可竞争措施项目按照常规、科学、合理的施工方法计算。

2）在报价时投标人可将人工、材料、机械台班单价根据市场行情或造价信息、所承担的风险情况进行调整；可竞争措施项目按照施工方案计算，消耗量可以合理调整。

3）在价款调整、结算时，依据省建设行政主管部门的规定、合同约定进行调整。

（5）预算中的计算尺寸，以设计图纸表示的或设计图纸能读出的尺寸为准。除另有规定外，工程量的计量单位应按下列规定计算。

1）以体积计算的为“m^3”。

2）以面积计算的为“m^2”。

3）以长度计算的为“m”。

4）以重量计算的为“t”。

5）以台（套或件等）计算的为“台”、“套”或“件”等。

汇总工程量时，其准确度取值：m^3、m^2、m 取两位小数；t 取三位小数；台（套或件等）取整数，两位或三位小数后的位数按四舍五入法取舍。

（6）人工消耗量及单价的确定。

1）定额中人工工日是按照 1994 年《建筑安装工程劳动定额、建筑装饰工程劳动定额》计算的，综合了基本用工、超运距用工、辅助用工及人工幅度差，不分工种和技术等级以综合用工表示。

2）定额综合用工按技术含量不同分为综合用工一类、综合用工二类、综合用工三类共三种，单价分别为：综合用工一类 45 元/工日，综合用工二类 40 元/工日，综合用工三类 30 元/工日。

（7）材料消耗量及单价的确定。

1）定额中的材料消耗量包括施工中消耗的主要材料、辅助材料和零星材料等，并计入了相应损耗。材料、成品、半成品的损耗，包括场内运输损耗、现场存放损耗和施工操作损耗。

2）定额中的材料是按选定的材料规格或综合后计算的，其选用标准见“材料、成品、半成品价格取定表”，实际工程所使用材料的品种、规格与定额不同时，可以调整。材料价格是依据 2008 年《河北省建设工程材料价格》确定的。

3）用量很少、占材料费比重很小的零星材料合并为其他材料费。

（8）机械台班消耗量及单价的确定。

1）机械规格、种类及台班用量是按合理的施工方法确定的，并考虑了必要的机械停滞时间等因素。

2）定额中机械台班单价是依据 2008 年《河北省建设工程施工机械台班单价》确定的，凡未指明具体型号、规格的机械，其台班单价是根据河北省当前机械配备情况取定的综合价格。

3）定额中次要机械综合为其他机械费。

（9）建筑材料、成品、半成品从工地仓库、现场堆放地点或现场加工地点至施工操作地点的水平运输所需要的劳动工日和机械台班，已按正常合理的施工运距计算在定额的项目中。

（10）现场使用建设单位水电时，水电费按如下方式计算：单独设置水、电表，按计数结算；未单独设水、电表，分别按照各册定额的规定的标准计算。

（11）定额中以“×××以内”或“×××以下”表示者，均包括“×××”本身；“×××以外”或“×××以上”者，则不包括其本身。

（12）定额中材料数量带“（　）”者，表示基价中未包括其价值。

第十章　电气安装工程概预算费用计算

一、电气安装工程费用项目组成

电气安装工程费用项目组成，参见第三章表 3-1。

二、有关规定

（1）清工、借工，是指发包方向承包方借用工人，完成属于发包方自行负责的工程，以及施工前期属于发包方负责的准备工作而交由承包方代行完成的用工。结算标准按每工日45元计算，已包括除规费、税金外的各项费用，其规费按照包工不包料工程规费标准计取。

（2）在有害身体健康环境中施工的保健费，指在执行保健费制度的工厂内进行新建、扩建、改建施工而发给施工人员的保健费。工程承包方发放标准按工程发包方给本单位职工标准计算。其费用按施工现场实际参加施工的职工（包括管理人员）人数列入预算，由工程发包方支付，仅计取税金。

（3）采用工程单价法计价的工程，发包方将国家规定准予分包的工程分包给另一承包方，工程发包方应向总承包方支付施工配合费。配合费内容主要包括：交叉施工影响工效，现场安全文明管理，工程相关验收，资料归档整理等管理、服务所发生的费用。

工程发包方按分包工程造价（不含设备费）的2%～4%向总承包方支付施工配合费，具体配合事项由工程发包方和总承包方协商确定。分包方使用总承包方机械、脚手架等发生的费用另计计算。施工配合费仅计取税金。

（4）工程价款调整应按合同确认的方式、方法计算，规费、税金应按规定计取。

（5）税金费率：工程所在地在市区的执行3.45%；工程所在地在县城、镇的执行3.38%；工程所在地不在市区、县城、镇的执行3.25%。

（6）不可竞争措施项目包括安全防护、文明施工费。

（7）可竞争措施项目包括：脚手架工程、模板工程、垂直运输工程、建筑物超高费、大型机械一次安拆及场外运输费及其他可竞争措施项目。其他可竞争措施项目由支挡土板、打拔钢板桩、降水工程、冬雨季施工增加费、夜间施工增加费、生产工具用具使用费、检验试验费（检验试验费指对设计结构安全的项目和进入施工现场的建筑材料、构配件等的检测费用，包括专项和见证取样检测）、工程定位复测场地清理费（工程定位复测、交工验收以及建筑物2m以内的垃圾和2m以外因施工造成障碍物的清理。但不包括建筑垃圾的场外运输）、成品保护费、二次搬运费、临时停水停电费、土建工程施工与生产同时进行增加费、在有害身体健康环境中施工降效增加费组成。

（8）企业管理费和利润费用标准是按照社会平均水平测定的，编制最高限价和标底时，按《河北省建筑、安装、市政、装饰装修工程费用标准》计取；投标人在投标报价时，可根据本企业管理水平和工程实际参考该标准计取。

（9）《河北省建筑、安装、市政、装饰装修工程费用标准》中的规费费用标准是按照国家和河北省现行有关政策，结合全省施工企业实际情况测定的，规费不参与投标报价竞争，在工程计价过程中按该标准规定计取。

三、电气安装工程计价程序

电气安装工程计价程序见表 10 - 1。

表 10 - 1 电气安装工程计价程序

序 号	费 用 项 目	计 算 方 法
1	直接费	
2	直接费中人工费+机械费	
3	企业管理费	2×费率
4	利润	2×费率
5	规费	2×费率
6	价款调整	按合同确认的方式、方法计算
7	税金	(1+3+4+5+6)×费率
8	工程造价	1+3+4+5+6+7

四、规费组成及计费基数

规费组成及计费基数见表 10 - 2。

表 10 - 2 规费组成及计费基数

序 号	规 费 名 称	计 费 基 数
1	养老保险费	直接费中人工费+机械费
2	医疗保险费	
3	失业保险费	
4	生育保险费	
5	住房公积金	
6	工伤保险费	
7	危险作业意外伤害保险	
8	工程排污费	
9	河道工程修建维护管理费	
10	职工教育经费	

注 规费计费基数中，直接费中的人工费、机械费均按照各专业消耗量定额规定的人工、机械消耗量及基期价格计算。

五、安装工程费用标准

(一) 费用标准适用范围

安装工程费用标准适用于工业与民用新建、扩建的安装工程。包括：机械设备安装、电气设备安装、工艺管道、给排水、采暖、燃气、通风空调、自动化控制装置及仪表、工艺金属结构、炉窑砌筑、热力设备安装、化学工业设备安装、非标设备制作工程以及上述工程的刷油、绝热、防腐蚀工程。

(二) 安装工程费用标准（包工包料）

安装工程费用标准（包工包料）见表 10 - 3。

表 10-3 安装工程费用标准（包工包料）

序 号	费 用 项 目	计 费 基 数	费用标准（%）		
			一类工程	二类工程	三类工程
1	直接费				
2	企业管理费	直接费中人工费＋机械费	28	20	16
3	利润		12	11	8
4	规费		18.5		
5	价款调整	按合同确认的方式、方法的计算			
6	税金	(1＋2＋3＋4＋5)×3.45％、3.38％、3.25％			

（三）安装工程费用标准（包工不包料）

安装工程费用标准（包工不包料）见表 10-4。

表 10-4 安装工程费用标准（包工不包料）

序号	费用项目	计 费 基 数	费用标准（%）
1	直接费		
2	企业管理费	直接费中人工费＋机械费	8
3	利润		4
4	规费		7.9
5	价款调整	按合同确认的方式、方法的计算	
6	税金	(1＋2＋3＋4＋5)×3.45％、3.38％、3.25％	

第十一章　电气安装工程预算分项介绍

第一节　变　压　器

变配电工程是用来变换电压和分配电能的装置。大多是成套的定型产品。

变配电装置工程量包括：油浸变压器安装、干式变压器安装、消弧线圈安装、电力变压器干燥、变压器油干燥、变压器油过滤、断路器安装、接触器安装、隔离开关安装、负荷开关安装、互感器安装、熔断器安装、避雷器安装、电抗器安装、电抗器干燥、电力电容器安装、并联电容器组价及交流滤波装置安装、高压成套配电柜安装、组合型成套厢式配电站安装。

一、定额解释说明

(1) 油浸电力变压器安装项目同样适用于自耦式变压器、带负荷调压变压器的安装。电炉变压器按同容量电力变压器项目乘以系数2.0，整流变压器按同容量电力变压器项目乘以系数1.6。

(2) 变压器的器身检查：4000kV·A以下是按吊芯检查考虑；4000kV·A以上是按吊钟罩考虑；如果4000kV·A以上的变压器需吊芯检查时，机械台班乘以系数2.0。

(3) 干式变压器如带有保护外罩，人工和机械乘以系数1.2。

(4) 整流变压器、消弧线圈、并联电抗器的干燥，执行同容量变压器干燥项目，电炉变压器按同容量变压器干燥项目乘以系数2.0。

(5) 变压器油是按设备带来考虑的，但施工中变压器油的过滤损耗及操作损耗已包括在有关项目中。

(6) 变压器安装过程中放注油、油过滤所使用的油罐，已摊入油过滤定额中。

(7) 变压器干燥，需通过试验，判定绝缘受潮时，才能计取此项费用。

(8) 本节项目不包括下列工作内容。

1) 变压器干燥棚的搭拆工作，发生时应按实计算。

2) 变压器铁梯及母线铁构件的制作、安装。另执行本册铁构件制作、安装项目。

3) 气体继电器的检查及试验已列入变压器系统调整试验项目内。

4) 端子箱、控制箱的制作、安装，另执行本册的相应项目。

5) 二次喷漆及喷字。

二、工程量计算

(1) 变压器安装，按不同容量以"台"为计量单位计算。

(2) 变压器干燥，按变压器不同容量以"台"为计量单位计算。

(3) 消弧线圈的干燥按同容量电力变压器干燥项目执行，以"台"为计量单位计算。

(4) 变压器油过滤不论过滤多少次，直到过滤合格为止，以"t"为计量单位计算，其具体计算方法如下。

1) 变压器安装项目未包括绝缘油的过滤，需要过滤时，可按制造厂提供的油量计算。

2) 油断路器及其他充油设备的绝缘油过滤，可按制作厂规定的充油量计算。计算公式为：油过滤量（t）＝设备油重（t）×（1＋损耗率）。

第二节 配 电 装 置

一、定额解释说明

（1）设备本体所需的绝缘油、六氟化硫气体、液压油等均按设备带有考虑。

（2）本节设备安装项目不包括下列工作内容，如发生，另执行相关项目。

1）端子箱安装；

2）设备支架制作及安装；

3）绝缘油过滤；

4）基础槽（角）钢安装；

5）电气设备以外的加压设备和附属管道的安装。

（3）设备安装所需的地脚螺栓按土建预埋考虑，不包括二次灌浆。

（4）互感器安装项目系按单相考虑的，不包括抽芯及绝缘油过滤，特殊情况应另作处理。

（5）电抗器安装项目系按三相叠放、三相平放和二叠一平的安装方式综合考虑的。干式电抗器安装项目适用于混凝土电抗器、铁芯干式电抗器和空心电抗器等干式电抗器的安装。

（6）高压成套配电柜安装项目系综合考虑的，不分容量大小，也不包括母线配制及设备干燥。

（7）低压无功补偿电容器屏（柜）安装列入《控制设备及低压电器》。

（8）配电设备的端子板外部接线，应按本册第四章相应项目另行计算。

（9）组合型成套箱式变电站主要是指10kV以下的箱式变电站，一般布置形式为变压器在箱的中间，箱的一端为高压开关位置，另一端为低压开关位置。组合型低压成套配电装置其外形像一个大型集装箱，内装6～24台低压配电箱（屏），箱的两端开门，中间为通道，称为集装箱式低压配电室，列入《控制设备及低压电器》。

二、工程量计算

（1）断路器、电流互感器、电压互感器、油浸电抗器、电力电容器及电容器柜的安装，按设计图示数量以“台（个）”为计量单位计算。

（2）隔离开关、负荷开关、熔断器、避雷器、干式电抗器的安装，按设计图示数量以“组”为计量单位，每组按三相计算。

（3）交流滤波装置组架的安装按设计图示数量以“台”为计量单位计算。每套滤波装置包括三台组架安装，不包括设备本身及铜母线的安装，其工程量应按本册相应项目另行计算。

（4）高压设备安装项目内均不包括绝缘台的安装，其工程量应按施工图设计另行计算。

（5）高压成套配电柜和箱式变电站的安装按设计数量以“台”为计量单位计算。

（6）配电设备安装的支架、抱箍及延长轴、轴套、间隔板等，按施工图设计的需要量计算，执行《控制设备及低压电器》中“铁构件制作安装”项目或成品价。

第三节　母线、绝缘子

一、定额解释说明

(1) 本节项目不包括支架、铁构件的制作、安装，发生时执行《控制设备及低压电器》相应项目。

(2) 软母线、槽形母线的安装项目内不包括母线、金具、绝缘子等主材，具体可按设计数量加损耗计算。

(3) 组合软母线安装项目不包括两端铁构件制作、安装和支持瓷瓶、带形母线的安装，发生时应执行本册相应项目；其跨距是按标准跨距综合考虑的。

(4) 软母线安装项目是按单串绝缘子考虑的，如设计为双串绝缘子，人工乘以系数1.08。

(5) 软母线的引下线、跳线、设备连线均按导线截面分别执行项目。不区分引下线、跳线和设备连线。

(6) 带形铜母线安装执行相应铜母线安装项目。

(7) 带形母线伸缩节头和铜过渡板均按成品考虑，项目中只考虑安装。

(8) 高压共箱母线和低压封闭式插接母线槽均按制造厂供应的成品考虑，项目内只包含现场安装。封闭式插接母线槽在竖井内安装时，人工和机械乘以系数2.0。

二、工程量计算

(1) 悬式绝缘子串安装，指垂直或V形安装的提挂导线、跳线、引下线、设备连接线或设备等所用的绝缘子串安装，按设计图示数量以“10串”为计量单位计算。耐张绝缘子串的安装，已包括在软母线安装项目内。

(2) 支持绝缘子安装分别按安装在户内、户外、单孔、双孔、四孔固定，按设计图示数量以“10个”为计量单位计算。

(3) 穿墙套管安装不分水平、垂直安装，均按设计图示数量以“个”为计量单位计算。

(4) 软母线安装，指直接由耐张绝缘子串悬挂部分，按软母线截面大小分别以“跨/3相”为计量单位计算。软导线、绝缘子、线夹、弛度调节金具等均按施工图设计用量加项目规定的损耗率计算。

(5) 软母线引下线，指由T形线夹或并沟线夹从软母线引向设备的连接线，按设计图示数量以“组”为计量单位计算，每三相为一组；软母线经终端耐张线夹引下（不经T形线夹或并沟线夹引下）与设备连接的部分均执行引下线项目。

(6) 两跨软母线间的跳引线安装，按设计图示数量以“组”为计量单位计算，每三相为一组。不论两端的耐张线夹是螺栓式或压接式，均执行软母线跳线项目。

(7) 设备连接线安装，指两设备间的连接部分。不论引下线、跳线、设备连接线，均应分别按导线截面、三相为一组计算工程量。

(8) 组合软母线安装，按三相为一组计算。跨距（包括水平悬挂部分和两端引下部分之和）按45m以内考虑，跨度的长与短不作调整。导线、绝缘子、线夹、金具按施工图设计用量加项目规定的损耗率计算。

(9) 软母线安装预留长度按表11-1计算。

表 11-1　　软母线安装预留长度　　m/根

项目	耐张	跳线	引下线、设备连接线
预留长度	2.5	0.8	0.6

(10) 带形母线安装及带形母线引下线安装包括铜排、铝排，分别以不同截面和片数以“10m/单相”为计量单位计算，母线和固定母线的金具均按设计量加损耗率计算。

(11) 母线伸缩接头、铜过渡板安装均按设计图示数量以“个”、“块”为计量单位计算。

(12) 槽形母线安装按设计图示数量以“10m/单相”为计量单位计算。槽形母线与设备连接分别按连接不同的设备以“台”为计量单位计算。槽形母线及固定槽形母线的金具按设计用量加损耗率计算。共箱母线安装按箱体的大小尺寸以“10m”为计量单位，长度按设计共箱母线的轴线长度计算。

(13) 低压（指 380V 以下）封闭式插接母线槽安装分别按导体的每相电流大小以“10m”为计量单位，长度按设计母线的轴线长度计算，分线箱以“台”为计量单位，分别以电流大小按设计数量计算。

(14) 重型母线安装包括铜母线、铝母线，分别按截面大小以母线的成品重量以“t”为计量单位计算。

(15) 重型铝母线接触面加工指铸造件需加工接触面时，可以按其接触面大小，分别以“片/单相”为计量单位计算。

(16) 硬母线配置安装预留长度按表 11-2 计算。

表 11-2　　硬母线配置安装预留长度　　m/根

序号	项　目	预留长度	说　明
1	带形、槽形母线终端	0.3	从最后一个支持点算起
2	带形、槽形母线与分支线连接	0.5	分支线预留
3	带形母线与设备连接	0.5	从设备端子接口算起
4	多片重形母线与设备连接	1.0	从设备端子接口算起
5	槽形母线与设备连接	0.5	从设备端子接口算起

(17) 带形母线、槽形母线安装均不包括支持绝缘子安装和钢构件配置安装，应分别按设计成品数量执行《电气设备安装工程》相应项目。

第四节　控制设备及低压电器

一、定额的解释说明

(1) 本节包括电气控制设备、低压电器的安装，盘、柜配线，焊（压）接线端子，穿通板制作、安装，基础槽（角）钢及各种铁构件、支架制作、安装。

(2) 控制设备安装，除限位开关及水位电气信号装置外，其他均未包括支架制作安装。发生时可执行本节相应项目。

（3）控制设备安装未包括的工作内容：

1）二次喷漆及喷字；

2）电器及设备干燥；

3）焊、压接线端子；

4）端子板外部（二次）接线。

（4）屏上辅助设备安装，包括标签框、光字牌、信号灯、附加电阻、连接片等，但不包括屏上开孔工作。

（5）设备的补充油按设备自带考虑。

（6）各种铁构件制作，均不包括镀锌、镀锡、镀铬、喷塑等其他金属防护费用。发生时应另行计算。

（7）轻型铁构件指结构厚度在3mm以内的构件。

（8）铁构件制作、安装项目适用于本册范围内的各种支架、构件的制作、安装。

（9）铜（铝）线焊（压）接线端子项目只适用于导线，电力（控制）电缆终端头制作、安装项目中已含压接线端子。

（10）端子板外部接线、控制电缆头制作、安装项目中已含接线工作，不应重复计算。

（11）盘、柜配线项目只适用于盘上小设备元件的少量现场配线，不适用于工厂的设备修、配、改工程。

二、工程量计算

（1）控制设备及低压电器安装均按设计图示数量以“台”为计量单位计算。以上设备安装均未包括基础槽钢、角钢的制作、安装，应按相应项目另行计算。

（2）铁构件制作、安装均按设计图示尺寸，以成品重量“100kg”为计量单位计算。

（3）网门、保护网制作、安装，按设计网门或保护网的框外围尺寸，以“m^2”为计量单位计算。

（4）盘柜配线分不同规格，以“10m”为计量单位计算。

（5）盘、箱、柜的外部进出线预留长度按表11-3计算。

表11-3　盘、箱、柜的外部进出线预留长度　m/根

序号	项　　目	预留长度	说　明
1	各种箱、柜、盘、板、盒	高+宽	盘面尺寸
2	单独安装的铁壳开关、自动开关、刀开关、启动器、箱式电阻器、变阻器	0.5	从安装对象中心算起
3	继电器、控制开关、信号灯、按钮、熔断器等小电器	0.3	从安装对象中心算起
4	分支接头	0.2	分支线预留

（6）配电板制作、安装及包铁皮，按配电板图示外形尺寸，以“m^2（块）”为计量单位计算。

（7）端子板外部接线按设备盘、箱、柜、台的外部接线图计算，以“10个”为计量单位计算。

第五节 蓄 电 池

一、定额解释说明

（1）本节项目适用于220V以下各种容量的碱性和酸性固定型蓄电池及其防振支架安装、蓄电池充放电。

（2）蓄电池防振支架按随设备供货考虑，安装按地坪打眼装膨胀螺栓固定考虑。

（3）蓄电池电极连接条、紧固螺栓、绝缘垫均按设备带有考虑。

（4）本节项目不包括蓄电池抽头连接用电缆及电缆保护管的安装，发生时应执行本册相应项目。

（5）碱性蓄电池补充电解液按厂家随设备供货考虑。铅酸蓄电池的电解液已包括在项目内，不另行计算。

（6）蓄电池充放电电量已计入，不论酸性、碱性电池均按其电压和容量执行相应项目。

二、工程量计算

（1）铅酸蓄电池和碱性蓄电池安装，分别按容量大小以单体蓄电池“个”为计量单位，按施工图设计的数量计算工程量。

（2）免维护铅酸蓄电池安装以“组件”为计量单位，其具体计算举例如下：

某项工程设计一组蓄电池为220V/500（A·h），由12V的组件18个组成，那么就应该套用12V/500（A·h）的项目18组件。

（3）蓄电池充放电按不同容量以“组”为计量单位计算。

第六节 电 机

一、定额解释说明

（1）本节项目中的专业术语“电机”系指发电机和电动机的统称，如小型电机检查接线项目，适用于同功率的小型发电机和小型电动机的检查接线，项目中的电机功率系指电机的额定功率。

（2）微型电机项目。

1）驱动微型电机（分马力电机）系指微型异步电动机、微型同步电动机、微型交流换向器电动机、微型直流电动机等。

2）控制微型电机系指自整角机、旋转变压器、交直流测速发电机、交直流伺服电动机、步进电动机、力矩电动机等。

3）电源微型电机系指微型电动发电机组和单枢变流机等。

4）其他小型电机凡功率在0.75kW以下的电机均执行微型电机项目，但带连线插头电机的小型电器安装执行相应的安装项目，不再执行检查接线项目。

5）风机盘管检查接线也适用于空气幕项目。

（3）各类电机的检查接线项目均不包括控制装置的安装和接线；除发电机和调相机外，均不包括电机干燥，发生时应按电机干燥项目另行计算。

（4）电机的接地线材质是按镀锌扁钢（25mm×4mm）考虑的，如采用铜接地线时，主材（导线和接头）应换算，但安装人工和机械不变。

（5）电机的检查接线和干燥执行本节项目，电机本身的安装另行计算。

（6）各种电机的检查接线，规范要求均需配有相应的金属软管，本节综合取定平均每台电机配 1 根 0.8m 金属软管；设计有规定的，可按设计规格和数量调整，定额人工、机械不变。

（7）电机的电源线为导线时，应执行《控制设备及低压电器》的压（焊）接线端子项目规定。

（8）电机干燥项目系按一次干燥所需的工、料、机消耗量考虑的，在特别潮湿的地方，电机需要进行多次干燥，应按实际干燥次数计算。在气候干燥、电机绝缘性能良好、符合技术标准而不需要干燥时，则不计算干燥费用。

（9）电机解体检查项目，应根据需要选用。如不需要解体时，应只执行电机检查接线项目。

二、工程量计算

（1）发电机、调相机、电动机的电机检查接线，均按设计图示数量以“台”为计量单位计算。直流发电机组和多台一串的机组，按单台电机分别执行。

（2）电机项目的界线划分：单台电机重量在 3t 以下的为小型电机；单台电机重量在 3t 以上至 30t 以下的为中型电机，单台电机重量在 30t 以上的为大型电机。

（3）小型电机按电机类别和功率大小执行相应项目，大、中型电机不分类别一律按电机重量执行相应项目。

（4）风机盘管检查接线不分明装和暗装，均以“台”为计量单位计算。

第七节　滑触线装置

一、定额解释说明

（1）起重机的电气装置系按未经生产厂家成套安装和试运行考虑的，因此未编制起重机整台安装项目，应按电机和各种开关、控制设备、管线及灯具等分别执行相应项目。

（2）滑触线支架的基础铁件及螺栓，按土建预埋考虑。

（3）滑触线及支架的油漆，均按涂一遍考虑。

（4）移动软电缆敷设未包括轨道安装及滑轮制作。

（5）滑触线的辅助母线安装，执行“车间带形母线”安装项目。

（6）滑触线伸缩器和座式电车绝缘子支持器的安装，已分别包括在“滑触线安装”和“滑触线支架安装”项目内，不另行计算。

（7）滑触线及支架安装是按 10m 以下标高考虑的，如超过 10m 时应计算操作高度增加费。

（8）铁构件制作，执行《控制设备及低压电器》的相应项目。

二、工程量计算

滑触线安装按设计图示长度以“100m/单相”为计量单位计算，其附加和预留长度按表 11－4 计算。

表 11-4 **滑触线安装附加和预留长度** m/根

序号	项 目	预留长度	说 明
1	圆钢、铜母线与设备连接	0.2	从设备接线端子接口起算
2	圆钢、铜滑触线终端	0.5	从最后一个固定点起算
3	角钢滑触线终端	1.0	从最后一个支持点起算
4	扁钢滑触线终端	1.3	从最后一个固定点起算
5	扁钢母线分支	0.5	分支线预留
6	扁钢母线与设备连接	0.5	从设备接线端子接口起算
7	轻轨滑触线终端	0.8	从最后一个支持点起算
8	安全节能及其他滑触线终端	0.5	从最后一个固定点起算

第八节 电 缆

电缆的敷设包括电缆沟铺砂、盖砖及移动盖板，电缆保护管敷设，电缆槽安装，桥架安装，电缆终端头、中间头制作安装等。

一、定额解释说明

(1) 本节的电缆敷设项目适用于10kV以下的电力电缆和控制电缆敷设，项目内容系按平原地区和厂内电缆工程的施工条件编制的，未考虑在积水区、水底、井下等特殊条件下的电缆敷设，厂外电缆敷设工程按《10kV以下架空配电线路》有关内容另计工地运输。

(2) 电缆在一般山地、丘陵地区敷设时，其项目人工乘以系数1.3。该地段所需的施工材料如固定桩、夹具等按实际另计。

(3) 本节的电缆敷设项目是按铜芯电缆考虑，铝芯电缆敷设可按相应截面电缆敷设项目执行，人工和机械乘以系数0.7。

(4) 本节的电力电缆头项目未考虑双屏蔽电缆头制作，如发生可按同截面电缆头制作、安装项目执行，人工乘以系数1.05。

(5) 电力电缆敷设项目是按三芯（包括三芯连地）考虑的，五芯电力电缆敷设按同截面电缆项目乘以系数1.3，六芯电力电缆乘以系数1.6，每增加一芯增加30%，以此类推（未计价材数量不予调整）。单芯电力电缆敷设按同截面电缆项目乘以0.67。截面400～800mm^2的单芯电力电缆敷设按400mm^2电力电缆项目执行；截面800～1000mm^2的单芯电力电缆敷设按400mm^2电力电缆乘以系数1.25执行。240mm^2以上的电缆头的接线端子为异型端子，需要单独加工，应按实际加工价计算（或调整项目价格）。

(6) 电缆头制作、安装项目是按铜芯考虑，铝芯电缆头制作、安装可按相应截面电缆头制作、安装项目执行，人工乘以系数0.7。

(7) 电缆头制作、安装项目是按三芯（包括三芯连地）考虑的，五芯电缆头制作、安装执行定额时，按相应截面电缆头制作、安装定额乘以系数1.3，六芯电缆头制作、安装乘以系数1.6，每再增加一芯定额增加30%，以此类推，相应端子数量据实调整。

(8) 户内冷缩式电力电缆终端头制作、安装执行户内热缩式电力电缆终端头制作、安装项目人工乘以系数0.8。

（9）桥架安装。

1）桥架安装包括运输、组对、吊装、固定；弯通或三、四通修改、制作组对，切割口防腐，桥架开孔，上管件、隔板安装、盖板安装、接地、附件安装等工作内容。

2）桥架支撑架项目适用于立柱、托臂及其他各种支撑架的安装。项目中已综合考虑了采用螺栓、焊接和膨胀螺栓三种固定方式。

3）玻璃钢梯式桥架和铝合金梯式桥架项目均按不带盖考虑，如这两种桥架带盖，则分别执行玻璃钢槽式桥架和铝合金槽式桥架项目。

4）钢制桥架主结构设计厚度大于 3mm 时，项目人工、机械乘以系数 1.2。

5）不锈钢桥架按本节钢制桥架项目乘以系数 1.1 执行。

（10）本节电缆敷设项目已将裸包电缆、铠装电缆、屏蔽电缆等因素考虑在内，因此，凡 10kV 以下的电力电缆和控制电缆均不分结构形式和型号，一律按相应的电缆截面和芯数执行。

（11）本节电力电缆敷设按“电缆敷设”、“电缆沿墙敷设”、“电缆沿钢索敷设”、“电缆沿垂直通道敷设”四种敷设方式分列定额，其中“电缆敷设”、“电缆沿垂直通道敷设”已综合考虑了电缆沿地沟、支架、托架、桥架、电缆槽、穿保护管、直埋等敷设形式。

（12）电缆敷设及其相配套的项目中凡未包括主材（又称装置性材料）消耗量的，应另按设计和工程量计算规则加上规定的损耗率计算主材费用。

（13）电缆沿垂直通道敷设高度超过 20m（或 6 层），可套用沿垂直通道敷设项目。

（14）直径 ϕ100 以下的电缆保护管敷设按第十二节配管、配线有关项目执行。

（15）本节未包括下列工作内容：

1）隔热层、保护层的制作、安装；

2）吊电缆的钢索及拉紧装置；

3）电缆冬季施工的加温工作和在其他特殊施工条件下的施工措施费和施工降效增加费；

4）路面基层开挖。

二、工程量计算

（1）直埋电缆的挖、填土（石）方，除特殊要求外，可按表 11-5 计算土方量。

表 11-5　直埋电缆的挖、填土（石）方量

项　目	电缆根数	
	1～2	每增 1 根
每米沟长挖方量（m^3）	0.45	0.153

注　1. 2 根以内的电缆沟，系按上口宽度 600mm、下口宽度 400mm、深度 900mm 计算的常规土方量（深度按规范的最低标准）；

2. 每增加 1 根电缆，其宽度增加 170mm；

3. 以上土方量系按埋深从自然地坪起算，如设计埋深超过 900mm 时，多挖的土方量应另行计算。

（2）电缆沟盖板揭、盖项目，按每揭或每盖一次，以“100m”为计量单位，如既揭又盖，则按两次计算。

（3）电缆保护管长度，除按设计规定长度计算外，遇有下列情况，应按以下规定增加保护管长度：

1）横穿道路，按路基宽度两端各增加 2m；

2）垂直敷设时，管口距地面增加 2m；

3）穿过建筑物外墙时，按外墙外缘以外增加 1.5m；

4）穿过排水沟时，按沟壁外缘以外增加 1m。

（4）电缆保护管埋地敷设，其土方量凡有施工图注明的，按施工图计算；无施工图的，一般按沟深 0.9m、沟宽按最外边的保护管两侧边缘外各增加 0.3m 工作面计算。

（5）电缆敷设按单根以"100m"为计量单位计算，一个沟内（或架上）敷设 3 根各长 100m 的电缆，应按 300m 计算，以此类推。

（6）电缆敷设长度应根据敷设路径的水平和垂直敷设长度，按表 11-6 规定增加附加长度。

表 11-6 电缆敷设的附加长度

序号	项目	预留长度（附加）	说明
1	电缆敷设弛度、波形弯度、交叉	2.5%	按电缆全长计算
2	电缆进入建筑物	2.0m	规范规定最小值
3	电缆进入沟内或吊架时引上（下）预留	1.5m	规范规定最小值
4	变电所进线、出线	1.5m	规范规定最小值
5	电力电缆终端头	1.5m	检修余量最小值
6	电缆中间接头盒	两端各留 2.0m	检修余量最小值
7	电缆进控制、保护屏及模拟盘等	高＋宽	按盘面尺寸
8	高压开关柜及低压配电盘、箱	2.0m	盘下进出线
9	电缆至电动机	0.5m	从电机接线盒起算
10	厂用变压器	3.0m	从地坪起算
11	电缆绕过梁、柱等增加长度	按实计算	按被绕物的断面情况计算增加长度
12	电梯电缆与电缆架固定点	每处 0.5m	规范最小值

注 电缆附加及预留的长度是电缆敷设长度的组成部分，应计入电缆长度工程量之内，即：电缆工程量＝施工图用量＋附加及预留长度。

（7）电缆终端头及中间头均按设计图示数量以"个"为计量单位计算。电力电缆和控制电缆均按一根电缆有两个终端头考虑。中间电缆头设计有图示的，按设计确定；设计没有规定的，按实际情况计算（或按平均 250m 一个中间头考虑）。

（8）桥架安装，按设计图示长度以"10m"为计量单位计算。

（9）钢索的计算长度以两端固定点的距离为准，不扣除拉紧装置的长度。

[例 11-1] 某电缆工程，采用电缆铺砂盖砖直埋敷设，4 根 VV_{22}（3×50＋1×16），进建筑物至配电柜采用 RC50 锌钢管埋敷设，进入室内地面 100mm，电缆室外水平距离 100m，进入 1 号车间后 10m 到配电柜，配电室的配电柜到外墙 5m（室内部分共 15m，电缆穿钢管保护），如图 11-1 所示，计算工程量。

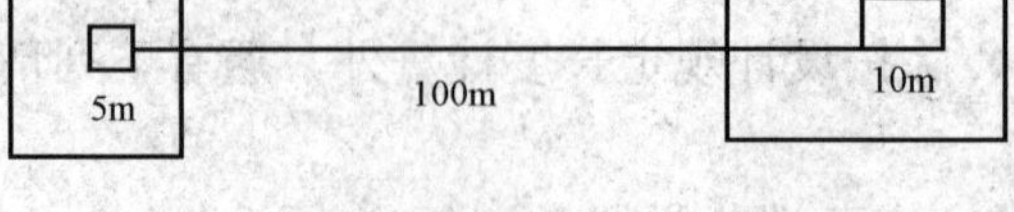

图 11-1 [例 11-1] 电缆工程

解　(1) 挖填土方工程量，沟长 100m，4 根电缆，每米土方量为 0.45+0.153×2=0.756 (m^3)（1～2 根 0.45m^3，每增一根 0.153m^3，计算依据 2 根内按上口宽 600 下口宽 400，深 900，每增一根按宽度增加 170mm)。

挖填土方量=0.756×(100−1.5×2)=73.33 (m^3)。

保护管土方量=0.8×0.9×15=10.8 (m^3)。

(2) 电缆沟铺砂盖砖工程量：100−1.5×2=97 (m)。

(3) 每根电缆工程量为：100+5+10+0.1×2+0.9×2=117 (m)，共 4 根。

(4) 电缆保护管密封：2 处。

(5) 电缆终端头制作安装：8 个。

(6) 电缆中间头制作安装：按实结算。

(7) 室内部分电缆穿钢管及电缆在墙下穿保护管 RC50，电缆穿过建筑物外墙时，保护管按外墙外缘以外增加 1.5m，故电缆保护管长度为

$$(15+1.5×2+0.1×2+0.9×2)×4=80 \text{ (m)}$$

(8) 电缆在各处的预留量：4 根电缆。

1) 配电室进出线预留长度：1.5×4=6 (m)。

2) 电缆进出沟内预留长度：1.5×2×4=12 (m)。

3) 直埋电缆进建筑物预留长度，每根计 2.0m，本项目为一处，故预留长度为：2×4=8 (m)。

每个终端头，加计 1.5m，本项目为 2 处，预留长度为：1.5×2×4=12 (m)。

4) 进入配电柜预留长度 2×2×4=16 (m)。

直埋电缆中间接头的预留量按实计算，电缆敷设弛度、波形弯度、交叉 2.5%。

电缆工程量总计：(117×4+6+12+8+12+16)×102.5%=535.05 (m)。

[例 11-2]　某电缆工程，从变电所变压器到车间低压柜，采用电缆沟敷设方式，共 16 根电缆，电缆型号 VV_{22} (3×50+2×25)，沟长 200m，双边镀锌支架安装，共分四层，求：(1) 列项。(2) 工程量。

解　(1) 列项：电缆沟内支架制作安装、电力电缆敷设、电缆沟进出建筑物密封、电缆终端头制作安装。

(2) 工程量计算。

电缆沟内支架制作安装工程量：按图计算。

电力电缆敷设工程量为：

$$(200+1.5+2+3+2+1.5×2+1.5×2)×16×102.5\%=3517.8 \text{ (m)}$$

式中：变电所进出线 1.5m，电缆进建筑物 2m，厂用变压器 3m，低压配电柜 2m；电缆终端头 2 个，每个 1.5m；电缆进电缆沟 2 次，每次 1.5m，电缆敷设弛度、波形弯度、交叉 2.5%。

[例 11-3]　已知有五栋新建厂房，如图 11-2 所示，动力配电箱都是由 1 号配电室低压配电柜引入电缆，电缆均为 VV_{22} (3×50+2×25)，采用直埋铺沙盖混凝土板，沟深 1m，进出建筑物采用保护管。求：(1) 列项；(2) 电缆沟铺沙盖板工程量？每增加一根工程量？

解　(1) 列项：土方量，每增加一根，电缆沟铺砂盖板，电缆埋地敷设，密封保护管，

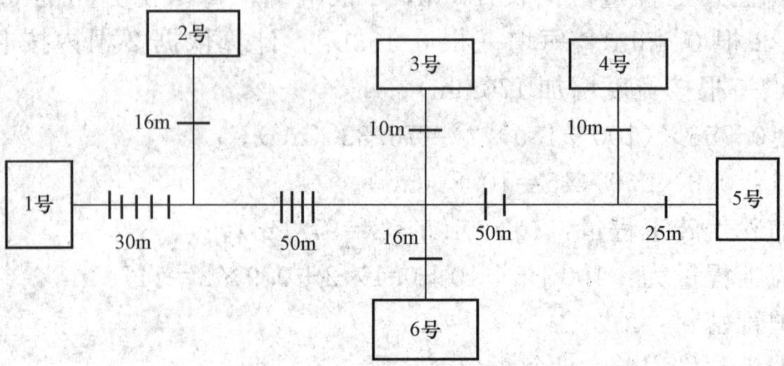

图 11-2　[例 11-3] 电缆工程

电缆终端头。

(2) 电缆沟铺砂盖板工程量：30＋50＋50＋25＋16＋10＋16＋10＝207（m）

每增加一根工程量：3×30＋2×50＝190（m）。

第九节　防雷及接地装置

一、定额解释说明

(1) 本节项目适用于建筑物、构筑物的防雷接地、变配电系统接地、设备接地以及避雷针的接地装置。

(2) 户外接地母线敷设项目系按自然地坪和一般土质综合考虑的，包括地沟的挖填土和夯实工作，执行本项目时不应再计算土方量。如遇有石方、矿渣、积水、障碍物等情况时可另行计算。

(3) 本节不适于采用爆破法施工敷设接地线、安装接地极，也不包括高土壤电阻率地区采用换土或化学处理的接地装置及接地电阻的测定工作。

(4) 本节项目中，避雷针的安装、半导体少长针消雷装置安装均已考虑了高空作业的因素。

(5) 独立避雷针的加工制作执行本册“一般铁构件”制作项目或按成品计算。

(6) 防雷均压环安装项目是按利用建筑物圈梁内主筋作为防雷接地连接线考虑的。如果采用单独扁钢或圆钢明敷作均压环时，可执行“户内接地母线敷设”项目。

(7) 利用铜绞线作接地引下线时，配管、穿铜绞线执行第十二节配管、配线中同规格的相应项目。

(8) 利用建筑物主筋作接地引下线和利用圈梁钢筋作均压环接地连线，都是按二根主筋考虑的，如超过二根可按比例调整。

(9) 利用建筑物主筋作接地引下线项目是按锥螺纹绑扎焊接考虑的，如主筋采用对焊方式，项目乘以系数 0.5。

(10) 高层建筑物屋顶的防雷接地装置应执行“避雷网安装”项目，电缆支架的接地线安装应执行“户内接地母线敷设”项目。

二、工程量计算

(1) 接地极制作安装以“根”为计量单位，其长度按设计长度计算，设计无规定时，每根长度按 2.5m 计算。若设计有管帽时，管帽另按加工件计算。

（2）接地母线、避雷线敷设以“10m”为计量单位，其长度按施工图水平和垂直规定长度另加 3.9%的附加长度（包括转弯、上下波动、避绕障碍物、搭接头所占长度）计算。

（3）接地跨接线以“10 处”为计量单位，按规程规定凡需做接地跨接线的工程，每跨接一次按一处计算。

（4）避雷针的加工制作、安装，以“根”或“组”为计量单位计算，独立避雷针安装以“基”为计量单位计算。长度、高度、数量均按设计规定。

（5）半导体少长针消雷装置安装以“套”为计量单位计算，按设计安装高度分别执行相应项目。装置本身由设备制造厂成套供货。

（6）利用建筑物内主筋作接地引下线安装按设计图示尺寸以“10m”为计量单位。

（7）断接卡子制作安装以“10 套”为计量单位，按设计规定装设的断接卡子数量计算，接地检查井内的断接卡子安装按每井一套计算。

（8）均压环敷设以“10m”为计量单位，工程量以设计需要做均压接地的圈梁的中心线长度按延长米计算。

（9）钢、铝窗接地以“10 处”为计量单位（高层建筑六层以上的金属窗设计一般要求接地），按设计规定接地的金属窗数进行计算。

（10）柱子主筋与圈梁连接以“10 处”为计量单位，每处按 2 根主筋与 2 根圈梁钢筋分别焊接连接考虑。如果焊接主筋和圈梁钢筋超过 2 根时，可按比例调整。柱子主筋与圈梁连接的“处”数按设计规定计算。

（11）利用基础钢筋作接地极是按满堂基础、带形基础考虑的，以“m^2”为计量单位，按基础尺寸计算工程量。

［例 11-4］ 有一塔楼，檐高 76m，层高 3m，外墙周长 86m，有 $\phi8$ 钢筋做沿女儿墙避雷网，30m 以上有钢窗 80 樘。采用 $\phi19$ 钢筋做接地极，共 6 组，每组 4 根。接地母线 ∟ 4×25mm 扁钢 100m。从建筑物 30m 以上，每三层将圈梁水平钢筋与引下线焊接在一起，形成均压环。建筑物四角用柱筋做防雷引下线，试计算工程量。

解 （1）圆钢接地极普通土：6×4＝24 根。

（2）户内接地母线敷设，扁钢 100×(1＋3.9%)＝103.9（m）。

（3）接地跨接线安装钢铝窗接地 80 处。

（4）避雷网安装均压环敷设利用圈梁钢筋：(76－30)/9＝5.1（m）。取 5 圈，避雷带工程量 5×86×(1＋3.9%)＝446.8（m）。

（5）避雷网安装：外墙周长 86×(1＋3.9%)＝89.4（m）。

（6）避雷引下线敷设利用建筑物主筋引下：4×76＝304（m）。

（7）避雷引下线断接卡子制作安装：4 套。

第十节　10kV 以下架空线配电线路

一、定额解释说明

（1）本节项目按平地施工条件考虑，如在其他地形条件下施工时，其人工和机械按表 11-7 地形系数予以调整。

表 11-7 地形调整系数

地形类别	丘陵（市区）	一般山地、泥沼地带
调整系数	1.20	1.60

（2）地形划分的特征。

1）平地：地形比较平坦、地面比较干燥的地带。

2）丘陵：地形有起伏的矮岗、土丘等地带。

3）一般山地：指一般山岭或沟谷地带、高原台地等。

4）泥沼地带：指经常积水的田地或泥水淤积的地带。

（3）全线地形分几种类型时，可按各种类型长度所占百分比求出综合系数进行计算。

（4）线路一次施工工程量按5根以上电杆考虑，如5根以内者，其全部人工、机械乘以系数1.3。

（5）如果出现钢管杆的组立，按同高度混凝土杆组立的人工、机械乘以系数1.4，材料不调整。

（6）杆上变压器安装项目不包括变压器调试、抽芯、干燥工作。

（7）土石方工程按河北省建筑、市政定额相应项目执行。

二、工程量计算

（1）工地运输，是指项目内的未计价材料从集中材料堆放点或工地仓库运至杆位上的工程运输，分人力运输和汽车运输，以“10t·km”为计量单位计算。

运输量计算公式为

工程运输量＝施工图用量×(1＋损耗率)

预算运输重量＝工程运输量＋包装物重量（不需要包装的可不计算包装物质量）

运输重量可按表11-8进行计算。

表 11-8 运输重量

材料名称		运输重量（kg）	备注
混凝土制品	人工浇制（m^3）	2600	包括钢筋
	离心浇制（m^3）	2860	包括钢筋
线材	导线（kg）	$W\times1.15$	有线盘
	钢绞线（kg）	$W\times1.07$	无线盘
木杆材料（m^3）		500	包括木横担
金属、绝缘子（kg）		$W\times1.07$	
螺栓（kg）		$W\times1.01$	

注 1. W 为理论重量；

2. 未列入者均按净重计算。

（2）无底盘、卡盘的电杆坑，其挖方体积计算公式为

$$V=0.8\times0.8\times h$$

式中：h 为坑深，m。

（3）电杆坑的马道土、石方量按每坑 0.2m³ 计算。

（4）施工操作裕度按底拉盘底宽每边增加 0.1m。

（5）各类土质的放坡系数按表 11-9 计算。

表 11-9　**各类土质的放坡系数**

土质	普通土、水坑	坚土	松砂石	泥水、流砂、岩石
放坡系数	1∶0.3	1∶0.25	1∶0.2	不放坡

（6）冻土厚度大于 300mm 时，冻土层的挖方量按坚土项目乘以系数 2.5。其他土层仍按土质性质执行相应项目。

（7）土方量计算公式为

$$V = h/6[ab + (a + a_1) \times (b + b_1) + a_1 b_1]$$

式中：V 为土（石）方体积，m^3；h 为坑深，m；$a(b)$ 为坑底宽，m；$a(b)$ ＝底拉盘底宽＋2×每边操作裕度；$a_1(b_1)$ 为坑口宽，m；$a_1(b_1)$ ＝$a(b)$＋2×h×边坡系数。

（8）杆坑土质按一个坑的主要土质而定，如一个坑大部分为普通土，少量为坚土，则该坑应全部按普通土计算。

（9）带卡盘的电杆坑，如原计算的尺寸不能满足卡盘安装时，因卡盘超长而增加的土（石）方量另计。

（10）底盘、卡盘、拉线盘按设计用量以“块”为计量单位计算。

（11）杆塔组立，分别杆塔形式和高度按设计数量以“根”为计量单位计算。

（12）拉线制作、安装按施工图设计规定，分别不同形式，以“组”为计量单位计算。

（13）横担安装按施工图设计规定，分不同形式和截面，以“组”为计量单位计算，项目中是按单根拉线考虑的，若安装 V 形、Y 形或双拼形拉线时，按 2 根计算。拉线长度按设计全根长度计算，设计无规定时可按表 11-10 计算。

表 11-10　**拉 线 长 度**　m/组

项　目		普通拉线	V（Y）形拉线	弓形拉线
杆高（m）	8	11.47	22.94	9.33
	9	12.46	25.22	10.10
	10	13.74	27.48	10.92
	11	15.10	30.20	11.82
	12	16.14	32.28	12.62
	13	18.69	37.38	13.42
	14	19.68	39.36	15.12
水平拉线		26.47		

（14）导线架设，分别导线类型和不同截面以“1km/单线”为计量单位计算。导线长度按线路总长度和预留长度之和计算。计算主材费时应另增加规定的损耗率。导线预留长度按表 11-11 规定计算。

表 11-11　　导线预留长度　　m/根

项目名称		长度
高压	转角	2.5
	分支、终端	2.0
低压	分支、终端	0.5
	交叉跳线转角	1.5
与设备连线		0.5
进户线		2.5

(15) 导线跨越架设，包括越线架的搭、拆和运输以及因跨越（障碍）施工难度增加而增加的工作量，以“处”为计量单位计算。在计算架线工程量时应按以下规定执行。

1) 每个跨越间距均按 50m 以内考虑，大于 50m 而小于 100m 时按 2 处计算，以此类推。

2) 在同跨越档内，有多种（或多次）跨越物时，应根据跨越物种类分别执行相应项目。

3) 跨越项目仅考虑因跨越而多耗的人工、机械台班和材料，在计算架线工程量时，不扣除跨越档的长度。

(16) 杆上变配电设备安装以“台”或“组”为计量单位计算，项目中包括杆上钢支架及设备的安装工作，但钢支架主材、连引线、线夹、金具等应按设计规定另行计算，设备的接地装置安装和调试应按本册相应项目另行计算。

[例 11-5]　一低压 220/380V 外线工程平面如图 11-3 所示，电杆高 10m，间距均为 40m，山区施工，室外杆上变压器容量为 315kVA，变压器台架杆高 12m。拉线为普通型，截面 $35mm^2$。试列预算项目。（注：电杆 10m 杆埋深 1.9m，12m 杆埋深 2.3m）

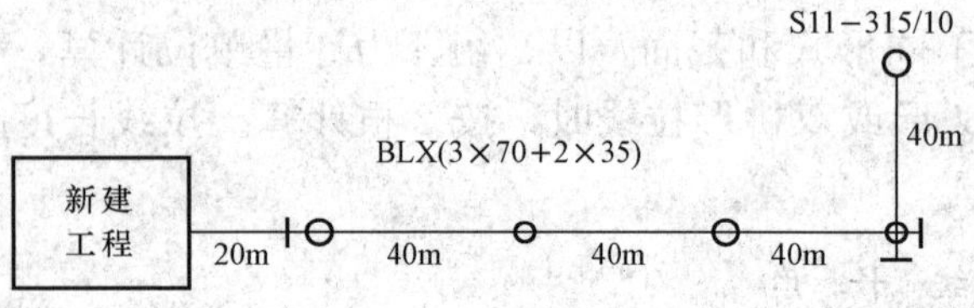

图 11-3　[例 11-5] 外线工程

解　预算项目如下所列。

(1) 土方量；

(2) 底盘安装；

(3) 卡盘安装；

(4) 电杆组立，单杆、混凝土杆（11m 以内）；

(5) 电杆组立，单杆、混凝土杆（13m 以内）；

(6) 1kV 以下横担安装，六线单根；

(7) 1kV 以下横担安装，六线双根；

(8) 进户线横担安装，一端埋设式六线；

(9) 拉线制作安装普通拉线（截面 $35mm^2$ 以内）；

(10) 油浸电力变压器安装 10kV/容量（320kVA 以下）；

(11) 进户线架设进户线截面（$35mm^2$ 以内）；

（12）进户线架设进户线截面（95mm² 以内）；

（13）导线架设，绝缘铝绞线（截面 35mm² 以内）；

（14）导线架设，绝缘铝绞线（截面 95mm² 以内）。

第十一节　电 气 调 整 试 验

一、定额解释说明

（1）本节内容包括电气设备的本体试验和主要设备的分系统调试。不包括成套设备的整套启动调试，该启动调试应按有关规定另行计算。

（2）主要设备的分系统内所含的电气设备元件的本体试验已包括在该分系统调试项目之内。如：变压器的系统调试中已包括该系统中的变压器、互感器、开关、仪表和继电器等一、二次设备的本体调试和回路试验。绝缘子和电缆等单体试验，只在单独试验时使用，不应重复计算。

（3）送配电设备调试中的 1kV 以下项目适用于所有低压供电回路，如从低压配电装置至分配电箱的供电回路；但从配电箱直接至电动机的供电回路已包括在电动机的系统调试项目内。送配电设备系统调试包括系统内的电缆试验、绝缘子耐压等全套调试工作。供电桥回路中的断路器、母线分段断路器皆作为独立的供电系统计算。项目中皆按一个系统一侧配一台断路器考虑的，若两侧皆有断路器时，则按两个系统计算。如果分配电箱内只有刀开关、熔断器等不含调试元件的供电回路，则不再作为调试系统计算。

（4）起重机电气装置、空调电气装置、各种机械设备的电气装置，如堆取料机、装料车、推煤车等成套设备的电气调试应分别按相应的分项调试项目执行。

（5）本节项目系按新的合格设备考虑的，不包括设备的烘干处理和设备本身缺陷造成的元件更换修理和修改，也未考虑因设备元件质量低劣对调试工作造成的影响，如遇以上情况时，应另行计算。经修配改或拆迁的旧设备调试，按相应项目乘以系数 1.1。

（6）本节项目只限电气设备自身系统的调整试验。未包括电气设备带动机械设备的试运工作，发生时应按有关规定另行计算。

（7）调试项目不包括试验设备、仪器仪表的场外转移费用。

（8）本节系按现行施工技术验收规范编制的，凡现行规范（指定额编制时的规范）未包括的新调试项目和调试内容均应另行计算。

（9）调试项目已包括熟悉资料、核对设备、填写试验记录、保护整定值的整定和调试报告的整理工作。

（10）电力变压器如有“带负荷调压装置”，调试项目乘以系数 1.12。三圈变压器、整流变压器、电炉变压器调试按同容量的电力变压器调试乘以系数 1.2。3～10kV 母线系统调试含一组电压互感器，1kV 以下母线系统调试项目不含电压互感器，适用于低压配电装置的各种母线（包括软母线）的调试。

（11）干式变压器调试，按相应容量变压器调试项目乘以系数 0.8。

（12）电气调试所需的电力消耗已包括在调试项目内，不另计算。但 10kW 以上电机及发电机的启动调试用的蒸汽、电力和其他动力能源消耗及变压器空载试运转的电力消耗，应另行计算。

二、工程量计算

（1）电气调试系统的划分以电气原理系统图为依据。电气设备元件的本体试验均包括在相应项目的系统调试之内，不应重复计算。绝缘子和电缆等单体试验，只在单独试验时使用。在系统调试项目中各工序的调试费用如需单独计算时，可按所需比例计算。

（2）供电桥回路的断路器、母线分段断路器，均按独立的送配电设备系统计算调试费。

（3）送配电设备系统调试，适用于各种供电回路（包括照明供电回路）的系统调试。凡供电回路中带有仪表、继电器、电磁开关等调试元件的（不包括闸刀开关、保险器），均按调试系统计算。移动式电器和以插座连接的家电设备经厂家调试合格、不需要用户自调的设备均不应计算调试费用。

（4）送配电设备系统调试，系按一侧有一台断路器考虑的，若两侧均有断路器时，则应按两个系统计算。

（5）住宅计算 1kV 以下交流供电送配电系统调试时，系统个数应按电源进户个数计取。

（6）变压器系统调试，以每个电压侧有一台断路器为准。多于一个断路器的按相应电压等级送配电设备系统调试的相应项目另行计算。

（7）特殊保护装置，均以构成一个保护回路为一套，其工程量计算规定如下（特殊保护装置未包括在各系统调试项目之内，应另行计算）。

1）发电机转子接地保护，按全厂发电机共用一套考虑。

2）距离保护，按设计规定所保护的送电线路断路器台数计算。

3）高频保护，按设计规定所保护的送电线路断路器台数计算。

4）故障录波器的调试，以一块屏为一套系统计算。

5）失灵保护，按设置该保护的断路器台数计算。

6）失磁保护，按所保护的电机台数计算。

7）变流器的断线保护，按变流器台数计算。

8）小电流接地保护，按装设该保护的供电回路断路器台数计算。

9）保护检查及打印机调试，按构成该系统的完整回路为一套计算。

（8）自动装置及信号系统调试，均包括继电器、仪表等元件本身和二次回路的调整试验，具体规定如下。

1）备用电源自动投入装置，按连锁机构的个数确定备用电源自投装置系统数。一个备用厂用变压器作为三段厂用工作母线备用的厂用电源，计算备用电源自动投入装置调试时，应为三个系统。装设自动投入装置的两条互为备用的线路或两台变压器，计算备用电源自动投入装置调试时，应为两个系统。备用电动机自动投入装置也按此计算。

2）线路自动重合闸调试系统，按采用自动重合闸装置的线路自动断路器的台数计算系统数，综合重合闸也按此计算。

3）自动调频装置的调试，以一台发电机为一个系统。

4）同期装置调试，按设计构成一套能完成同期并车行为的装置为一个系统计算。

5）蓄电池及直流监视系统调试，一组蓄电池按一个系统计算。

6）事故照明切换装置调试，按设计能完成交直流切换的一套装置为一个调试系统计算，应急灯不计算调试费。

7）周波减负荷装置调试，凡有一个周率继电器，不论带几个回路，均按一个调试系统计算。

8）变送器屏以屏的个数计算。

9）中央信号装置调试，按每一个变电所或配电室为一个调试系统计算工程量。

10）不间断电源装置调试按容量以“套”为计量单位计算。

(9) 接地网的调试规定如下。

1）接地网接地电阻的测定。一般的发电厂或变电站连为一体的母网，按一个系统计算；自成母网不与厂区母网相连的独立接地网，按另一个系统计算。大型建筑群各有自己的接地网（接地电阻值设计有要求），虽然在最后也将各接地网联在一起，但应按各自的接地网计算，不能作为一个网，具体应按接地网的试验情况而定。

2）避雷针接地电阻的测定。每一避雷针均有单独接地网（包括独立的避雷针、烟囱避雷针等）时，均按一组计算。

3）独立的接地装置按组计算。如一台柱上变压器有一个独立的接地装置，即按一组计算。

(10) 避雷器、电容器的调试，按每三相为一组计算；单个装设的也按一组计算，上述设备如设置在发电机、变压器、输配电线路的系统或回路内，仍应按相应项目另外计算调试费用。

(11) 高压电气除尘系统调试，按一台升压变压器、一台机械整流器及附属设备为一个系统计算，分别按除尘器的除尘范围执行。

(12) 硅整流装置调试，按一套硅整流装置为一个系统计算。

(13) 普通电动机的调试，分别按电机的控制方式、功率、电压等级，以“台”为计量单位计算。

(14) 可控硅调速直流电动机调试以“系统”为计量单位，其调试内容包括可控硅整流装置系统和直流电机控制回路系统两个部分的调试。

(15) 交流变频调速电动机调试以“系统”为计量单位，其调试内容包括变频装置系统和交流电动机控制回路系统两个部分的调试。

(16) 微型电机系指功率在0.75kW以下的电机，执行微型电机综合调试项目，以“台”为计量单位。电机功率在0.75kW以上的电机调试应按电机类别和功率分别执行相应调试项目。风机盘管、空气幕、带连线插头电机的小型电器不再执行电动机调试项目。

第十二节　配　管、配　线

一、定额解释说明

(1) 配管工程均未包括接线箱、盒及支架制作、安装。钢索架设及拉紧装置的制作、安装，插接式母线槽支架制作，槽架制作及配管支架应执行铁构件制作安装项目。

(2) 如果发生布管后仅穿铁丝，不穿电线的情况，穿铁丝项目可按0.3工日/100m，铁丝0.21kg/100m管计算。

(3) 执行管内穿线定额时，如不需穿引线，人工乘以系数0.8，扣减全部钢丝耗量。

(4) 人工、机械凿槽、刨沟、补沟槽项目适用于非施工单位造成的（如设计变更）或不能配合土建同步施工时，需要墙面刨沟、补沟槽项目（不包括墙面抹灰）。

（5）墙及楼板打透眼项目适用于非施工单位造成的（如设计变更）或其他原因需打的孔洞。砌块墙按墙厚120～370mm综合考虑的，如设计采用490mm墙，基价乘以系数1.3。混凝土结构按厚度100～250mm综合考虑。

二、工程量计算

（1）各种配管应区别不同敷设方式、敷设位置、管材材质、规格，以“100m”或“10m”为计量单位计算，不扣除管路中间的接线箱（盒）、灯头盒、开关盒所占长度。

（2）管内穿线的工程量，应区别线路性质、导线材质、导线截面，以“100m单线”或“100束”为计量单位计算。线路分支接头线的长度已综合考虑在项目中，不应另行计算；照明线路中的导线截面大于或等于6mm^{2}时，应执行动力线路穿线相应项目。

（3）线夹配线工程量，应区别线夹材质（塑料、瓷质）、线式（两线、三线）、敷设位置（木结构、砌体、混凝土）以及导线规格，以“100m线路”为计量单位计算。

（4）绝缘子配线工程量，应区别绝缘子形式（针式、鼓形、蝶式）、绝缘子配线位置（沿屋架、梁、柱、墙，跨屋架、梁、柱、木结构、顶棚内、砌体、混凝土结构，沿钢支架及钢索）、导线截面积，以“100m单线”为计量单位计算。绝缘子暗配，引下线按线路支持点至天棚下缘距离的长度计算。

（5）槽板配线工程量，应区别槽板材质（木质、塑料）、配线位置（木结构、砌体、混凝土）、导线截面、线式（二线、三线），以“100m”为计量单位计算。

（6）塑料护套线明敷工程量，应区别导线截面、导线芯数（二芯、三芯）、敷设位置（木结构、砌体混凝土结构、沿钢索），以“100m”为计量单位计算。

（7）线槽配线工程量，应区别导线截面，以“100m单线”为计量单位计算。

（8）钢索架设工程量，应区别圆钢、钢索直径，按图示墙（柱）内缘距离，以“100m”为计量单位计算，不扣除拉紧装置所占长度。

（9）母线拉紧装置及钢索拉紧装置制作安装工程量，应区别母线截面、花篮螺栓直径以“10套”为计量单位计算。

（10）车间带形母线安装工程量，应区别母线材质（铝、钢）、母线截面、安装位置（沿屋架、梁、柱、墙，跨屋架、梁、柱）以“100m”为计量单位计算。

（11）钢管刷油防腐工程量应区分钢管直径以“10m”为计量单位计算。

（12）动力配管混凝土地面刨沟工程量，应区别管子直径，以“10m”为计量单位计算。

（13）凿槽（刨沟）工程量应区分槽（沟）截面尺寸以“10m”为计量单位计算，打透眼工程量应区分透眼直径以“个”为计量单位计算。

（14）接线箱（半周长＞400mm）安装工程量，应区别安装形式（明装、暗装）、接线箱半周长，以“10个”为计量单位计算。

（15）接线盒（半周长≤400mm）安装工程量，应区别安装形式（明装、暗装、钢索上）以及接线盒类型，以“10个”为计量单位计算。

（16）灯具、明、暗开关、插座、按钮等的预留线，已分别综合在相应项目内，不应另行计算。

配线进入开关箱、柜、板的预留线，按表11-12规定的长度，分别计入相应的工程量。

表 11-12　　连接设备导线预留线（每一根线）

序　号	项　　目	预留长度	说　明
1	各种开关箱、柜、板	高＋宽	盘面尺寸
2	单独安装（无箱、盘）的铁壳开关、闸刀开关、启动器、线槽进出线盒等	0.3m	从安装对象中心算起
3	由地面管子出口引至动力接线箱	1.0m	从管口计算
4	电源与管内导线连接（管内穿线与软、硬母线触点）	1.5m	从管口计算
5	出户线	1.5m	从管口计算

[例 11-6]　针式绝缘子配线，5 根 BV-16，长度 200m，沿屋檐架设，水平安装高度为 6m，计算操作高度增加费。

解　绝缘导线 BV-16 的工程量为：5×200＝1000（m）。

查定额人工费总价为 1552 元，机械费总价 0 元。

操作高度增加费＝(定额人工费＋定额机械费)×27.72%＝1552×0.2772＝430.21 元。

[例 11-7]　管线工程采用 BV（3×10＋1×4）－SC32－FC，箱体 400mm×500mm×200mm，水平距离 10m，如图 11-4 所示，求管线工程量。

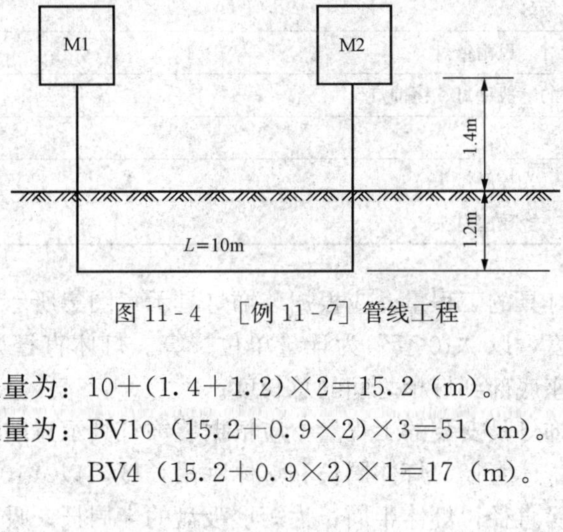

图 11-4　[例 11-7] 管线工程

解　钢管敷设工程量为：10＋(1.4＋1.2)×2＝15.2（m）。

导线敷设工程量为：BV10（15.2＋0.9×2)×3＝51（m）。

BV4（15.2＋0.9×2)×1＝17（m）。

第十三节　照　明　器　具

一、定额解释说明

(1) 各型灯具的引导线，除注明者外，均已综合考虑在项目内，执行时不应换算。

(2) 路灯、投光灯、碘钨灯、氙气灯、烟囱或水塔指示灯，均已考虑了一般工程的高空作业因素，其他器具安装高度如超过 5m，则应计算操作高度增加费。

(3) 本节中的装饰灯具项目均已考虑了一般工程的超高作业因素，并包括脚手架搭拆费用。

(4) 装饰灯具安装项目与示意图号配套使用。

（5）应急灯安装可按安装方式执行标志、诱导装饰灯具相应项目。

（6）本节项目已包括利用绝缘电阻表测量绝缘及一般灯具的试亮工作（但不包括调试工作）。

（7）小型自动空气开关安装定额适用于照明系统中 60A 以下的小型单联、双联、三联自动空气开关。

二、工程量计算

（1）普通灯具安装工程量，应区别灯具的种类、型号、规格以“10 套”为计量单位计算。普通灯具安装项目适用范围见表 11-13。

表 11-13　　　　普通灯具安装项目适用范围

项目名称	灯具种类
圆球吸顶灯	材质为玻璃的螺口、卡口圆球独立吸顶灯
半圆球吸顶灯	材质为玻璃的独立的半圆球吸顶灯、扁圆罩吸顶灯、平圆形吸顶灯
方形吸顶灯	材质为玻璃的独立的矩形罩吸顶灯、方形罩吸顶灯、大口方罩顶灯
软线吊灯	利用软线为垂吊材料、独立的，材质为玻璃、塑料、搪瓷，形状如碗伞、平盘灯罩组成的各式软线吊灯
吊链灯	利用吊链作辅助悬吊材料、独立的，材质为玻璃、塑料罩的各式吊链灯
防水吊灯	一般防水吊灯
一般弯脖灯	圆球弯脖灯、风雨壁灯
一般墙壁灯	各种材质的一般壁灯、镜前灯
软线吊灯头	一般吊灯头
节能座灯头	一般声控、光控座灯头
座灯头	一般塑胶、瓷质座灯头

（2）吊式艺术装饰灯具的工程量，应根据装饰灯具示意图集所示，区别不同装饰物以及灯体直径和灯体垂吊长度，以“10 套”为计量单位计算。灯体直径为装饰物的最大外缘直径，灯体垂吊长度为灯座底部到灯梢之间的总长度。

（3）吸顶式艺术装饰灯具安装的工程量，应根据装饰灯具示意图集所示，区别不同装饰物、吸盘的几何形状、灯体直径、灯体周长和灯体垂吊长度，以“10 套”为计量单位计算。灯体直径为吸盘最大外缘直径；灯体半周长为矩形吸盘的半周长；吸顶式艺术装饰灯具的灯体垂吊长度为吸盘到灯梢之间的总长度。

（4）荧光艺术装饰灯具安装的工程量，应根据装饰灯具示意图集所示，区别不同安装形式和计量单位计算。装饰灯具安装项目适用范围见表 11-14。

1）组合荧光灯光带安装的工程量，应根据装饰灯具示意图集所示，区别安装形式、灯管数量，以“10m”为计量单位计算。灯具的设计数量与定额不符时可以按设计量加损耗量调整主材。

2）内藏组合式灯安装的工程量，应根据装饰灯具示意图集所示，区别灯具组合形式，以“10m”为计量单位计算。灯具的设计数量与定额不符时，可根据设计数量加损耗量调整主材。

表 11-14　装饰灯具安装项目适用范围

类　别	灯具种类（形式）
吊式艺术装饰灯具	不同材质、不同灯体垂吊长度、不同灯体直径的蜡烛灯、挂片灯、串珠（穗）、串棒灯吊杆式组合灯、玻璃罩（带装饰）灯
吸顶式艺术装饰灯具	不同材质、不同灯体垂吊长度、不同灯体几何形状的串珠（穗）、串棒灯、挂片、挂碗、挂吊蝶灯、玻璃（带装饰）灯
荧光艺术装饰灯具	不同安装形式、不同灯管数量的组合荧光灯光带，不同几何组合形式的内藏组合式灯，不同几何尺寸、不同灯具形式的发光棚，不同形式的立体广告灯箱、荧光灯光沿
几何形状组合艺术灯具	不同固定形式、不同灯具形式的繁星灯、钻石星灯、礼花灯、玻璃罩钢架组合灯、凸片灯、反射挂灯、筒形钢架灯、U形组合灯、弧形管组合灯
标志、诱导装饰灯具	不同安装形式的标志灯、诱导灯
水下艺术装饰灯具	简易型彩灯、密封型彩灯、喷水池灯幻光型灯
点光源艺术装饰灯具	不同安装形式、不同灯体直径的筒灯、牛眼灯、射灯、轨道射灯
草坪灯具	各种立柱式、墙壁式的草坪灯
歌舞厅灯具	各种安装形式的变色转盘灯、雷达射灯、幻影转彩灯、维纳斯旋转彩灯、卫星旋转效果灯、飞蝶旋转效果灯、多头转灯、滚筒灯、频闪灯、太阳灯、雨灯、歌星灯、边界灯、射灯、泡泡发生器、迷你满天星彩灯、迷你单（盘彩灯）、多头宇宙灯、镜面球灯、蛇光管

3）发光棚安装的工程量，应根据装饰灯具示意图集所示，以“$10m^2$”为计量单位计算，发光棚灯具按设计用量加损耗量计算。

4）立体广告灯箱、荧光灯光沿的工程量，应根据装饰灯具示意图集所示，以“$10m^2$”为计量单位计算。灯具设计用量与定额不符时，可根据设计数量加损耗量调整主材。

(5）几何形状组合艺术灯具安装的工程量，应根据装饰灯具示意图集所示，区别不同安装形式及灯具的不同形式，以“10 套”为计量单位计算。

(6）标志、诱导装饰灯具安装的工程量，应根据装饰灯具示意图集所示，区别不同安装形式，以“10 套”为计量单位计算。

(7）水下艺术装饰灯具安装的工程量，应根据装饰灯具示意图集所示，区别不同安装形式，以“10 套”为计量单位计算。

(8）点光源艺术装饰灯具安装的工程量，应根据装饰灯具示意图集所示，区别不同安装形式、不同灯具直径，以“10 套”为计量单位计算。

(9）草坪灯具安装的工程量，应根据装饰灯具示意图集所示，区别不同安装形式，以“10 套”为计量单位计算。

(10）歌舞厅灯具安装的工程量，应根据装饰灯具示意图所示，区别不同灯具形式，分别以“10 套”、“10m”、“10 台”为计量单位计算。

(11）荧光灯具安装的工程量，应区别灯具的安装形式、灯具种类、灯管数量，以“10 套”为计量单位计算。荧光灯具安装项目适用范围见表 11-15。

表 11 - 15　　荧光灯具安装项目适用范围

项目名称	灯 具 种 类
组装型荧光灯	单管、双管、三管吊链式、吸顶式、现场组装独立荧光灯
成套型荧光灯	单管、双管、三管、吊链式、吊管式、吸顶式、成套独立荧光灯

（12）工厂灯及防水防尘灯安装的工程量，应区别不同安装形式，以“10 套”为计量单位计算。工厂灯及防水防尘灯安装项目适用范围见表 11 - 16。

表 11 - 16　　工厂灯及防水防尘灯安装项目适用范围

项目名称	灯 具 种 类
直杆工厂吊灯	配照（GC_1-A）、广照（GC_3-A）、深照（GC_5-A）、斜照（GC_7-A）、圆球（GC_{17}-A）、双罩（GC_{19}-A）
吊链式工厂灯	配照（GC_1-B）、深照（GC_3-B）、斜照（GC_5-C）、圆球（GC_7-B）、双罩（GC_{19}-A）、广照（GC_{19}-B）
吸顶式工厂灯	配照（GC_1-C）、广照（GC_3-C）、深照（GC_5-C）、斜照（GC_7-C）、双罩（GC_{19}-C）
弯杆式工厂灯	配照（GC_1-D/E）、广照（GC_3-D/E）、深照（GC_5-D/E）、斜照（GC_7-D/E）、双罩（GC_{19}-C）、局部深罩（GC_{26}-F/H）
悬挂式工厂灯	配照（GC_{21}-2）、深照（GC_{23}-2）
防水防尘灯	广照（GC_9-A、B、C）、广照保护网（GC_{11}-A、B、C）、散照（GC_{15}-A、B、C、D、E、F、G）

（13）工厂其他灯具安装的工程量，应区别不同灯具类型、安装形式、安装高度，以“10 套”为计量单位计算。工厂其他灯具安装项目适用范围见表 11 - 17。

表 11 - 17　　工厂其他灯具安装项目适用范围

项目名称	灯 具 种 类
防潮灯	扁形防潮灯（GC-31）、防潮灯（GC-33）
腰形舱顶灯	腰形舱顶灯 CCD-1
碘钨灯	DW 型、220V、300～1000W
管形氙气灯	自然冷却式 200V/380V 20kW 以内
投光灯	TG 型室外投光灯
高压水银灯镇流器	外附式镇流器具 125～450W
安全灯	（AOB-1、2、3）、（AOC-1、2）型安全灯
防爆灯	CB C-200 型防爆灯
高压水银防爆灯	CB C-125/250 型高压水银防爆灯
防爆荧光灯	CB C-1/2 单/双管防爆型荧光灯

（14）医院灯具安装的工程量，应区别灯具种类，以“10套”或“套”为计量单位计算。医院灯具安装项目适用范围见表11-18。

表11-18　　医院灯具安装项目适用范围

项目名称	灯具种类	项目名称	灯具种类
病房指示灯	病房指示灯	无影灯	3～12孔管式无影灯
病房暗脚灯	病房暗脚灯		

（15）路灯安装工程，应区别不同臂长、不同灯数，以“10套”为计量单位计算。路灯安装项目范围见表11-19。

表11-19　　路灯安装项目范围

项目名称	灯具种类	项目名称	灯具种类
大马路弯灯	臂长1200mm以下、臂长1200mm以上	庭院路灯	三火以上、七火以下

（16）室外亮化灯具工程量应区别灯具种类，以“10m”或“套”为计量单位计算。

（17）开关、按钮安装的工程量，应区别开关、按钮安装形式，开关、按钮种类，开关极数以及单控与双控，以“10套”为计量单位计算。

（18）插座安装的工程量，应区别电源相数、额定电流、插座安装形式、插座插孔个数，以“10套”为计量单位计算。

（19）安全变压器安装的工程量，应区别安全变压器容量，以“台”为计量单位计算。

（20）电铃、电铃号码牌箱安装的工程量，应区别电铃直径、电铃号牌箱规格（号），以“套”为计量单位计算。

（21）门铃安装工程量计算，应区别门铃安装形式，以“10个”为计量单位计算。

［例11-8］ 已知如图11-5所示，该建筑层高3.4m，各支路管线采用PVC-15，导线采用BV-2.5，试列预算项目。

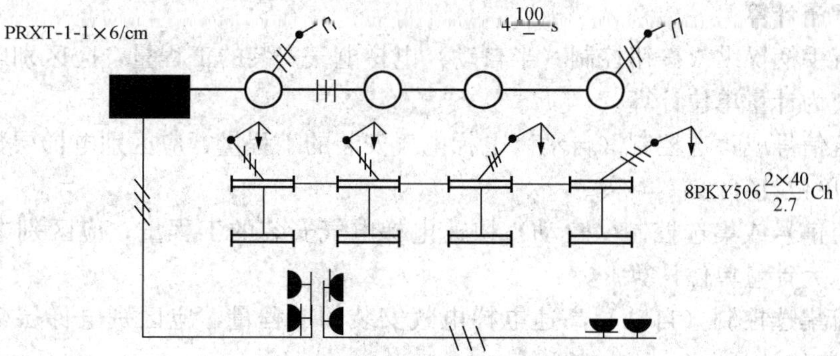

图11-5　［例11-8］管线工程

解　预算项目为：配电箱安装，PVC管敷设，管内穿线，接线盒安装，吸顶灯安装，链吊式日光灯安装，二三孔双联暗插座安装，双联翘板开关安装，双联拉线开关。

第十四节　电梯电气装置

一、定额解释说明

(1) 本节适用于国内生产的各种客、货、病床和杂物电梯的电气装置安装，但不包括自动扶梯和观光电梯。

(2) 电梯是按每层一门为准，增或减时，另按增（减）厅门相应项目计算。

(3) 电梯安装的楼层高度是按平均层高 4m 以内考虑的，如平均层高超过 4m 时，其超过部分可按提升高度项目计算。

(4) 两部或两部以上并行或群控电梯，应按相应的项目分别乘以系数 1.2。

(5) 本节项目是以室内地坪±0.00 以下为地坑（下缓冲）考虑的，如遇有“区间电梯”（基站不在首层），下缓冲地坑设在中间层时，则基站以下部分楼层的垂直搬运应另行计算。

(6) 电梯安装材料、电线管及线槽、金属软管、管子配件、紧固件、电缆、电线、接线箱（盒）、荧光灯及其他附件、备件等，均按设备带有考虑。

(7) 小型杂物电梯是以载重量在 200kg 以内，轿厢内不载人为准。重量大于 200kg 的轿厢内有司机操作的杂物电梯，应执行客货电梯的相应项目。

(8) 本节项目中已经包括程控调试。

(9) 本节不包括下列各项工作：

1) 电源线路及控制开关的安装；

2) 电动发电机组的安装；

3) 基础型钢和钢支架制作；

4) 接地极与接地干线敷设；

5) 电气调试；

6) 电梯的喷漆；

7) 轿厢内的空调、冷热风机、闭路电视、步话机、音响设备；

8) 群控集中监视系统以及模拟装置。

二、工程量计算

(1) 交流手柄操纵或按钮控制（半自动）电梯电气安装的工程量，应区别电梯层数、站数，以“部”为计量单位计算。

(2) 交流信号或集选控制（自动）电梯电气安装的工程量，应区别电梯层数、站数，以“部”为计量单位计算。

(3) 直流信号或集选控制（自动）快速电梯电气安装的工程量，应区别电梯层数、站数，以“部”为计量单位计算。

(4) 直流集选控制（自动）高速电梯电气安装的工程量，应区别电梯层数、站数，以“部”为计量单位计算。

(5) 小型杂物电梯电气安装的工程量，应区别电梯层数、站数，以“部”为计量单位计算。

(6) 电厂专用电梯电气安装的工程量，应区别配合锅炉容量，以“部”为计量单位计算。

（7）电梯增加厅门、自动轿厢门及提升高度工程量，应区别电梯形式、增加自动轿厢门数量、增加提升高度，分别以“个”、“m”为计量单位计算。

［例 11-9］　有一个新建的动力车间，采用 50t 桥式起重机 1 台，滑触线长 60m，三相线用截面 50mm×5mm 的等边角钢，移动软电缆长度为 20m，沿钢索安装。从动力配电箱到滑触线用铠装电缆 VV_{22}（3×50＋1×25）-SC50-WE 沿墙明敷设，长 10m，请列出起重设备电气装置预算项目。

解　该起重设备电气装置预算项目有：

（1）桥式起重机电气安装；

（2）滑触线安装，［60＋(预留长度)1.0×2］×3＝186（m）；

（3）移动软电缆安装 1 根；

（4）电源电缆敷设，10＋预留长度(1.5×2＋2.0＋1.5)＝16.5×102.5%＝16.91（m）；

（5）镀锌钢管 SC50 明装 10.0m。

［例 11-10］　某工程安装一部 7/7 站交流自动电梯，一层层高为 4.5m，其他各层均为 3m，试求平均楼层高度。

解　平均楼层高度为

$$(4.5+3\times6)/7=3.21\ (\text{m})$$

该工程一层 4.5m 超过规定的平均高度，但其他各层均不足 4m，根据定额规定计算，平均高度仅 3.21m，因此不应增加提升高度。

［例 11-11］　某工程安装一部 12/10 站交流自动电梯，根据用户要求二、三层不设停站，试列出预算项目。

解　项目为：交流自动电梯安装 12/12 1 部。

减少自动厅门安装 2 个，减掉 2 个厅门安装后，即为 12/10 站电梯安装的费用。

［例 11-12］　安装一部交流自动电梯 3/3 站货梯，根据用户需要在一层停站对面再设一个装卸口，则应增加一个厅门安装、一个轿厢门的安装。

解　工程项目为：交流自动电梯安装（3/3）1 部，自动厅门安装 1 个，自动轿厢门安装 1 个。

第十五节　措　施　项　目

措施项目包括可竞争措施项目和不可竞争措施项目。

一、可竞争措施项目

（1）可竞争措施项目除另有注明外，均以定额中实体消耗项目的人工费、机械费之和为基础计算。

（2）可竞争措施项目包括脚手架搭拆费、操作高度增计费、超高费、生产工具用具使用费、检验试验配合费、冬雨季施工增加费、夜间施工增加费、已完工程及设备保护费、二次搬运费、工程定位复测配合费及场地清理费、停水停电增加费、安装与生产同时进行费、有害环境中施工增加费、垂直运输费。

（3）操作高度增加费（已考虑了操作高度增加因素的项目除外）：操作物高度离楼地面 5m 以上、20m 以下时施工发生的降效费用，以高度增加部分的人工费、机械费之和为计算基数。

(4) 超高费：高度在6层或20m以上的工业与民用建筑施工时发生的降效费用。为高层建筑供电的变电所和供水等动力工程，如装在高层建筑的底层或地下室的，不计取超高费；装在6层以上的变配电工程和动力工程，计取超高费。

(5) 垂直运输费：工业与民用建筑内中安装工程施工时发生的垂直运输机械费用。

(6) 层高在5m以内的单层建筑（无地下室）内的安装工程不计算垂直运输费。

(7) 脚手架搭拆费项目中不包括装饰灯具安装及10kV以下架空线路。

二、不可竞争措施项目

不可竞争措施项目（其他措施项目除外）和实体消耗项目的人工费、机械费之和为计算基数，乘以相应系数计算。

不可竞争措施项目为安全防护、文明施工费。

第十二章　电气安装工程预算实例

一、大门电气设计

1. 设计依据

(1) 国家有关现行规范和行业标准。《电系统设计规范》(GB 50052—1995)、《低压配电设计规范》(GB 50054—1995)、《建筑照明设计规范》(GB 50034—2004)、《民用建筑电气设计规范》(JGJ 16—2008)。

(2) 设计原始资料。各专业的电气设计资料及设计任务书。

2. 工程概况

本设计为某公司大门，建筑面积为45.5m^2。主体高度为4.3m，结构形式为框架结构。

3. 设计范围

本设计内容包括建筑物照明、电力及接地设计。

4. 用电负荷等级及供电电源

(1) 本建筑物用电负荷为三级负荷；

(2) 一路电源引自主楼内的变电所，电压等级为220/380V。

5. 主要设备选型及其安装

(1) 配电箱选用XXL-53型箱体，底边距地1.5m暗装。

(2) 照明开关安装高度距地1.3m，插座除注明外安装高度均为距地0.3m。

6. 配电线路

配电线路导线穿钢管埋地或沿墙、沿顶棚暗敷，导线为BV-450/750V。

7. 节能设计

(1) 设计依据见第一条。门卫、收发室照度值为200lx，值班室照度为100lx。

(2) 供电指标。照明负荷 $P_n=10kW$，$P_j=8kW$。

(3) 无功补偿。灯具采用高效灯具，光源采用节能光源，灯具自带电子整流器，各灯具功率因数不小于0.9。

(4) 其他措施。合理选择配电线路导线截面，以降低线路损耗。合理选择照明开关的控灯数量，以达到运行节能的目的。照明光源和整流器的选择，符合规范中效能指标和节能要求。照明功率密度严格控制在规范现行值以内，开关等配电设备均选用耗能低的节能设备。整流器采用符合国家能耗标准的产品。

8. 接地

(1) 低压配电系统接地型式为TN-C-S。

(2) 电源进线做重复接地，进出建筑物的金属管道在进出处做总等电位连接。

9. 其他问题

电动伸缩门可由甲方自选，此次设计仅一流电动伸缩门电源容量和预埋管。

土建施工时，电工应密切配合做好预埋件，预留孔洞工作。

10. 图例

图例说明见表12-1。

表12-1 **图 例**

序号	符号	设备名称	型号及规格	安装方式	备 注
1		双管荧光灯	~200V 2×28W	吸顶安装	
2		节能荧光灯	~220V 1×32W 瓷灯头	吸顶安装	
3		单相二三孔暗插座	~250V 10A	h=0.3m	
4		空调插座	~250V 10A	h=2.0m	
5		单相三孔暗装插座	~250V 10A	电动伸缩门用h=1.0m	
6		单联开关	~250V 10A	h=1.3m	
7		单联开关	~250V 10A	h=1.3m	

11. 图纸

照明平面图、接地平面图、系统图、电力平面图分别如图12-1~图12-4所示。

二、预算编制

单位工程费汇总表，措施项目预算表，实体项目预算表，人工、材料、机械台班（用量、单价）汇总表分别见表12-2~表12~5。

表12-2 **单位工程费汇总表**

工程名称：大门电气预算　　取费方法：安装工程　包工包料　　第1页共1页

序号	项 目 名 称	计 算 基 础	费率(%)	费用金额(元)
1	直接费			6155.73
2	其中：人工费			1655.57
3	其中：材料费			623.10
4	其中：机械费			277.10
5	其中：未计价材料费			3599.96
6	直接费中人工费+机械费			1932.67
7	企业管理费	（人工费+机械费）×费率	16	309.23
8	利润	（人工费+机械费）×费率	8	154.61
9	规费	（人工费+机械费）×费率	18.5	357.54
10	价款调整	按合同确认的方式、方法计算		
11	其中：价差			
12	其中：独立费			
13	税金	（直接费+企业管理费+利润+规费+价款调整）×税率	3.45	240.71
14	设备费			
15	扣除甲供材			
16	工程总造价	直接费+企业管理费+利润+规费+价款调整+税金+设备费-甲供材		7217.82

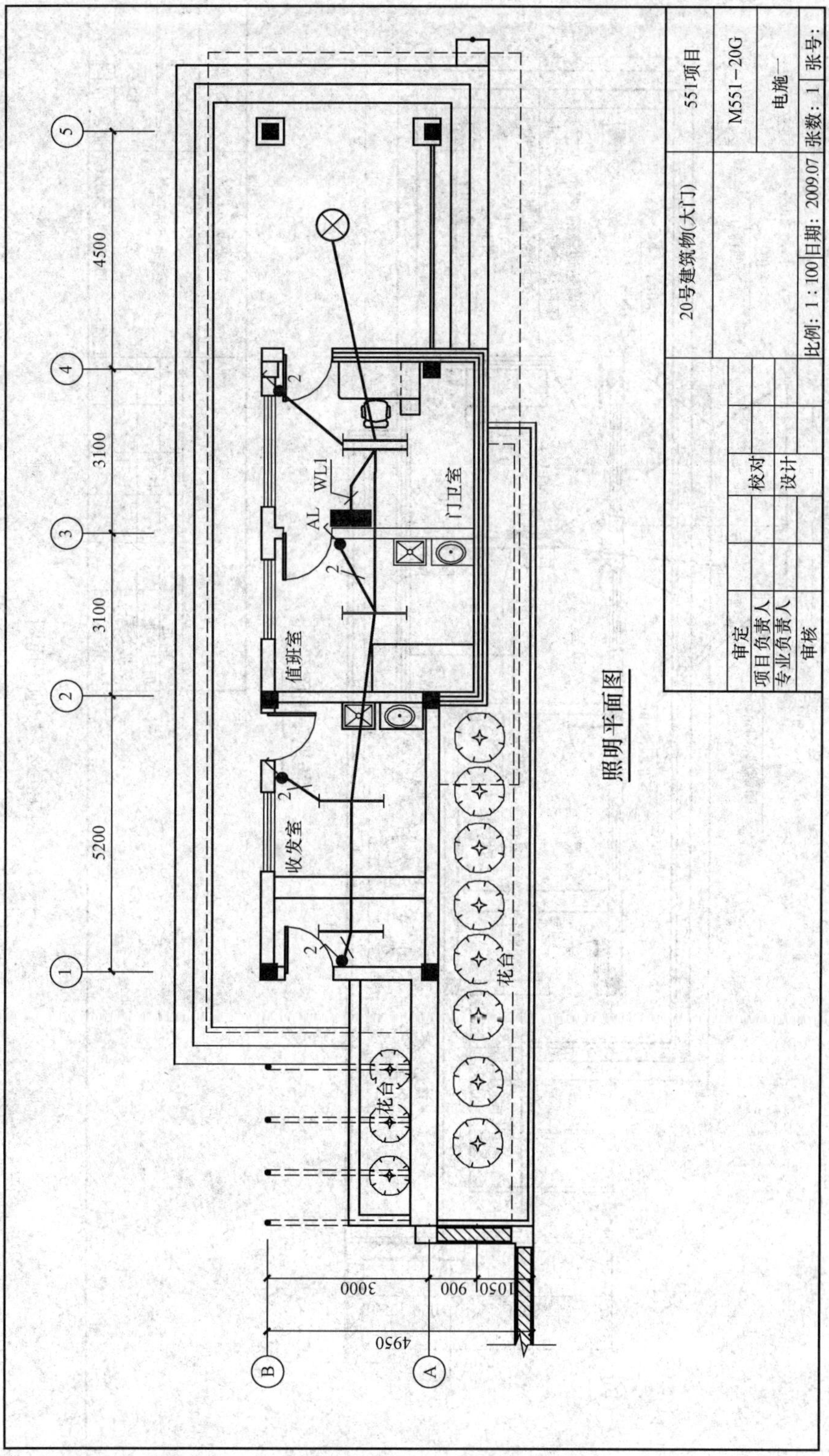
照明平面图
值班室
收发室
门卫室
花台
AL
WL1
4500
3100
3100
5200
3000
900
1050
4950
20号建筑物(大门)
551项目
M551-20G
电施一
比例：1：100
日期：2009.07
张数：1
张号：
审定
项目负责人
专业负责人
审核
校对
设计

图 12-1　照明平面图

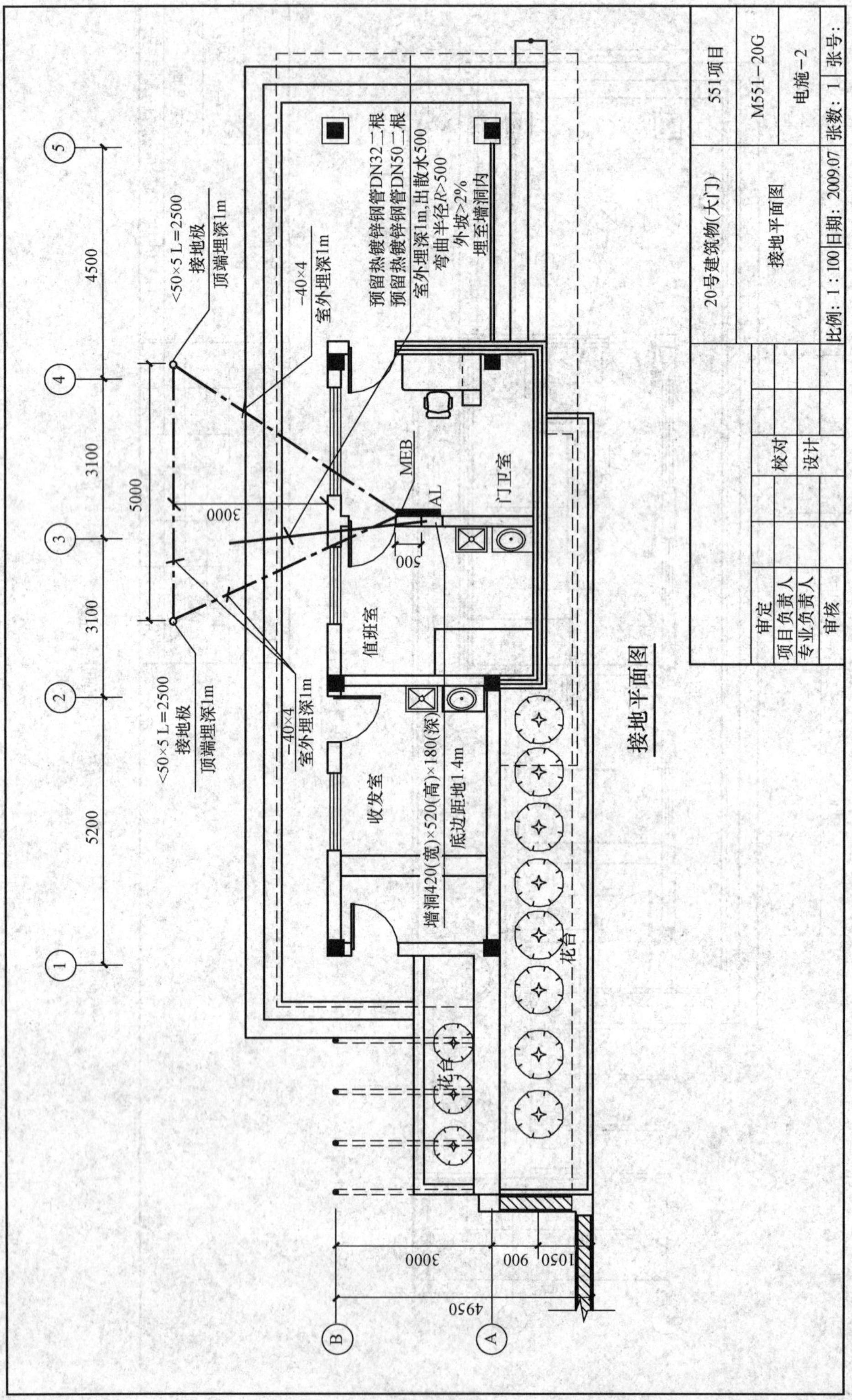

<50×5 L=2500
接地极
顶端埋深1m
−40×4
室外埋深1m
预留热镀锌钢管DN32二根
预留热镀锌钢管DN50二根
室外埋深1m,出散水500
弯曲半径R>500
外坡>2%
埋至墙洞内
MEB
AL
门卫室
值班室
收发室
墙洞420(宽)×520(高)×180(深)
底边距地1.4m
花台
接地平面图
4500
3100
5200
5000
3000
500
900
1050
4950
20号建筑物(大门)
551项目
M551−20G
接地平面图
电施−2
审定
项目负责人
专业负责人
审核
校对
设计
比例：1：100
日期：2009.07
张数：1
张号：

图 12-2 接地平面图

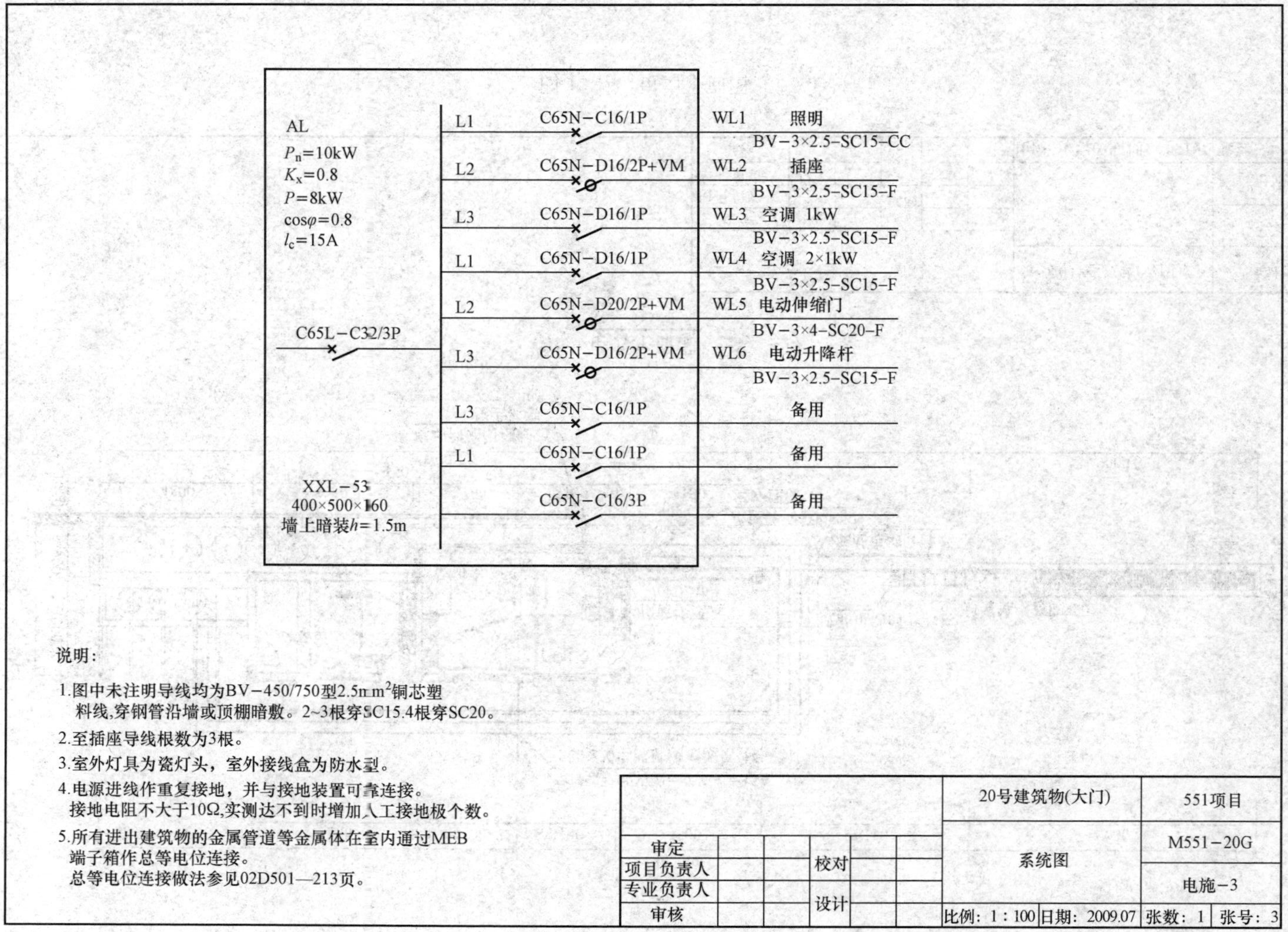
AL
Pn=10kW
Kx=0.8
P=8kW
cosφ=0.8
Ic=15A
C65L−C32/3P
XXL−53
400×500×160
墙上暗装h=1.5m
L1　C65N−C16/1P　WL1　照明　BV−3×2.5−SC15−CC
L2　C65N−D16/2P+VM　WL2　插座　BV−3×2.5−SC15−F
L3　C65N−D16/1P　WL3　空调 1kW　BV−3×2.5−SC15−F
L1　C65N−D16/1P　WL4　空调 2×1kW　BV−3×2.5−SC15−F
L2　C65N−D20/2P+VM　WL5　电动伸缩门　BV−3×4−SC20−F
L3　C65N−D16/2P+VM　WL6　电动升降杆　BV−3×2.5−SC15−F
L3　C65N−C16/1P　备用
L1　C65N−C16/1P　备用
C65N−C16/3P　备用
说明：
1.图中未注明导线均为BV−450/750型2.5mm²铜芯塑料线,穿钢管沿墙或顶棚暗敷。2~3根穿SC15.4根穿SC20。
2.至插座导线根数为3根。
3.室外灯具为瓷灯头，室外接线盒为防水型。
4.电源进线作重复接地，并与接地装置可靠连接。接地电阻不大于10Ω,实测达不到时增加人工接地极个数。
5.所有进出建筑物的金属管道等金属体在室内通过MEB端子箱作总等电位连接。总等电位连接做法参见02D501—213页。
审定
项目负责人
专业负责人
审核
校对
设计
20号建筑物(大门)
系统图
551项目
M551−20G
电施−3
比例：1：100
日期：2009.07
张数：1
张号：3
图 12-3　系统图

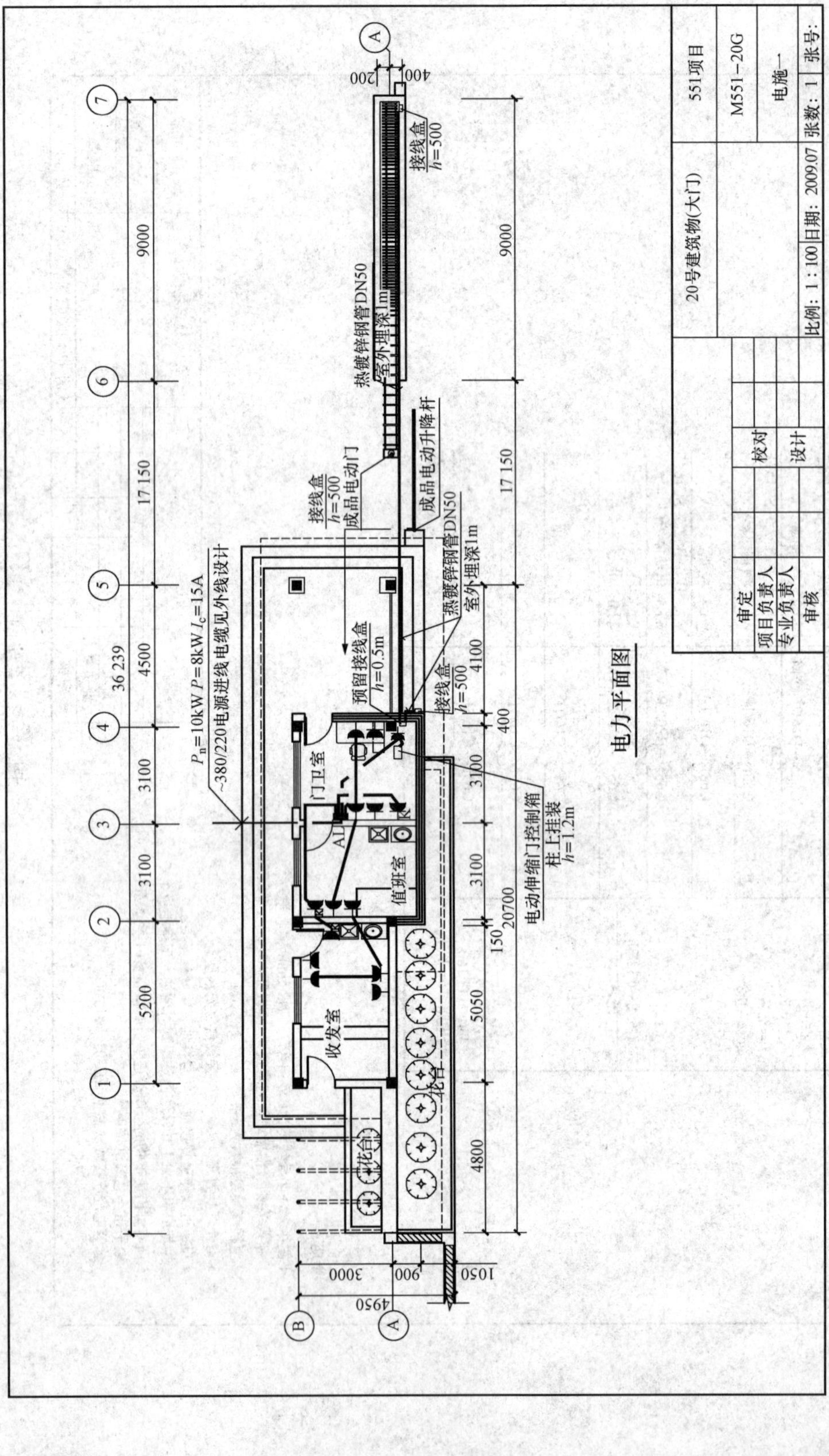
电力平面图
P_n=10kW P=8kW I_c=15A
~380/220电源进线电缆见外线设计
收发室
值班室
门卫室
AL
预留接线盒
h=0.5m
接线盒
h=500
成品电动门
成品电动升降杆
热镀锌钢管DN50
室外埋深1m
电动伸缩门控制箱
柱上挂装
h=1.2m
花台
5200
3100
4500
9000
17150
36239
4800
5050
150
20700
400
4100
200
3000
900
1050
4950
20号建筑物(大门)
551项目
M551-20G
电施一
审定
项目负责人
专业负责人
审核
校对
设计
比例：1：100
日期：2009.07
张数：1
张号：

图 12-4　电力平面图

表 12-3

措施项目预算表

工程名称：大门电气预算

项目编号	项目名称	单位	数量	单价	合价	其中（元）		
						人工费	材料费	机械费
1	不可竞争措施项目				162.76	44.04	102.51	16.21
1.1	安全防护、文明施工（综合）				162.76	44.04	102.51	16.21
2-1906	安全防护、文明施工费	项	1.000	162.76	162.76	44.04	102.51	16.21
2	可竞争措施项目				350.07	125.49	203.87	20.71
2.1	定额组价措施项目				78.71	14.50	43.50	20.71
2.1.1	脚手架搭拆费	项	1.000	58.00	58.00	14.50	43.50	
2-1875	脚手架搭拆费	项	1.000	58.00	58.00	14.50	43.50	
2.1.2	垂直运输工程	项	1.000	20.71	20.71			20.71
2-1905	垂直运输费	项	1.000	20.71	20.71			20.71
2.2	费率组价措施项目（综合）				271.36	110.99	160.37	
2.2.1	生产工具用具使用费	项	1.000	60.59	60.59		60.59	
2-1895	生产工具、用具使用费	项	1.000	60.59	60.59		60.59	
2.2.2	检验试验配合费	项	1.000	18.47	18.47	7.42	11.05	
2-1896	检验试验配合费	项	1.000	18.47	18.47	7.42	11.05	
2.2.3	冬雨季施工增加费	项	1.000	51.78	51.78	27.96	23.82	
2-1897	冬雨季施工增加费	项	1.000	51.78	51.78	27.96	23.82	
2.2.4	夜间施工增加费	项	1.000	18.13	18.13	10.88	7.25	
2-1898	夜间施工增加费	项	1.000	18.13	18.13	10.88	7.25	
2.2.5	二次搬运费	项	1.000	47.81	47.81	25.89	21.92	
2-1900	二次搬运费	项	1.000	47.81	47.81	25.89	21.92	
2.2.6	工程定位、复测、场地清理费	项	1.000	16.74	16.74	10.18	6.56	
2-1901	工程定位复测配合费及场地清理费	项	1.000	16.74	16.74	10.18	6.56	

续表

项目编号	项目名称	单位	数量	单价	合价	其中（元）		
						人工费	材料费	机械费
2.2.7	停水停电增加费	项	1.000	46.96	46.96	25.38	21.58	
2-1902	停水、停电增加费	项	1.000	46.96	46.96	25.38	21.58	
2.2.8	已完工程及设备保护费	项	1.000	10.88	10.88	3.28	7.60	
2-1899	已完工程及设备保护费	项	1.000	10.88	10.88	3.28	7.60	
合　计					512.83	169.53	306.38	36.92

表 12-4　**实体项目预算表**

工程名称：大门电气预算

序号	定额编号	项目名称	单位	数量	单价	合价	其中（元）				
							人工费	材料费	机械费	主材费	设备费
1	2-264	成套配电箱安装 XXL-53	台	1.000	869.29	869.29	70.80	98.49		700.00	
	主材	成套配电箱安装 XXL-53	台	1.000	700.00	700.00				700.00	
2	2-1397	节能荧光灯 1×22W	10 套	0.100	609.21	60.92	8.48	6.99		45.45	
	主材	节能荧光灯 1×22W	套	1.010	45.00	45.45				45.45	
3	2-1606	单管荧光灯 1×36W	10 套	0.300	463.01	138.90	25.56	7.29		106.05	
	主材	单管荧光灯 1×36W	套	3.030	35.00	106.05				106.05	
4	2-1607	双管荧光灯 2×36W	10 套	0.100	687.01	68.70	10.72	2.43		55.55	
	主材	双管荧光灯 2×36W	套	1.010	55.00	55.55				55.55	
5	2-1651	扳式暗装开关 单联	10 套	0.300	135.98	40.79	8.52	1.67		30.60	
	主材	单联单控开关 250V 10A	只	3.060	10.00	30.60				30.60	
6	2-1652	双联单控开关 250V 10A	10 套	0.100	191.33	19.13	3.04	0.79		15.30	
	主材	双联单控开关 250V 10A	只	1.020	15.00	15.30				15.30	
7	2-1679	单相二三孔插座 250V 10A	10 套	0.500	178.48	89.24	21.60	6.44		61.20	

续表

序号	定额编号	项目名称	单位	数量	单价	合价	其中（元）				
							人工费	材料费	机械费	主材费	设备费
	主材	单相二三孔插座 250V 10A	套	5.100	12.00	61.20				61.20	
8	2-1677	单相三孔插座 250V10A	10 套	0.400	145.81	58.32	14.24	3.28		40.80	
	主材	单相三孔插座 250V10A	套	4.080	10.00	40.80				40.80	
9	2-1019	钢管敷设　混凝土结构暗配 DN15	100m	0.764	801.76	612.55	182.44	24.64	31.68	373.79	
	主材	焊接钢管 DN15	m	78.692	4.75	373.79				373.79	
10	2-1020	钢管敷设 砌体、混凝土结构暗配 DN20	100m	0.062	981.18	60.83	15.85	2.89	2.57	39.53	
	主材	焊接钢管 DN20	m	6.386	6.19	39.53				39.53	
11	2-1022	钢管敷设 砌体、混凝土结构暗配镀锌钢管 DN32	100m	0.105	2099.69	220.47	34.57	8.76	6.37	170.77	
	主材	镀锌钢管 DN32	m	10.815	15.79	170.77				170.77	
12	2-1024	钢管敷设 砌体、混凝土结构暗配镀锌钢管 DN50	100m	0.451	3331.93	1502.70	257.61	66.85	36.43	1141.82	
	主材	镀锌钢管 DN50	m	46.453	24.58	1141.81				1141.81	
13	2-1139	管内穿线 照明线路 导线截面（mm^2 以内）铜芯 2.5	100m 单线	2.330	204.97	477.58	91.34	34.88		351.36	
	主材	导线 BV-2.5	m	270.280	1.30	351.36				351.36	
14	2-1140	管内穿线 照明线路 导线截面（mm^2 以内）铜芯 4	100m 单线	0.220	317.54	69.86	6.07	3.29		60.50	
	主材	导线 BV-4	m	24.200	2.50	60.50				60.50	
15	2-1387	暗装 接线箱半周长（mm 以内）700	10 个	0.300	922.89	276.87	124.92	1.95		150.00	
	主材	接线箱	个	3.000	50.00	150.00				150.00	
16	2-1390	暗装 开关盒	10 个	0.400	44.64	17.86	7.52	2.18		8.16	
	主材	接线盒	个	4.080	2.00	8.16				8.16	
17	2-1389	暗装 接线盒	10 个	1.400	49.76	69.66	24.64	16.46		28.56	
	主材	接线盒	个	14.280	2.00	28.56				28.56	
18	2-1387	接地端子箱 MEB	10 个	0.100	1222.89	122.29	41.64	0.65		80.00	
	主材	接地端子箱 MEB	个	1.000	80.00	80.00				80.00	

续表

序号	定额编号	项目名称	单位	数量	单价	合价	其中（元）				
							人工费	材料费	机械费	主材费	设备费
19	2-702	角钢接地极 普通土制作、安装	根	2.000	54.01	108.02	23.20	5.18	42.64	37.00	
	主材	接地极 L50×5 L=2.5m	根	2.000	18.50	37.00				37.00	
20	2-709	户内接地母线敷设	10m	0.500	150.42	75.21	24.80	13.45	6.52	30.45	
	主材	接地母线－40×4	m	5.250	5.80	30.45				30.45	
21	2-710	户外接地母线敷设（截面 mm^2 以内）200	10m	1.200	185.43	222.52	142.08	1.67	5.69	73.08	
	主材	接地母线－40×4	m	12.600	5.80	73.08				73.08	
22	2-860	送配电装置系统调试 1kV 以下交流供电	系统	1.000	317.01	317.01	247.20	4.64	65.17		
23	2-896	独立接地装置 6 根接地极以内装置调试	组	1.000	144.18	144.18	99.20	1.86	43.12		
		合　计	元			5642.90	1486.04	316.72	240.18	3599.96	

表 12-5　**人工、材料、机械台班（用量、单价）汇总表**

工程名称：大门电气预算

序号	编码	名称及型号规格	单位	数量	预算价(元)	市场价(元)	市场价合计(元)	价差合计(元)
1	00803012	数字万用表 F-87	台班	1.400	4.86	4.86	6.80	
2	00832001	电缆测试仪 JH5132	台班	0.700	9.30	9.30	6.51	
3	00836096	接地电阻测试仪 DET-3/2	台班	1.400	30.80	30.80	43.12	
4	00836112	电压、电流互感升流器 HJ-12E	台班	0.700	31.06	31.06	21.74	
5	00836150	电能校验仪 ST9040	台班	0.700	43.02	43.02	30.11	
6	10000002	综合用工二类	工日	37.151	40.00	40.00	1486.04	
7	AA1C3006	圆钢 ϕ5.5～9	kg	1.951	5.01	5.01	9.78	
8	AC1-0029	镀锌扁钢—60×6	kg	0.875	5.20	5.20	4.55	
9	AC4-3214	镀锌锁紧螺母 3×15	个	11.804	0.31	0.31	3.66	
10	AC4-3215	镀锌锁紧螺母 3×15～20	个	35.270	0.36	0.36	12.70	
11	AC4-3216	镀锌锁紧螺母 3×20	个	0.958	0.36	0.36	0.34	
12	AC4-3218	镀锌锁紧螺母 3×32	个	1.622	0.62	0.62	1.01	

续表

序号	编码	名称及型号规格	单位	数量	预算价(元)	市场价(元)	市场价合计(元)	价差合计(元)
13	AC4-3220	镀锌锁紧螺母 3×50	个	6.968	1.20	1.20	8.36	
14	AE1-0011	钢丝 ϕ1.6	kg	0.238	13.97	13.97	3.33	
15	BK5-0039	塑料护口（钢管用）15	个	11.804	0.12	0.12	1.42	
16	BK5-0040	塑料护口（钢管用）15～20	个	35.270	0.14	0.14	4.94	
17	BK5-0041	塑料护口（钢管用）20	个	0.958	0.14	0.14	0.13	
18	BK5-0043	塑料护口（钢管用）32	个	1.622	0.30	0.30	0.49	
19	BK5-0045	塑料护口（钢管用）50	个	6.968	0.60	0.60	4.18	
20	BK5-0050	塑料胶布带 25mm×10m	卷	0.627	11.50	11.50	7.20	
21	CA1-0004	电焊条结 422ϕ3.2	kg	1.819	4.00	4.00	7.28	
22	CLTZ	材料调整	元	306.381	1.00	1.00	306.38	
23	CZ1-0001	焊锡	kg	0.510	28.78	28.78	14.68	
24	CZ1-0003	焊锡膏 瓶装 50g	kg	0.026	34.50	34.50	0.88	
25	CZ1-0011	焊锡丝	kg	0.070	54.00	54.00	3.78	
26	DD1-0003	沥青漆	kg	0.296	8.50	8.50	2.52	
27	DD1-0006	沥青清漆	kg	0.052	7.00	7.00	0.36	
28	DQ1C0005	调和漆	kg	0.130	12.50	12.50	1.63	
29	EA1-0070	电力复合脂 一级	kg	0.410	180.00	180.00	73.80	
30	EA1D0062	汽油	kg	1.275	6.10	6.10	7.78	
31	FG1-0002	塑料软管	kg	0.150	9.18	9.18	1.38	
32	IA1-0142	镀锌精制带帽螺栓 M10×100 以内 2 平 1 弹垫	10 套	0.210	8.00	8.00	1.68	
33	IA1-0148	镀锌精制带帽螺栓 M15×100 以内 2 平 1 弹垫	10 套	0.050	28.00	28.00	1.40	
34	IA1-0302	伞形螺栓 M6～8×150	套	10.200	0.60	0.60	6.12	
35	IA2-0080	木螺钉 ϕ2～4×6～65	10 个	3.120	0.13	0.13	0.41	
36	IA2-0081	木螺钉 ϕ4.5～6×15～100	10 个	1.872	0.13	0.13	0.24	
37	IE1-0215	钢锯条	根	3.700	0.50	0.50	1.85	
38	IE1-0261	锯条（各种规格）	根	4.041	0.50	0.50	2.02	
39	IE2-0043	铁砂布 0 号～2 号	张	0.800	0.50	0.50	0.40	

续表

序号	编码	名称及型号规格	单位	数量	预算价(元)	市场价(元)	市场价合计(元)	价差合计(元)
40	IF2-2005	镀锌铁丝 18 号～22 号	kg	0.130	6.06	6.06	0.79	
41	IF2C0101	镀锌铁丝 13 号～17 号	kg	0.912	5.57	5.57	5.08	
42	jx-0001	折旧费	元	3.732	1.00	1.00	3.73	
43	jx-0002	大修理费	元	0.649	1.00	1.00	0.65	
44	jx-0003	经常修理费	元	2.169	1.00	1.00	2.17	
45	jx-0004	安拆费及场外运费	元	7.003	1.00	1.00	7.00	
46	jx-0006	人工	工日	1.786	40.00	40.00	71.45	
47	jx-0009	电	kWh	72.132	0.65	0.65	46.89	
48	JXTZ	机械调整	元	36.920	1.00	1.00	36.92	
49	OB1-0031	管接头 5×15	个	12.591	0.78	0.78	9.82	
50	OB1-0032	管接头 5×20	个	1.022	1.56	1.56	1.59	
51	OB1-0034	管接头 6×32	个	1.730	3.26	3.26	5.64	
52	OB1-0036	管接头 7×50	个	7.432	5.60	5.60	41.62	
53	OZ2-0007	钢管保护管 ϕ40×400	根	0.500	16.17	16.17	8.09	
54	QD9-0066	钢板垫板	kg	0.150	3.12	3.12	0.47	
55	RA1E3108	塑料绝缘导线 BV-2.5mm^2	m	10.585	1.50	1.50	15.88	
56	RA1G0031	裸铜线 10mm^2	kg	0.200	68.06	68.06	13.61	
57	RF1P0014	铜接线端子 DT-10mm^2	个	2.030	1.20	1.20	2.44	
58	RGTZ	人工调整	元	382.547	1.00	1.00	382.55	
59	SG2-0041	圆木台 275～350	块	1.050	4.00	4.00	4.20	
60	ZD1-0009	棉纱头	kg	0.515	5.83	5.83	3.00	
61	ZE1-0047	破布	kg	0.100	3.00	3.00	0.30	
62	ZE1-0571	自黏性橡胶带 20mm×5m	卷	0.100	2.59	2.59	0.26	
63	ZG1-0001	其他材料费	元	7.152	1.00	1.00	7.15	
64	ZG1-0008	校验材料费	元	6.502	1.00	1.00	6.50	
		合　计	元				2768.78	

附录　建筑施工合同示范文本

第一部分　协　议　书

发包人（全称）：________________________________

承包人（全称）：________________________________

依照《中华人民共和国合同法》、《中华人民共和国建筑法》及其他有关法律、行政法规，遵循平等、自愿、公平和诚实信用的原则，双方就本建设工程施工项协商一致，订立本合同。

一、工程概况

工程名称：________________________________

工程地点：________________________________

工程内容：________________________________

群体工程应附承包人承揽工程项目一览表（附件 1）

工程立项批准文号：________________________________

资金来源：________________________________

二、工程承包范围

承包范围：________________________________

三、合同工期

开工日期：________________________________

竣工日期：________________________________

合同工期总日历天数：________________________________天

四、质量标准

工程质量标准：________________________________

五、合同价款

金额（大写）：________________________________元（人民币）

￥：________________________________元（人民币）

六、组成合同的文件

组成本合同的文件包括：

1. 本合同协议书

2. 中标通知书

3. 投标书及其附件

4. 本合同专用条款

5. 本合同通用条款

6. 标准、规范及有关技术文件

7. 图纸

8. 工程量清单

9. 工程报价单或预算书

10. 双方有关工程的洽商、变更等书面协议或文件视为本合同的组成部分。

七、本协议书中有关词语含义与本合同第二部分《通用条款》中分别赋予它们的定义相同。

八、承包人向发包人承诺按照合同约定进行施工、竣工并在质量保修期内承担工程质量保修责任。

九、发包人向承包人承诺按照合同约定的期限和方式支付合同价款及其他应当支付的款项。

十、合同生效

合同订立时间：________年________月________日

合同订立地点：________________________

本合同双方约定____________________后生效。

发包人：（公章）________	承包人：（公章）________
住　　所：________	住　　所：________
法定代表人：________	法定代表人：________
委托代表人：________	委托代表人：________
电　　话：________	电　　话：________
传　　真：________	传　　真：________
开户银行：________	开户银行：________
账　　号：________	账　　号：________
邮政编码：________	邮政编码：________

第二部分　通　用　条　款

一、词语定义及合同文件

1. 词语定义

下列词语除专用条款另有约定外，应具有本条所赋予的定义。

1.1　通用条款：是根据法律、行政法规规定及建设工程施工的需要订立，通用于建设工程施工的条款。

1.2　专用条款：是发包人与承包人根据法律、行政法规规定，结合具体工程实际，经协商达成一致意见的条款，是对通用条款的具体化、补充或修改。

1.3　发包人：是指在协议书中约定，具有工程发包主体资格和支付工程价款能力的当事人以及取得该当事人资格的合法继承人。

1.4　承包人：是指在协议书中约定，被发包人接受的具有工程施工承包主体资格的当事人以及取得该当事人资格的合法继承人。

1.5　项目经理：是指承包人在专用条款中指定的负责施工管理和合同履行的代表。

1.6　设计单位：是指发包人委托的负责本工程设计并取得相应工程设计资质等级证书的单位。

1.7 监理单位：是指发包人委托的负责本工程监理并取得相应工程监理资质等级证书的单位。

1.8 工程师：是指本工程监理单位委派的总监理工程师或发包人指定的履行本合同的代表，其具体身份和职权由发包人承包人在专用条款中约定。

1.9 工程造价管理部门：是指国务院有关部门、县级以上人民政府建设行政主管部门或其委托的工程造价管理机构。

1.10 工程：是指发包人承包人在协议书中约定的承包范围内的工程。

1.11 合同价款：是指发包人承包人在协议书中约定，发包人用以支付承包人按照合同约定完成承包范围内全部工程并承担质量保修责任的款项。

1.12 追加合同价款：是指在合同履行中发生需要增加合同价款的情况，经发包人确认后按计算合同价款的方法增加的合同价款。

1.13 费用：是指不包含在合同价款之内的应当由发包人或承包人承担的经济支出。

1.14 工期：是指发包人承包人在协议书中约定，按总日历天数（包括法定节假日）计算的承包天数。

1.15 开工日期：是指发包人承包人在协议书中约定，承包人开始施工的绝对或相对的日期。

1.16 竣工日期：是指发包人承包人在协议书约定，承包人完成承包范围内工程的绝对或相对的日期。

1.17 图纸：是指由发包人提供或由承包人提供并经发包人批准，满足承包人施工需要的所有图纸（包括配套说明和有关资料）。

1.18 施工场地：是指由发包人提供的用于工程施工的场所以及发包人在图纸中具体指定的供施工使用的任何其他场所。

1.19 书面形式：是指合同书、信件和数据电文（包括电报、电传、传真、电子数据交换和电子邮件）等可以有形地表现所载内容的形式。

1.20 违约责任：是指合同一方不履行合同义务或履行合同义务不符合约定所应承担的责任。

1.21 索赔：是指在合同履行过程中，对于并非自己的过错，而是应由对方承担责任的情况造成的实际损失，向对方提出经济补偿和（或）工期顺延的要求。

1.22 不可抗力：是指不能预见、不能避免并不能克服的客观情况。

1.23 小时或天：本合同中规定按小时计算时间的，从事件有效开始时计算（不扣除休息时间）；规定按天计算时间的，开始当天不计入，从次日开始计算。时限的最后一天是休息日或者其他法定节假日的，以节假日次日为时限的最后一天，但竣工日期除外。时限的最后一天的截止时间为当日24时。

2. 合同文件及解释顺序

2.1 合同文件应能相互解释，互为说明。除专用条款另有约定外，组成本合同的文件及优先解释顺序如下：

（1）本合同协议书；

（2）中标通知书；

（3）投标书及其附件；

(4) 本合同专用条款；

(5) 本合同通用条款；

(6) 标准、规范及有关技术文件；

(7) 图纸；

(8) 工程量清单；

(9) 工程报价单或预算书。

合同履行中，发包人承包人有关工程的洽商、变更等书面协议或文件视为本合同的组成部分。

2.2 当合同文件内容含糊不清或不相一致时，在不影响工程正常进行的情况下，由发包人承包人协商解决。双方也可以提请负责监理的工程师做出解释。双方协商不成或不同意负责监理的工程师的解释时，按本通用条款第 37 条关于争议的约定处理。

3. 语言文字和适用法律、标准及规范

3.1 语言文字

本合同文件使用汉语语言文字书写、解释和说明。如专用条款约定使用两种以上（含两种）语言文字时，汉语应为解释和说明本合同的标准语言文字。

在少数民族地区，双方可以约定使用少数民族语言文字书写和解释、说明本合同。

3.2 适用法律和法规

本合同文件适用国家的法律和行政法规。需要明示的法律、行政法规，由双方在专用条款中约定。

3.3 适用标准、规范

双方在专用条款内约定适用国家标准、规范的名称；没有国家标准、规范但有行业标准、规范的，约定适用行业标准、规范的名称；没有国家和行业标准、规范的，约定适用工程所在地地方标准、规范的名称。发包人应按专用条款约定的时间向承包人提供一式两份约定的标准、规范。

国内没有相应标准、规范的，由发包人按专用条款约定的时间向承包人提出施工技术要求，承包人按约定的时间和要求提出施工工艺，经发包人认可后执行。发包人要求使用国外标准、规范的，应负责提供中文译本。

本条所发生的购买、翻译标准、规范或制定施工工艺的费用，由发包人承担。

4. 图纸

4.1 发包人应按专用条款约定的日期和套数，向承包人提供图纸。承包人需要增加图纸套数的，发包人应代为复制，复制费用由承包人承担。发包人对工程有保密要求的，应在专用条款中提出保密要求，保密措施费用由发包人承担，承包人在约定保密期限内履行保密义务。

4.2 承包人未经发包人同意，不得将本工程图纸转给第三人。工程质量保修期满后，除承包人存档需要的图纸外，应将全部图纸退还给发包人。

4.3 承包人应在施工现场保留一套完整图纸，供工程师及有关人员进行工程检查时使用。

二、双方一般权利和义务

5. 工程师

5.1 实行工程监理的，发包人应在实施监理前将委托的监理单位名称、监理内容及监理权限以书面形式通知承包人。

5.2 监理单位委派的总监理工程师在本合同中称工程师，其姓名、职务、职权由发包人承包人在专用条款内写明。工程师按合同约定行使职权，发包人在专用条款内要求工程师在行使某些职权前需要征得发包人批准的，工程师应征得发包人批准。

5.3 发包人派驻施工场地履行合同的代表在本合同中也称工程师，其姓名、职务、职权由发包人在专用条款内写明，但职权不得与监理单位委派的总监理工程师职权相互交叉。双方职权发生交叉或不明确时，由发包人予以明确，并以书面形式通知承包人。

5.4 合同履行中，发生影响发包人承包人双方权利或义务的事件时，负责监理的工程师应依据合同在其职权范围内客观公正地进行处理。一方对工程师的处理有异议时，按本通用条款第 37 条关于争议的约定处理。

5.5 除合同内有明确约定或经发包人同意外，负责监理的工程师无权解除本合同约定的承包人的任何权利与义务。

5.6 不实行工程监理的，本合同中工程师专指发包人派驻施工场地履行合同的代表，其具体职权由发包人在专用条款内写明。

6. 工程师的委派和指令

6.1 工程师可委派工程师代表，行使合同约定的自己的职权，并可在认为必要时撤回委派。委派和撤回均应提前 7 天以书面形式通知承包人，负责监理的工程师还应将委派和撤回通知发包人。委派书和撤回通知作为本合同附件。

工程师代表在工程师授权范围内向承包人发出的任何书面形式的函件，与工程师发出的函件具有同等效力。承包人对工程师代表向其发出的任何书面形式的函件有疑问时，可将此函件提交工程师，工程师应进行确认。工程师代表发出指令有失误时，工程师应进行纠正。

除工程师或工程师代表外，发包人派驻工地的其他人员均无权向承包人发出任何指令。

6.2 工程师的指令、通知由其本人签字后，以书面形式交给项目经理，项目经理在回执上签署姓名和收到时间后生效。确有必要时，工程师可发出口头指令，并在 48 小时内给予书面确认，承包人对工程师的指令应予执行。工程师不能及时给予书面确认的，承包人应于工程师发出口头指令后 7 天内提出书面确认要求。工程师在承包人提出确认要求后 48 小时内不予答复的，视为口头指令已被确认。

承包人认为工程师指令不合理，应在收到指令后 24 小时内向工程师提出修改指令的书面报告，工程师在收到承包人报告后 24 小时内作出修改指令或继续执行原指令的决定，并以书面形式通知承包人。紧急情况下，工程师要求承包人立即执行的指令或承包人虽有异议，但工程师决定仍继续执行的指令，承包人应予执行。因指令错误发生的追加合同价款和给承包人造成的损失由发包人承担，延误的工期相应顺延。

本款规定同样适用于由工程师代表发出的指令、通知。

6.3 工程师应按合同约定，及时向承包人提供所需指令、批准并履行约定的其他义务。由于工程师未能按合同约定履行义务造成工期延误，发包人应承担延误造成的追加合同价款，并赔偿承包人有关损失，顺延延误的工期。

6.4 如需更换工程师，发包人应至少提前 7 天以书面形式通知承包人，后任继续行使合同文件约定的前任的职权，履行前任的义务。

7. 项目经理

7.1 项目经理的姓名、职务在专用条款内写明。

7.2 承包人依据合同发出的通知，以书面形式由项目经理签字后送交工程师，工程师在回执上签署姓名和收到时间后生效。

7.3 项目经理按发包人认可的施工组织设计（施工方案）和工程师依据合同发出的指令组织施工。在情况紧急且无法与工程师联系时，项目经理应当采取保证人员生命和工程、财产安全的紧急措施，并在采取措施后48小时内向工程师提交报告。责任在发包人或第三人，由发包人承担由此发生的追加合同价款，相应顺延工期；责任在承包人，由承包人承担费用，不顺延工期。

7.4 承包人如需要更换项目经理，应至少提前7天以书面形式通知发包人，并征得发包人同意。后任继续行使合同文件约定的前任的职权，履行前任的义务。

7.5 发包人可以与承包人协商，建议更换其认为不称职的项目经理。

8. 发包人工作

8.1 发包人按专用条款约定的内容和时间完成以下工作：

（1）办理土地征用、拆迁补偿、平整施工场地等工作，使施工场地具备施工条件，在开工后继续负责解决以上事项遗留问题；

（2）将施工所需水、电、电信线路从施工场地外部接至专用条款约定地点，保证施工期间的需要；

（3）开通施工场地与城乡公共道路的通道，以及专用条款约定的施工场地内的主要道路，满足施工运输的需要，保证施工期间的畅通；

（4）向承包人提供施工场地的工程地质和地下管线资料，对资料的真实准确性负责；

（5）办理施工许可证及其他施工所需证件、批件和临时用地、停水、停电、中断道路交通、爆破作业等的申请批准手续（证明承包人自身资质的证件除外）；

（6）确定水准点与坐标控制点，以书面形式交给承包人，进行现场交验；

（7）组织承包人和设计单位进行图纸会审和设计交底；

（8）协调处理施工场地周围地下管线和邻近建筑物、构筑物（包括文物保护建筑）、古树名木的保护工作、承担有关费用；

（9）发包人应做的其他工作，双方在专用条款内约定。

8.2 发包人可以将8.1款部分工作委托承包人办理，双方在专用条款内约定，其费用由发包人承担。

8.3 发包人未能履行8.1款各项义务，导致工期延误或给承包人造成损失的，发包人赔偿承包人有关损失，顺延延误的工期。

9. 承包人工作

9.1 承包人按专用条款约定的内容和时间完成以下工作：

（1）根据发包人委托，在其设计资质等级和业务允许的范围内，完成施工图设计或与工程配套的设计，经工程师确认后使用，发包人承担由此发生的费用；

（2）向工程师提供年、季、月度工程进度计划及相应进度统计报表；

（3）根据工程需要，提供和维修非夜间施工使用的照明、围栏设施，并负责安全保卫；

（4）按专用条款约定的数量和要求，向发包人提供施工场地办公和生活的房屋及设施，发包人承担由此发生的费用；

(5) 遵守政府有关主管部门对施工场地交通、施工噪声以及环境保护和安全生产等的管理规定，按规定办理有关手续，并以书面形式通知发包人，发包人承担由此发生的费用，因承包人责任造成的罚款除外；

(6) 已竣工工程未交付发包人之前，承包人按专用条款约定负责已完工程的保护工作，保护期间发生损坏，承包人自费予以修复；发包人要求承包人采取特殊措施保护的工程部位和相应的追加合同价款，双方在专用条款内约定；

(7) 按专用条款约定做好施工场地地下管线和邻近建筑物、构筑物（包括文物保护建筑)、古树名木的保护工作；

(8) 保证施工场地清洁符合环境卫生管理的有关规定，交工前清理现场达到专用条款约定的要求，承担因自身原因违反有关规定造成的损失和罚款；

(9) 承包人应做的其他工作，双方在专用条款内约定。

9.2　承包人未能履行 9.1 款各项义务，造成发包人损失的，承包人赔偿发包人有关损失。

三、施工组织设计和工期

10. 进度计划

10.1　承包人应按专用条款约定的日期，对施工组织设计和工程进度计划提交修改意见，逾期不确认也不提出书面意见的，视为同意。

10.2　群体工程中单位工程分期进行施工的，承包人应按照发包人提供图纸及有关资料的时间，按单位工程编制进度计划，其具体内容双方在专用条款中约定。

10.3　承包人必须按工程师确认的进度计划组织施工，接受工程师对进度的检查、监督。工程实际进度与经确认的进度计划不符时，承包人应按工程师的要求提出改进措施，经工程师确认后执行。因承包人的原因导致实际进度与进度计划不符，承包人无权就改进措施提出追加合同价款。

11. 开工及延期开工

11.1　承包应当按照协议书约定的开工日期开工。承包人不能按时开工，应当不迟于协议书约定的开工日期前 7 天，以书面形式向工程师提出延期开工的理由和要求。工程师应当在接到延期开工申请后 48 小时内以书面形式答复承包人。工程师在接到延期开工申请后 48 小时内不答复，视为同意承包人要求，工期相应顺延。工程师不同意延期要求或承包人未在规定时间内提出延期开工要求，工期不予顺延。

11.2　因发包人原因不能按照协议书约定的开工日期开工，工程师应以书面形式通知承包人，推迟开工日期。发包人赔偿承包人因延期开工造成的损失，并相应顺延工期。

12. 暂停施工

工程师认为确有必要暂停施工时，应当以书面形式要求承包人暂停施工，并在提出要求后 48 小时内提出书面处理意见。承包人应当按工程师要求停止施工，并妥善保护已完工程。承包人实施工程师做出的处理意见后，可以书面形式提出复工要求，工程师应当在 48 小时内给予答复。工程师未能在规定时间内提出处理意见，或收到承包人复工要求后 48 小时内未予答复，承包人可自行复工。因发包人原因造成停工的，由发包人承担所发生的追加合同价款，赔偿承包人由此造成的损失，相应顺延工期；因承包人原因造成停工的，由承包人承担发生的费用，工期不予顺延。

13. 工期延误

13.1 因以下原因造成工期延误，经工程师确认，工期相应顺延：

（1）发包人未能按专用条款的约定提供图纸及开工条件；

（2）发包人未能按约定日期支付工程预付款、进度款，致使施工不能正常进行；

（3）工程师未按合同约定提供所需指令、批准等，致使施工不能正常进行；

（4）设计变更和工程量增加；

（5）一周内非承包人原因停水、停电、停气造成停工累计超过 8 小时；

（6）不可抗力；

（7）专用条款中约定或工程师同意工期顺延的其他情况。

13.2 承包人在 13.1 款情况发生后 14 天内，就延误的工期以书面形式向工程师提出报告。工程师在收到报告后 14 天内予以确认，逾期不予确认也不提出修改意见，视为同意顺延工期。

14. 工程竣工

14.1 承包人必须按照协议书约定的竣工日期或工程师同意顺延的工期竣工。

14.2 因承包人原因不能按照协议书约定的竣工日期或工程师同意顺延的工期竣工的，承包人承担违约责任。

14.3 施工中发包人如需提前竣工，双方协商一致后应签订提前竣工协议，作为合同文件组成部分。提前竣工协议应包括承包人为保证工程质量和安全采取的措施、发包人为提前竣工提供的条件以及提前竣工所需的追加合同价款等内容。

四、质量与检验

15. 工程质量

15.1 工程质量应当达到协议书约定的质量标准，质量标准的评定以国家或行业的质量检验评定标准为依据。因承包人原因工程质量达不到约定的质量标准，承包人承担违约责任。

15.2 双方对工程质量有争议，由双方同意的工程质量检测机构鉴定，所需费用及因此造成的损失，由责任方承担。双方均有责任，由双方根据其责任分别承担。

16. 检查和返工

16.1 承包人应认真按照标准、规范和设计图纸要求以及工程师依据合同发出的指令施工，随时接受工程师的检查检验，为检查检验提供便利条件。

16.2 工程质量达不到约定标准的部分，按工程师的要求拆除和重新施工，直到符合约定标准。因承包人原因达不到约定标准，由承包人承担拆除和重新施工的费用，工期不予顺延。

16.3 工程师的检查检验不应影响施工正常进行。如影响施工正常进行，检查检验不合格时，影响正常施工的费用由承包人承担。除此之外影响正常施工的追加合同价款由发包人承担，相应顺延工期。

16.4 因工程师指令失误或其他非承包人原因发生的追加合同价款，由发包人承担。

17. 隐蔽工程和中间验收

17.1 工程具备隐蔽条件或达到专用条款约定的中间验收部位，承包人进行自检，并在隐蔽或中间验收前48小时以书面形式通知工程师验收。通知包括隐蔽和中间验收的内容、验收时间和地点。承包人准备验收记录，验收合格，工程师在验收记录上签字后，承包人可进行隐蔽和继续施工。验收不合格，承包人在工程师限定的时间内修改后重新验收。

17.2 工程师不能按时进行验收，应在验收前24小时以书面形式向承包人提出延期要求，延期不能超过48小时。工程师未能按以上时间提出延期要求，不进行验收，承包人可自行组织验收，工程师应承认验收记录。

17.3 经工程师验收，工程质量符合标准、规范和设计图纸等要求，验收24小时后，工程师不在验收记录上签字，视为工程师已经认可验收记录，承包人可进行隐蔽或继续施工。

18. 重新检验

无论工程师是否进行验收，当其要求对已经隐蔽的工程重新检验时，承包人应按要求进行剥离或开孔，并在检验后重新覆盖或修复。检验合格，发包人承担由此发生的全部追加合同价款，赔偿承包人损失，并相应顺延工期。检验不合格，承包人承担发生的全部费用，工期不予顺延。

19. 工程试车

19.1 双方约定需要试车的，试车内容应与承包人承包的安装范围相一致。

19.2 设备安装工程具备单机无负荷试车条件，承包人组织试车，并在试车前48小时以书面形式通知工程师。通知包括试车内容、时间、地点。承包人准备试车记录，发包人根据承包人要求为试车提供必要条件。试车合格，工程师在试车记录上签字。

19.3 工程师不能按时参加试车，须在开始试车前24小时以书面形式向承包人提出延期要求，不参加试车，应承认试车记录。

19.4 设备安装工程具备无负荷联动试车条件，发包人组织试车，并在试车内容、时间、地点和对承包人的要求，承包人按要求做好准备工作。试车合格，双方在试车记录上签字。

19.5 双方责任

（1）由于设计原因试车达不到验收要求，发包人应要求设计单位修改设计，承包人按修改后的设计重新安装。发包人承担修改设计、拆除及重新安装的全部费用和追加合同价款，工期相应顺延。

（2）由于设备制造原因试车达不到验收要求，由该设备采购一方负责重新购置或修理，承包人负责拆除和重新安装。设备由承包人采购的，由承包人承担修理或重新购置、拆除及重新安装的费用，工期不予顺延；设备由发包人采购的，发包人承担上述各项追加合同价款，工期相应顺延。

（3）由于承包人施工原因试车达不到验收要求，承包人按工程师要求重新安装和试车，并承担重新安装和试车的费用，工期不予顺延。

（4）试车费用除已包括在合同价款之内或专用条款另有约定外，均由发包人承担。

（5）工程师在试车合格后不在试车记录上签字，试车结束24小时后，视为工程师已经认可试车记录，承包人可继续施工或办理竣工手续。

19.6 投料试车应在工程竣工验收后由发包人负责，如发包人要求在工程竣工验收前进行或需要承包人配合时，应征得承包人同意，另行签订补充协议。

五、安全施工

20. 安全施工与检查

20.1 承包人应遵守工程建设安全生产有关管理规定，严格按安全标准组织施工，并随时接受行业安全检查人员依法实施的监督检查，采取必要的安全防护措施，消除事故隐患。由于承包人安全措施不力造成事故的责任和因此发生的费用，由承包人承担。

20.2 发包人应对其在施工场地的工作人员进行安全教育，并对他们的安全负责。发包人不得要求承包人违反安全管理的规定进行施工。因发包人原因导致的安全事故，由发包人承担相应责任及发生的费用。

21. 安全防护

21.1 承包人在动力设备、输电线路、地下管道、密封防震车间、易燃易爆地段以及临街交通要道附近施工时，施工开始前应向工程师提出安全防护措施，经工程师认可后实施，防护措施费用由发包人承担。

21.2 实施爆破作业，在放射、毒害性环境中施工（含储存、运输、使用）及使用毒害性、腐蚀性物品施工时，承包人应在施工前14天以书面形式通知工程师，并提出相应的安全防护措施，经工程师认可后实施，由发包人承担安全防护措施费用。

22. 事故处理

22.1 发生重大伤亡及其他安全事故，承包人应按有关规定立即上报有关部门并通知工程师，同时按政府有关部门要求处理，由事故责任方承担发生的费用。

22.2 发包人承包人对事故责任有争议时，应按政府有关部门的认定处理。

六、合同价款与支付

23. 合同价款及调整

23.1 招标工程的合同价款由发包人承包人依据中标通知书中的中标价格在协议书内约定。非招标工程的合同价款由发包人承包人依据工程预算书在协议书内约定。

23.2 合同价款在协议书内约定后，任何一方不得擅自改变。下列三种确定合同价款的方式，双方可在专用条款内约定采用其中一种：

（1）固定价格合同。双方在专用条款内约定合同价款包含的风险范围和风险费用的计算方法，在约定的风险范围内合同价款不再调整。风险范围以外的合同价款调整方法，应当在专用条款内约定。

（2）可调价格合同。合同价款可根据双方的约定而调整，双方在专用条款内约定合同价款调整方法。

（3）成本加酬金合同。合同价款包括成本和酬金两部分，双方在专用条款内约定成本构成和酬金的计算方法。

23.3 可调价格合同中合同价款的调整因素包括：

（1）法律、行政法规和国家有关政策变化影响合同价款；

（2）工程造价管理部门公布的价格调整；

（3）一周内非承包人原因停水、停电、停气造成停工累计超过8小时；

（4）双方约定的其他因素。

23.4 承包人应当在23.3款情况发生后14天内，将调整原因、金额以书面形式通知工程师，工程师确认调整金额后作为追加合同价款，与工程款同期支付。工程师收到承包人通知后 14 天内不予确认也不提出修改意见，视为已经同意该项调整。

24. 工程预付款

实行工程预付款的，双方应当在专用条款内约定发包人向承包人预付工程款的时间和数额，开工后按约定的时间和比例逐次扣回。预付时间应不迟于约定的开工日期前 7 天。发包人不按约定预付，承包人在约定预付时间 7 天后向发包人发出要求预付的通知，发包人收到通知后仍不能按要求预付，承包人可在发出通知后 7 天停止施工，发包人应从约定应付之日起向承包人支付应付款的贷款利息，并承担违约责任。

25. 工程量的确认

25.1　承包人应按专用条款约定的时间，向工程师提交已完工程量的报告。工程师接到报告后 7 天内按设计图纸核实已完工程量（以下称计量），并在计量前 24 小时通知承包人，承包人为计量提供便利条件并派人参加。承包人收到通知后不参加计量，计量结果有效，作为工程价款支付的依据。

25.2　工程师收到承包人报告后 7 天内未进行计量，从第 8 天起，承包人报告中开列的工程量即视为被确认，作为工程价款支付的依据。工程师不按约定时间通知承包人，致使承包人未能参加计量，计量结果无效。

25.3　对承包人超出设计图纸范围和因承包人原因造成返工的工程量，工程师不予计量。

26. 工程款（进度款）支付

26.1　在确认计量结果后 14 天内，发包人应向承包人支付工程款（进度款）。按约定时间发包人应扣回的预付款，与工程款（进度款）同期结算。

26.2　本通用条款第 23 条确定调整的合同价款，第 31 条工程变更调整的合同价款及其他条款中约定的追加合同价款，应与工程款（进度款）同期调整支付。

26.3　发包人超过约定的支付时间不支付工程款（进度款），承包人可向发包人发出要求付款的通知，发包人收到承包人通知后仍不能按要求付款，可与承包人协商签订延期付款协议，经承包人同意后可延期支付。协议应明确延期支付的时间和从计量结果确认后第 15 天起应付款的贷款利息。

26.4　发包人不按合同约定支付工程款（进度款），双方又未达成延期付款协议，导致施工无法进行，承包人可停止施工，由发包人承担违约责任。

七、材料设备供应

27. 发包人供应材料设备

27.1　实行发包人供应材料设备的，双方应当约定发包人供应材料设备的一览表，作为本合同附件（附件 2）。一览表包括发包人供应材料设备的品种、规格、型号、数量、单价、质量等级、提供时间和地点。

27.2　发包人按一览表约定的内容提供材料设备，并向承包人提供产品合格证明，对其质量负责。发包人在所供材料设备到货前 24 小时，以书面形式通知承包人，由承包人派人与发包人共同清点。

27.3　发包人供应的材料设备，承包人派人参加清点后由承包人妥善保管，发包人支付相应保管费用。因承包人原因发生丢失损坏，由承包人负责赔偿。

发包人未通知承包人清点，承包人不负责材料设备的保管，丢失损坏由发包人负责。

27.4 发包人供应的材料设备与一览表不符时，发包人承担有关责任。发包人应承担责任的具体内容，双方根据下列情况在专用条款内约定。

（1）材料设备单价与一览表不符，由发包人承担所有价差；

（2）材料设备的品种、规格、型号、质量等级与一览表不符，承包人可拒绝接收保管，由发包人运出施工场地并重新采购；

（3）发包人供应的材料规格、型号与一览表不符，经发包人同意，承包人可代为调剂串换，由发包人承担相应费用；

（4）到货地点与一览表不符，由发包人负责运至一览表指定地点；

（5）供应数量少于一览表约定的数量时，由发包人补齐，多于一览表约定数量时，发包人负责将多出部分运出施工场地；

（6）到货时间早于一览表约定时间，由发包人承担因此发生的保管费用；到货时间迟于一览表约定的供应时间，发包人赔偿由此造成的承包人损失，造成工期延误的，相应顺延工期。

27.5 发包人供应的材料设备使用前，由承包人负责检验或试验，不合格的不得使用，检验或试验费用由发包人承担。

27.6 发包人供应材料设备的结算方法，双方在专用条款内约定。

28. 承包人采购材料设备

28.1 承包人负责采购材料设备的，应按照专用条款约定及设计和有关标准要求采购，并提供产品合格证明，对材料设备质量负责。承包人在材料设备到货前 24 小时通知工程师清点。

28.2 承包人采购的材料设备与设计标准要求不符时，承包人应按工程师要求的时间运出施工场地，重新采购符合要求的产品，承担由此发生的费用，由此延误的工期不予顺延。

28.3 承包人采购的材料设备在使用前，承包人应按工程师的要求进行检验或试验，不合格的不得使用，检验或试验费用由承包人承担。

28.4 工程师发现承包人采购并使用不符合设计和标准要求的材料设备时，应要求承包人负责修复、拆除或重新采购，由承包人承担发生的费用，由此延误的工期不予顺延。

28.5 承包人需要使用代用材料时，应经工程师认可后才能使用，由此增减的合同价款双方以书面形式议定。

28.6 由承包人采购的材料设备，发包人不得指定生产厂或供应商。

八、工程变更

29. 工程设计变更

29.1 施工中发包人需对原工程设计变更，应提前 14 天以书面形式向承包人发出变更通知。变更超过原设计标准或批准的建设规模时，发包人应报规划管理部门和其他有关部门重新审查批准，并由原设计单位提供变更的相应图纸和说明。承包人按照工程师发出的变更通知及有关要求，进行下列需要的变更。

（1）更改工程有关部分的标高、基线、位置和尺寸；

（2）增减合同中约定的工程量；

（3）改变有关工程的施工时间和顺序；

（4）其他有关工程变更需要的附加工作。

因变更导致合同价款的增减及造成的承包人损失，由发包人承担，延误的工期相应顺延。

29.2 施工中承包人不得对原工程设计进行变更。因承包人擅自变更设计发生的费用和由此导致发包人的直接损失，由承包人承担，延误的工期不予顺延。

29.3 承包人在施工中提出的合理化建议涉及对设计图纸或施工组织设计的更改及对材料、设备的换用，须经工程师同意。未经同意擅自更改或换用时，承包人承担由此发生的费用，并赔偿发包人的有关损失，延误的工期不予顺延。

工程师同意采用承包人合理化建议，所发生的费用和获得的收益，发包人承包人另行约定分担或分享。

30. 其他变更

合同履行中发包人要求变更工程质量标准及发生其他实质性变更，由双方协商解决。

31. 确定变更价款

31.1 承包人在工程变更确定后14天内，提出变更工程价款的报告，经工程师确认后调整合同价款。变更合同价款按下列方法进行：

（1）合同中已有适用于变更工程的价格，按合同已有的价格变更合同价款；

（2）合同中只有类似于变更工程的价格，可以参照类似价格变更合同价款；

（3）合同中没有适用或类似于变更工程的价格，由承包人提出适当的变更价格，经工程师确认后执行。

31.2 承包人在双方确定变更后14天内不向工程师提出变更工程价款报告时，视为该项变更不涉及合同价款的变更。

31.3 工程师应在收到变更工程价款报告之日起14天内予以确认，工程师无正当理由不确认时，自变更工程价款报告送达之日起14天后视为变更工程价款报告已被确认。

31.4 工程师不同意承包人提出的变更价款，按本通用条款第37条关于争议的约定处理。

31.5 工程师确认增加的工程变更价款作为追加合同价款，与工程款同期支付。

31.6 因承包人自身原因导致的工程变更，承包人无权要求追加合同价款。

九、竣工验收与结算

32. 竣工验收

32.1 工程具备竣工验收条件，承包人按国家工程竣工验收有关规定，向发包人提供完整竣工资料及竣工验收报告。双方约定由承包人提供竣工图的，应当在专用条款内约定提供的日期和份数。

32.2 发包人收到竣工验收报告后28天内组织有关单位验收，并在验收后14天内给予认可或提出修改意见。承包人按要求修改，并承担由自身原因造成修改的费用。

32.3 发包人收到承包人送交的竣工验收报告后28天内不组织验收，或验收后14天内不提出修改意见，视为竣工验收报告已被认可。

32.4 工程竣工验收通过，承包人送交竣工验收报告的日期为实际竣工日期。工程按发包人要求修改后通过竣工验收的，实际竣工日期为承包人修改后提请发包人验收的日期。

32.5 发包人收到承包人竣工验收报告后28天内不组织验收，从第29天起承担工程保管及一切意外责任。

32.6 中间交工工程的范围和竣工时间，双方在专用条款内约定，其验收程序按本通用条款 32.1 款～32.4 款办理。

32.7 因特殊原因，发包人要求部分单位工程或工程部位甩项竣工的，双方另行签订甩项竣工协议，明确双方责任和工程价款的支付方法。

32.8 工程未经竣工验收或竣工验收未通过的，发包人不得使用。发包人强行使用时，由此发生的质量问题及其他问题，由发包人承担责任。

33. 竣工结算

33.1 工程竣工验收报告经发包人认可后 28 天内，承包人向发包人递交竣工结算报告及完整的结算资料，双方按照协议书约定的合同价款及专用条款约定的合同价款调整内容，进行工程竣工结算。

33.2 发包人收到承包人递交的竣工结算报告及结算资料后 28 天内进行核实，给予确认或者提出修改意见。发包人确认竣工结算报告通知经办银行向承包人支付工程竣工结算价款。承包人收到竣工结算价款后 14 天内将竣工工程交付发包人。

33.3 发包人收到竣工结算报告及结算资料后 28 天内无正当理由不支付工程竣工结算价款，从第 29 天起按承包人同期向银行贷款利率支付拖欠工程价款的利息，并承担违约责任。

33.4 发包人收到竣工结算报告及结算资料后 28 天内不支付工程竣工结算价款，承包人可以催告发包人支付结算价款。发包人在收到竣工结算报告及结算资料后 56 天内仍不支付的，承包人可以与发包人协议将该工程折价，也可以由承包人申请人民法院将该工程依法拍卖，承包人就该工程折价或者拍卖的价款优先受偿。

33.5 工程竣工验收报告经发包人认可后 28 天内，承包人未能向发包人递交竣工结算报告及完整的结算资料，造成工程竣工结算不能正常进行或工程竣工结算价款不能及时支付，发包人要求交付工程的，承包人应当交付；发包人不要求交付工程的，承包人承担保管责任。

33.6 发包人承包人对工程竣工结算价款发生争议时，按本通用条款第 37 条关于争议的约定处理。

34. 质量保修

34.1 承包人应按法律、行政法规或国家关于工程质量保修的有关规定，对交付发包人使用的工程在质量保修期内承担质量保修责任。

34.2 质量保修工作的实施。承包人应在工程竣工验收之前，与发包人签订质量保修书，作为本合同附件（附件 3·略）。

34.3 质量保修书的主要内容包括：

（1）质量保修项目内容及范围；

（2）质量保修期；

（3）质量保修责任；

（4）质量保修金的支付方法。

十、违约、索赔和争议

35. 违约

35.1 发包人违约。当发生下列情况时：

（1）本通用条款第 24 条提到的发包人不按时支付工程预付款；

（2）本通用条款第 26.4 款提到的发包人不按合同约定支付工程款，导致施工无法进行；

（3）本通用条款第 33.3 款提到的发包人无正当理由不支付工程竣工结算价款；

（4）发包人不履行合同义务或不按合同约定履行义务的其他情况。

发包人承担违约责任，赔偿因其违约给承包人造成的经济损失，顺延延误的工期。双方在专用条款内约定发包人赔偿承包人损失的计算方法或者发包人应当支付违约金的数额或计算方法。

35.2　承包人违约。当发生下列情况时：

（1）本通用条款第 14.2 款提到的因承包人原因不能按照协议书约定的竣工日期或工程师同意顺延的工期竣工；

（2）本通用条款第 15.1 款提到的因承包人原因工程质量达不到协议书约定的质量标准；

（3）承包人不履行合同义务或不按合同约定履行义务的其他情况。

承包人承担违约责任，赔偿因其违约给发包人造成的损失。双方在专用条款内约定承包人赔偿发包人损失的计算方法或者承包人应当支付违约金的数额计算方法。

35.3　一方违约后，另一方要求违约方继续履行合同时，违约方承担上述违约责任后仍应继续履行合同。

36. 索赔

36.1　当一方向另一方提出索赔时，要有正当索赔理由，且有索赔事件发生时的有效证据。

36.2　发包人未能按合同约定履行自己的各项义务或发生错误以及应由发包人承担责任的其他情况，造成工期延误和（或）承包人不能及时得到合同价款及承包人的其他经济损失，承包人可按下列程序以书面形式向发包人索赔：

（1）索赔事件发生后 28 天内，向工程师发出索赔意向通知；

（2）发出索赔意向通知后 28 天内，向工程师提出延长工期和（或）补偿经济损失的索赔报告及有关资料；

（3）工程师在收到承包人送交的索赔报告和有关资料后，于 28 天内给予答复，或要求承包人进一步补充索赔理由和证据；

（4）工程师在收到承包人送交的索赔报告和有关资料后 28 天内未予答复或未对承包人做进一步要求，视为该项索赔已经认可；

（5）当该索赔事件持续进行时，承包人应当阶段性向工程师发出索赔意向，在索赔事件终了后 28 天内，向工程师送交索赔的有关资料和最终索赔报告。索赔答复程序与（3）、（4）规定相同。

36.3　承包人未能按合同约定履行自己的各项义务或发生错误，给发包人造成经济损失，发包人可按 36.2 款确定的时限向承包人提出索赔。

37. 争议

37.1　发包人承包人在履行合同时发生争议，可以和解或者要求有关主管部门调解。当事人不愿和解、调解或者和解、调解不成的，双方可以在专用条款内约定以下一种方式解决争议。第一种解决方式：双方达成仲裁协议，向约定的仲裁委员会申请仲裁；第二种解决方式：向有管辖权的人民法院起诉。

37.2　发生争议后，除非出现下列情况的，双方都应继续履行合同，保持施工连续，保护好已完工程：

（1）单方违约导致合同确已无法履行，双方协议停止施工；

（2）调解要求停止施工，且为双方接受；

（3）仲裁机构要求停止施工；

（4）法院要求停止施工。

十一、其他

38. 工程分包

38.1　承包人按专用条款的约定分包所承包的部分工程，并与分包单位签订分包合同。非经发包人同意，承包人不得将承包工程的任何部分分包。

38.2　承包人不得将其承包的全部工程转包给他人，也不得将其承包的全部工程肢解以后以分包的名义分别转包给他人。

38.3　工程分包不能解除承包人任何责任与义务。承包人应在分包场地派驻相应管理人员，保证本合同的履行。分包单位的任何违约行为或疏忽导致工程损害或给发包人造成其他损失，承包人承担连带责任。

38.4　分包工程价款由承包人与分包单位结算。发包人未经承包人同意不得以任何形式向分包单位支付各种工程款项。

39. 不可抗力

39.1　不可抗力包括因战争、动乱、空中飞行物体坠落或其他非发包人承包人责任造成的爆炸、火灾，以及专用条款约定的风、雨、雪、洪、震等自然灾害。

39.2　不可抗力事件发生后，承包人应立即通知工程师，在力所能及的条件下迅速采取措施，尽力减少损失，发包人应协助承包人采取措施。不可抗力事件结束后48小时内承包人向工程师通报受害情况和损失情况，及预计清理和修复的费用。不可抗事件持续发生，承包人应每隔7天向工程师报告一次受害情况。不可抗力事件结束后14天内，承包人向工程师提交清理和修复费用的正式报告及有关资料。

39.3　因不可抗力事件导致的费用及延误的工期由双方按以下方法分别承担：

（1）工程本身的损害、因工程损害导致第三人人员伤亡和财产损失以及运至施工场地用于施工的材料和待安装的设备的损害，由发包人承担；

（2）发包人承包人人员伤亡由其所在单位负责，并承担相应费用；

（3）承包人机械设备损坏及停工损失，由承包人承担；

（4）停工期间，承包人应工程师要求留在施工场地的必要的管理人员及保卫人员的费用由发包人承担；

（5）工程所需清理、修复费用，由发包人承担；

（6）延误的工期相应顺延。

39.4　因合同一方迟延履行合同后发生不可抗力的，不能免除迟延履行方的相应责任。

40. 保险

40.1　工程开工前，发包人为建设工程和施工场内的自有人员及第三人人员生命财产办理保险，支付保险费用。

40.2　运至施工场地内用于工程的材料和待安装设备，由发包人办理保险，并支付保险费用。

40.3　发包人可以将有关保险事项委托承包人办理，费用由发包人承担。

40.4　承包人必须为从事危险作业的职工办理意外伤害保险，并为施工场地内自有人员生命财产和施工机械设备办理保险，支付保险费用。

40.5　保险事故发生时，发包人承包人有责任尽力采取必要的措施，防止或者减少损失。

40.6　具体投保内容和相关责任，发包人承包人在专用条款中约定。

41. 担保

41.1　发包人承包人为了全面履行合同，应互相提供以下担保：

（1）发包人向承包人提供履约担保，按合同约定支付工程价款及履行合同约定的其他义务。

（2）承包人向发包人提供履约担保，按合同约定履行自己的各项义务。

41.2　一方违约后，另一方可要求提供担保的第三人承担相应责任。

41.3　提供担保的内容、方式和相关责任，发包人承包人除在专用条款中约定外，被担保方与担保方还应签订担保合同，作为本合同附件。

42. 专利技术及特殊工艺

42.1　发包人要求使用专利技术或特殊工艺，就负责办理相应的申报手续，承担申报、试验、使用等费用；承包人提出使用专利技术或特殊工艺，应取得工程师认可，承包人负责办理申报手续并承担有关费用。

42.2　擅自使用专利技术侵犯他人专利权的，责任者依法承担相应责任。

43. 文物和地下障碍物

43.1　在施工中发现古墓、古建筑遗址等文物及化石或其他有考古、地质研究等价值的物品时，承包人应立即保护好现场并于4小时内以书面形式通知工程师，工程师应于收到书面通知后24小时内报告当地文物管理部门，发包人承包人按文物管理部门的要求采取妥善保护措施。发包人承担由此发生的费用，顺延延误的工期。

如发现后隐瞒不报，致使文物遭受破坏，责任者依法承担相应责任。

43.2　施工中出现影响施工的地下障碍物时，承包人应于8小时内以书面形式通知工程师，同时提出处置方案，工程师收到处置方案后24小时内予以认可或提出修正方案。发包人承担由此发生的费用，顺延延误的工期。

所发现的地下障碍物有归属单位时，发包人应报请有关部门协同处置。

44. 合同解除

44.1　发包人承包人协商一致，可以解除合同。

44.2　发生本通用条款第26.4款情况，停止施工超过56天，发包人仍不支付工程款（进度款），承包人有权解除合同。

44.3　发生本通用条款第38.2款禁止的情况，承包人将其承包的全部工程转包给他人或者肢解以后以分包的名义分别转包给他人，发包人有权解除合同。

44.4　有下列情形之一的，发包人承包人可以解除合同：

（1）因不可抗力致使合同无法履行；

（2）因一方违约（包括因发包人原因造成工程停建或缓建）致使合同无法履行。

44.5 一方依据第44.2、44.3、44.4款约定要求解除合同的，应以书面形式向对方发出解除合同的通知，并在发出通知前7天告知对方，通知到达对方时合同解除。对解除合同有争议的，按本通用条款第37条关于争议的约定处理。

44.6 合同解除后，承包人应妥善做好已完工程和已购材料、设备的保护和移交工作，按发包人要求将自有机械设备和人员撤出施工场地。发包人应为承包人撤出提供必要条件，支付以上所发生的费用，并按合同约定支付已完工程价款。已经订货的材料、设备由订货方负责退货或解除订货合同，不能退还的货款和因退货、解除订货合同发生的费用，由发包人承担，因未及时退货造成的损失由责任方承担。除此之外，有过错的一方应当赔偿因合同解除给对方造成的损失。

44.7 合同解除后，不影响双方在合同中约定的结算和清理条款的效力。

45. 合同生效与终止

45.1 双方在协议书中约定合同生效方式。

45.2 除本通用条款第34条外，发包人承包人履行合同全部义务，竣工结算价款支付完毕，承包人向发包人交付竣工工程后，本合同即告终止。

45.3 合同的权利义务终止后，发包人承包人应当遵循诚实信用原则，履行通知、协助、保密等义务。

46. 合同份数

46.1 本合同正本两份，具有同等效力，由发包人承包人分别保存一份。

46.2 本合同副本份数，由双方根据需要在专用条款内约定。

47. 补充条款

双方根据有关法律、行政法规规定，结合工程实际经协商一致后，可对本通用条款内容具体化、补充或修改，在专用条款内约定。

第三部分 专 用 条 款

一、词语定义及合同文件

1. 词语定义

2. 合同文件及解释顺序

合同文件组成及解释顺序：______________________________。

3. 语言文字和适用法律、标准及规范

3.1 本合同除使用汉语外，还使用语言文字。

3.2 适用法律和法规需要明示的法律、行政法规：______________。

3.3 适用标准、规范。

适用标准、规范的名称：______________。

发包人提供标准、规范的时间：______________。

国内没有相应标准、规范时的约定：______________。

4. 图纸

4.1 发包人向承包人提供图纸日期和套数：______________。

发包人对图纸的保密要求：______________。

使用国外图纸的要求及费用承担：________________。

二、双方一般权利和义务

5. 工程师

5.2　监理单位委派的工程师

姓名：____________________；职务：____________________；发包人委托的职权：____________________。

需要取得发包人批准才能行使的职权：________________________________。

5.3　发包人派驻的工程师

姓名：________________；职务：________________。

职权：________________________________。

5.6　不实行监理的，工程师的职权：________________________________。

7. 项目经理

姓名：________________；职务：________________。

8. 发包人工作

8.1　发包人应按约定的时间和要求完成以下工作。

（1）施工场地具备施工条件的要求及完成的时间：________________。

（2）将施工所需的水、电、电信线路接至施工场地的时间、地点和供应要求：____。

（3）施工场地与公共道路的通道开通时间和要求：________________。

（4）工程地质和地下管线资料的提供时间：________________。

（5）由发包人办理的施工所需证件、批件的名称和完成时间：________________。

（6）水准点与坐标控制点交验要求：________________。

（7）图纸会审和设计交底时间：________________。

（8）协调处理施工场地周围地下管线和邻近建筑物、构筑物（含文物保护建筑）、古树名木的保护工作：________________。

（9）双方约定发包人应做的其他工作：________________。

8.2　发包人委托承包人办理的工作：________________。

9. 承包人工作

承包人应按约定时间和要求，完成以下工作：

（1）需由设计资质等级和业务范围允许的承包人完成的设计文件提交时间：________________________。

（2）应提供计划、报表的名称及完成时间：________________。

（3）承担施工安全保卫工作及非夜间施工照明的责任和要求：________________。

（4）向发包人提供的办公和生活房屋及设施的要求：________________。

（5）需承包人办理的有关施工场地交通、环卫和施工噪声管理等手续：____________。

（6）已完工程成品保护的特殊要求及费用承担：________________。

（7）施工场地周围地下管线和邻近建筑物、构筑物（含文物保护建筑）、古树名木的保护要求及费用承担：________________。

（8）施工场清洁卫生的要求：________________。

（9）双方约定承包人应做的其他工作：__________________。

三、施工组织设计和工期

10. 进度计划

10.1 承包人提供施工组织设计（施工方案）和进度计划的时间：______________。工程师确认的时间：__________________。

10.2 群体工程中有关进度计划的要求：__________________。

13. 工期延误

13.1 双方约定工期顺延的其他情况：__________________。

四、质量与验收

17. 隐蔽工程和中间验收

17.1 双方约定中间验收部位：__________________。

19. 工程试车

19.5 试车费用的承担：__________________。

五、安全施工

（略）

六、合同价款与支付

23. 合同价款及调整

23.2 本合同价款采用__________________方式确定。

（1）采用固定价格合同，合同价款中包括的风险范围：__________________。

风险费用的计算方法：__________________。

风险范围以外合同价款调整方法：__________________。

（2）采用可调价格合同，合同价款调整方法：__________________。

（3）采用成本加酬金合同，有关成本和酬金的约定：__________________。

23.3 双方约定合同价款的其他调整因素：__________________。

24. 工程预付款

发包人向承包人预付工程款的时间和金额或占合同价款总额的比例：______________。

扣回工程款的时间、比例：__________________。

25. 工程量确认

25.1 承包人向工程师提交已完工程量报告的时间：__________________。

26. 工程款（进度款）支付

双方约定的工程款（进度款）支付的方式和时间：__________________。

七、材料设备供应

27. 发包人供应

27.4 发包人供应的材料设备与一览表不符时，双方约定发包人承担责任如下：

（1）材料设备单价与一览表不符：__________________。

（2）材料设备的品种、规格、型号、质量等级与一览表不符：__________________。

（3）承包人可代为调剂串换的材料：__________________。

（4）到货地点与一览表不符：__________________。

（5）供应数量与一览表不符：__________________。

(6) 到货时间与一览表不符：____________________。

27.6 发包人供应材料设备的结算方法：____________________。

28. 承包人采购材料设备

28.1 承包人采购材料设备的约定：____________________。

八、工程变更

(略)

九、竣工验收与结算

32. 竣工验收

32.1 承包人提供竣工图的约定：____________________。

32.6 中间交工工程的范围和竣工时间：____________________。

十、违约、索赔和争议

35. 违约

35.1 本合同中关于发包人违约的具体责任如下：

本合同通用条款第 24 条约定发包人违约应承担的违约责任：____________________。

本合同通用条款第 26.4 款约定发包人违约应承担的违约责任：____________________。

本合同通用条款第 33.3 款约定发包人违约应承担的违约责任：____________________。

双方约定的发包人其他违约责任：____________________。

35.2 本合同中关于承包人违约的具体责任如下：

本合同通用条款第 14.2 款约定承包人违约承担的违约责任：____________________。

本合同通用条款第 15.1 款约定承包人违约应承担的违约责任：____________________。

双方约定的承包人其他违约责任：____________________。

37. 争议

37.1 双方约定，在履行合同过程中产生争议时：

(1) 请____________________调解；

(2) 采取第____种方式解决，并约定向仲裁委员会提请仲裁或向__________人民法院提起诉讼。

十一、其他

38. 工程分包

38.1 本工程发包人同意承包人分包的工程：____________________。

分包施工单位为：____________________。

39. 不可抗力

39.1 双方关于不可抗力的约定：____________________。

40. 保险

40.6 本工程双方约定投保内容如下：

(1) 发包人投保内容：____________________。

发包人委托承包人办理的保险事项：____________________。

(2) 承包人投保内容：____________________。

41. 担保

41.3 本工程双方约定担保事项如下：____________________。

（1）发包人向承包人提供履约担保，担保方式为：担保合同作为本合同附件。

（2）承包人向发包人提供履约担保，担保方式为：担保合同作为本合同附件。

（3）双方约定的其他担保事项：____________________。

46. 合同份数

46.1 双方约定合同副本份数：____________________。

47. 补充条款

附件1：承包人承揽工程项目一览表（略）

附件2：发包人供应材料设备一览表（略）

附件3：工程质量保修书（略）

参 考 文 献

[1] 杨伟．电气造价员．武汉：华中科技大学出版社，2009.
[2] 唐定增，唐海，朱相尧．建筑电气技术．北京：机械工业出版社，2003.
[3] 李在国，乔新国．实用电气工程概预算．北京：中国电力出版社，2004.
[4] 安成云．建筑电气工程概预算．北京：中国电力出版社，2004.
[5] 郎禄平，等．电气安装工程造价．北京：机械工业出版社，2009.